职业教育精品教材

食品检测技术

主　编　周　杨　张　放　李　妍
副主编　蒋晓玙　胡凯婷　陈　思　封　晔
参　编　涂　鸿　田　辉　连　爽　陈湘霞

西南交通大学出版社
·成　都·

图书在版编目（CIP）数据

食品检测技术 / 周杨，张放，李妍主编. —成都：西南交通大学出版社，2023.9
ISBN 978-7-5643-9502-5

Ⅰ. ①食… Ⅱ. ①周… ②张… ③李… Ⅲ. ①食品检验－高等职业教育－教材 Ⅳ. ①TS207.3

中国国家版本馆 CIP 数据核字（2023）第 184497 号

Shipin Jiance Jishu
食品检测技术

周 杨 张 放 李 妍 主编

责任编辑 / 赵永铭
封面设计 / 何东琳设计工作室

西南交通大学出版社出版发行
（四川省成都市金牛区二环路北一段 111 号西南交通大学创新大厦 21 楼 610031）
发行部电话：028-87600564 028-87600533
网址：http://www.xnjdcbs.com
印刷：四川玖艺呈现印刷有限公司

成品尺寸 185 mm × 260 mm
印张 13.75 字数 343 千
版次 2023 年 9 月第 1 版 印次 2023 年 9 月第 1 次

书号 ISBN 978-7-5643-9502-5
定价 39.00 元

课件咨询电话：028-81435775
图书如有印装质量问题 本社负责退换

前 言

本书编写按照工学结合人才培养模式的要求，以工作过程为导向，以工作任务为载体，进行工作过程系统化课程设计。内容的选择以满足食品检验职业岗位所需职业能力的培养为核心，结合中高级食品检验员等工种的国家职业技能鉴定标准所必需的知识、技能以及农产品质量安全检测技能大赛的相关技能要求，解构了传统的学科体系课程内容，构建了基于工作过程的行动体系课程内容。本书既贯彻先进的高职理念，又注意理论完整性，以使学生具备一定的可持续发展能力。

本书按照食品理化检验的工作岗位共设计八个项目，将食品理化检验需要掌握的知识和技能重组于工作过程与任务中，适合理论实训一体化教学。内容全面跟踪中高级食品检验工职业标准，把知识点任务化，所有任务来源于企业，每个任务按实际工作来培养学生的职业素质，将工作和学习完美融合。本书的编写以现行的国家标准或被认可的方法为依据，主要介绍食品的国家标准分析方法，使学生掌握最新的食品企业检验岗位工作技能，实现与用人单位的零距离对接。

本书由贵阳职业技术学院周杨、张放、李妍任主编；贵阳职业技术学院蒋晓玙、胡凯婷、陈思、封晔任副主编；贵阳职业技术学院涂鸿、陈湘霞，贵州轻工职业技术学院田辉，贵阳市食品药品检检测中心连爽参与编写。具体编写分工如下：周杨编写项目三、项目六，李妍、陈湘霞编写项目四，张放编写项目七，蒋晓玙编写项目二，胡凯婷编写绪论、项目一，陈思、封晔编写项目八，涂鸿编写项目五，连爽、田辉提供了本书编写的整体框架和工作任务的基本资料。全书由周杨统稿。

本书可作为高职高专院校食品类相关专业学生的教材，也可作为食品企业在职人员的培训教材及从事食品生产、食品质量监督与检验的技术人员的参考用书。

本书在编写的过程中借鉴了部分食品标准和兄弟院校出版的教材，在此致谢！

由于时间仓促和编者水平有限，书中难免有疏漏和不妥之处，恳请广大读者惠予指正，以便及时修订。

编 者

2023 年 5 月

目 录

绪 论 …… 1

项目一 检测样品的准备 …… 6

项目二 食品感官检测 …… 25

项目三 食品物理性质检测 …… 34

任务一 相对密度的测定 …… 34

任务二 折射率的测定 …… 42

任务三 旋光度的测定 …… 47

项目四 食品一般成分检测 …… 53

任务一 水分的测定 …… 53

任务二 灰分的测定 …… 64

任务三 酸度的测定 …… 72

任务四 脂类的测定 …… 79

任务五 碳水化合物的测定 …… 87

任务六 蛋白质和氨基酸的测定 …… 95

任务七 维生素的测定 …… 105

项目五 食品添加剂的检测 …… 110

任务一 防腐剂的测定 …… 110

任务二 护色剂的测定 …… 120

任务三 漂白剂的测定 …… 126

任务四　食用色素的测定……134

项目六　食品矿物质元素检测……140

任务一　营养元素的测定……141

任务二　有害元素的测定……147

项目七　食品农药残留和兽药残留检测……156

任务一　农药残留的测定……156

任务二　兽药残留的测定……169

项目八　食品微生物检测……179

任务一　菌落总数的测定……179

任务二　大肠菌群的测定……185

参考文献……197

附　录……198

附件 1　酒精计温度浓度对照表（20 °C）……198

附件 2　国家职业标准对食品检验员的工作要求……203

附件 3　蔬菜中有机磷农药残留检测操作规程……211

附件 4　蔬菜中有机磷类农药残留的检测气相仿真软件操作规程……213

附件 5　茶叶中重金属含量的检测数据处理操作规程……214

绪 论

推动职业教育高质量发展和健康中国建设，让人民群众吃得安全、吃得放心。本书按照“工学结合 + 双证融通”人才培养模式，以岗位要求为导向，注重培养学生职业道德和食品专项检验技能，强化标准化意识及安全意识，从而更好地为健康中国和社会主义现代化国家建设服务。

一、食品检测技术概述

食品检测技术是食品质量管理过程中的一个重要环节，在原材料质量方面起着保障作用，在生产过程中起着监控作用，在最终产品检验方面起着监督和标识作用。食品检测技术贯穿于产品研发、生产和销售的全过程。

（1）根据制定的技术标准，运用现代科学技术手段和检测手段，对食品生产的原辅料、中间品、包装材料及成品进行检验，从而对食品的品质、营养、安全与卫生进行评定，保证食品质量符合食品标准的要求。

（2）对食品生产工艺参数、工艺流程进行监控，确定工艺参数、工艺要求，掌握生产情况，以确保食品的质量，从而了解与控制生产工艺过程。

（3）为食品生产企业进行成本核算、制订生产计划提供基本数据。

（4）开发新的食品资源，提高食品质量以及寻找食品的污染来源，使消费者放心获得美味可口、营养丰富和经济卫生的食品。

（5）检验机构根据政府质量监督行政部门的要求，对生产企业的产品或上市的商品进行检验，为政府管理部门对食品品质进行宏观监控提供依据。

（6）当发生产品质量纠纷时，第三方检验机构根据解决纠纷的有关机构（包括法院、仲裁委员会、质量管理行政部门及民间调节组织等）的委托，对有争议的产品做出仲裁检验，为有关机构解决产品质量纠纷提供技术依据。

（7）在进出口贸易中，根据国际标准、国家标准和合同规定，对进出口食品进行检测，保证进出口食品的质量，维护国家出口信誉。

（8）当发生食物中毒等食品安全事件时，检验机构对残留食物做出仲裁检验，为事件的调查解决提供技术依据。

二、常见食品的标准

（一）食品标准的现状和趋势

质量是产品的生命，它关系到能否有效地进入国内外市场，创得高效益。提高产品质量的关键是抓好质量标准、质量管理和质量监督三项相互关联、相互依存、缺一不可的工作，只有这样才能保证产品质量建立在一个良性循环过程中。标准是衡量产品质量的技术依据。因此，依据标准对产品的质量实行监督对于提高质量十分重要。目前，对于食品生产的原辅材料及最终产品，已经制定出相应的国际和国内标准，并且在不断改进和完善。中国依据国家产品质量监督检测中心，已经形成了一个产品质量监督网络，充分发挥这个网络的作用是使伪劣产品无立足之地的重要一环。

在众多的质量监督检测部门开展检测工作时，制定和实施相应的分析标准是十分必要的。采用标准的分析方法、利用统一的技术手段才能使分析结果有权威性，便于比较与鉴别产品质量，为食品生产和流通领域标准化管理、国际贸易往来和国际经济技术合作有关的质量管理和质量标准提供统一的技术依据。这对促进技术进步、提高产品质量和经济效益、扩大对外贸易、提高标准化水平、促进我国食品事业的发展、保护消费者利益和保证食品贸易的公平进行，具有重要的意义。目前，为了便于国家间进行贸易，排除由国家标准不同所造成的障碍，世界上已经出现了要求各国政府采用国际标准、使各国国家标准趋于一致的趋势。

1. 国内标准

自《中华人民共和国食品安全法》颁布以来，食品卫生工作有了明确的法律依据，为了保证此法的有效实施，卫生部发布并实施了新版（2012 年）《食品卫生检验方法理化部分》国家标准，这一标准的实施，是执行《中华人民共和国食品安全法》进行监督检测不可缺少的重要手段。对促进中国食品工业采用新工艺、新技术起到了推动作用；对提高人民的身体健康起到了保证作用；为食品检验工作进一步发展，提高整个食品检验工作水平奠定了坚实的基础；也为中国从事食品卫生理化检验人员提供了选择分析方法的依据。

《食品卫生检验方法理化部分》规定了食品卫生检验方法理化部分的检验基本原则和要求。本标准适用于食品卫生检验方法理化部分。规定的检测成分包括：食物成分、有害元素、农药残留、食品添加剂、致癌物质等。检测对象包括：粮食、食用油脂、蔬菜、水果、调味品、肉与肉制品、水产品、乳与乳制品、蛋与蛋制品、酒、冷饮食品、豆制品、淀粉类制品、酱腌菜、食糖、蜂蜜、糕点、茶叶、食品包装材料、食品包装容器用涂料、食品用橡胶制品及食具容器等。每一检测项目列有几种不同的分析方法，应用时可根据各地不同的条件选择使用，但以第一法为仲裁法。例如，防腐剂山梨酸、苯甲酸的标准分析方法中列有气相色谱法、高效液相色谱法及薄层色谱法，以气相色谱法为仲裁法。

2. 国际标准

国际食品分析标准主要是指国际标准化组织（ISO）制定的食品分析标准。该组织成立于 1947 年，是目前世界上最大的、最有权威的国际性标准化专门机构，下设有 27 个国际组织，其中与食品分析有关的组织有联合国粮食与农业组织（FAO）与世界卫生组织（WHO）、食品法典联合委员会（简称食品法规委员会，CAC，该委员会是 20 世纪 60 年代由联合国粮食与农业组织和世界卫生组织共同设立的一个国际机构，现有包括中国在内的 173 个成员国，其主要职能是执行 FAO/WHO）。联合国国际食品标准规划制定各种食品的国际统一标准和标准分析方法。目前食品分析国际标准方法多采用食品法规委员会制定的标准。

除食品法规委员会以外，在国际上影响较大的组织还有美国分析化学家协会（AOAC），它是美国为使农产品（食品）分析标准化而设立的协会。该协会推荐的分析方法比较先进、可靠，对国际上食品分析领域的影响较大，目前已为越来越多的国家所采用，作为标准方法。

（二）常见食品的质量标准

国家对于粮食、食用油脂、蔬菜、水果、调味品、肉与肉制品、水产品、乳与乳制品、蛋与蛋制品、酒、冷饮食品、豆制品、淀粉类制品、酱腌菜、食糖、蜂蜜、糕点、茶叶等食品制定了严格的卫生标准，详细规定了所必需的感官及理化指标。国家还对食品包装材料、食品包装容器用涂料、食品用橡胶制品及食具容器等规定了相应的卫生标准，从而使食品的安全得到了保证。这里不另赘述。

三、食品分析的性质、任务、作用及内容

（一）食品分析的性质、任务和作用

1. 性　质

食品是人类生存不可缺少的物质条件之一，是人类进行一切生命活动的能源。因此，食品品质的好坏，直接关系着人们的身体健康。而评价食品品质的好坏，就是要看它的营养性、安全性和可接受性，即营养成分含量多少、存不存在有毒有害物质和感官性状如何。食品分析就是专门研究各类食品组成成分的检测方法及有关理论，进而评定食品品质的一门技术性学科。

2. 任　务

食品分析的任务是运用物理、化学、生物化学等学科的基本理论及各种科学技术，对食品工业生产中的物料（原料、辅助材料、半成品、成品、副产品等）的主要成分及其含量和有关工艺参数进行检测。

3. 作　用

（1）控制和管理生产，保证和监督食品的质量分析工作在生产中起着“眼睛”的作用，通过对食品生产所用原料、辅助材料的检验，可了解其质量是否符合生产的要求，使生产者做到心中有数；通过对半成品和成品的检验，可以掌握生产情况，及时发现生产中存在的问题，便于采取相应的措施，以保证产品的质量；并可为工厂制订生产计划，进行经济核算提供基本数据。

（2）为食品新资源和新产品的开发，新技术和新工艺的探索等提供可靠的依据在食品科学研究中，食品分析是不可缺少的手段，不管是理论性研究还是应用性研究，几乎都离不开食品分析。例如在开发新的食品资源，试制新产品、新设备，改革生产工艺，改进产品包装、贮运技术等方面的研究中，常需选定适当的项目进行分析，再将分析结果进行综合对比，得出结论。

（二）食品分析的内容

由于食品的种类繁多，组成成分十分复杂，随分析目的的不同，分析项目也各异，某些食品还有特定的分析项目，这使得食品分析的范围十分广泛，它包括以下一些内容。

1. 食品营养成分的分析

食品是供给人体能量，构成人体组织和调节人体内部产生的各种生理过程的原料，因此，一切食品必须含有人体所需的营养成分。从营养成分来看，主要有水分、灰分、矿物元素、脂肪、碳水化合物、蛋白质与氨基酸、有机酸、维生素八大类，这是构成食品的主要成分。不同的食品所含营养成分的种类和含量是各不相同的，在天然食品中，能够同时提供各种营养成分的品种较少，人们必须根据人体对营养的要求，进行合理搭配，以获得较全面的营养。为此必须对各种食品的营养成分进行分析，以评价其营养价值，为选择食品提供资料。此外，在食品工业生产中，对工艺配方的确定、工艺合理性的鉴定、生产过程的控制及成品质量的监测等，都离不开营养成分的分析。营养成分的分析是食品分析的主要内容。

2. 食品添加剂的分析

在食品生产中，为了改善食品的感官性状或为了改善食品原来的品质、增加营养、提高质量；或为了延长食品的货架期；或因加工工艺需要，常加入一些辅助材料——食品添加剂。由于目前所使用的食品添加剂多为化学合成物质，有些对人体具有一定的毒性，故国家对其使用范围及用量均作了严格的规定。为监督在食品生产中合理地使用食品添加剂，保证食品的安全性，必须对食品添加剂进行检测，这是食品分析的一项重要内容。

3. 食品中有毒物质的分析

正常的食品应当无毒无害，符合应有的营养素要求，具有相应的色、香、味等感官性状。但食品在生产、加工、包装、运输、贮存、销售等各个环节中，常产生、引入或污染某些对人体有害的物质，按其性质分，主要有以下几类：

（1）有害元素。这是由工业“三废”、生产设备、包装材料等对食品的污染所造成的，主要有铬、镉、汞、铅、铜、镍、锡、锌等。

（2）农药。由于不合理地施用农药造成对农作物的污染，或因工业“三废”对动植物生长环境造成污染，再经动植物体的富集作用及食物链的传递，最终造成食品中农药的残留。

（3）细菌、霉菌及其毒素。这是由于食品的生产或贮藏环节不当而引起的微生物污染，此类污染物中，危害最大是黄曲霉毒素。

（4）食品加工中形成的有害物质在一些食品加工中，可形成有害物质。如在腌制、发酵等加工过程中，可形成亚硝胺；在烧烤、烟熏等加工中，可形成 3,4-苯并芘。

（5）来自包装材料的有害物质。由于使用了质量不合乎卫生要求的包装材料，其中的有害物质如聚氯乙烯、多氯联苯、荧光增白剂等，对食品造成污染。

食品中有害物质的种类很多，来源各异，且随着环境污染的日趋严重，食品污染源将更加广泛。为了保证食品的安全性，必须对食品中的有害成分进行监督检验。

4. 食品的感官检验

各种食品都具有各自的感官特征，除了色、香、味是所有食品共有的感官特征外，液态食品还有澄清、透明等感官指标，对固体、半固体食品还有软、硬、硬性、韧性、黏、滑、干燥等，一切都为人体感官判定和接受指标。好的食品不但要符合营养和卫生的要求，而且要有良好的可接受性。因此，各类食品的质量标准中都有感官指标。感官鉴定是食品质量检验的主要内容之一，在食品分析中占有重要的地位。

（三）食品检验的发展趋势

近年来，随着食品工业生产的发展和科学技术的进步，食品分析的发展十分迅速，国际上这方面的研究、开发工作至今方兴未艾，一些学科的先进技术不断渗透到食品分析中来，形成了日益增多的分析方法和分析仪器。许多自动化分析技术已应用于食品分析中，这不仅缩短了分析时间、减少了人为的误差，而且大大提高了测定的灵敏度和准确度。

目前，食品检验的发展趋势主要体现在以下几个方面：

1. 新的测定项目和方法不断出现

随着食品工业的繁荣，食品种类的丰富，同时也由于环境污染受到越来越多的重视，人们对食品安全性的研究使得新的测定项目和方法不断出现。如蛋白质和脂肪的测定实现了半自动化分析；粗纤维的测定方法已用膳食纤维测定法代替；近红外光谱分析法已应用于某些食品中水分、蛋白质、脂肪、纤维素等多种成分的测定；气相色谱法和液相色谱法测定游离糖已有较可靠的分析方法；高效液相色谱法也已用于氨基酸的测定，其效果甚至优于氨基酸自动分析仪；微量元素检测方法不断出新。微生物法的自动化操作已在国外某些实验室中实现了，维生素 K、生物素、胆碱的测定方法和维生素 C 的简易测定方法以及多种维生素同时测定方法都已相继开发出来。各种新型食品添加剂的检验正在被研究和制定标准。

2. 食品分析的仪器化

食品分析逐渐地采用仪器分析和自动化分析方法以代替手工操作的陈旧方法。气相色谱仪、高效液相色谱仪、氨基酸自动分析仪、原子吸收分光光度计以及可进行光谱扫描的紫外-可见分光光度计、荧光分光光度计等在食品分析中得到了越来越多的应用。

3. 食品分析的自动化

中国对各种自动化分析方法研究较深入，食品中的某些维生素、微量和常量元素、脂肪酸、部分氨基酸等的测定均可采用自动化流程进行分析，免除了繁重的手工操作。如维生素 C 的测定采用最新的流动注射分析方法，样品和试剂用量减至微量，分析时间也大为缩短。

项目一
检测样品的准备

学习目标

（1）了解食品分析的一般程序，学会食品样品的采集、制备和保存方法。

（2）掌握有机物破坏法、溶剂提取法及蒸馏法等各种食品样品的预处理方法，以适应不同食品类型的分析需要。

背景知识

一、样品的采集、制备和保存

食品分析的一般程序是：样品的采集、制备和保存；样品的预处理；成分分析；分析数据处理；撰写分析报告。为保证分析结果准确、无误，首先就要正确地采样。因被检测的食品种类差异大、加工贮藏条件不同、同一材料的不同部分彼此有别，所以采用正确的采样技术采集样品尤为重要，否则分析结果就不具代表性，甚至得出错误的结论。同样，为使后续的分析工作能顺利实施，对采集到的样品作进一步加工处理是任何检测项目中不可缺少的环节。

（一）样品的采集

样品的采集是从大量的分析对象中抽取有代表性的一部分样品作为分析材料，即分析样品。

1. 采样要求

采样过程中应遵循两个原则：一是采集的样品要均匀具有代表性，能反映全部被检食品的组成、质量及卫生状况；二是采样中避免成分逸散或引入杂质，应保持原有的理化指标。

2. 采样步骤

采样一般分三步。首先是获取检样，从大批物料的各个部分采集少量的物料称检样；然后将所有获取的检样综合在一起得到原始样品；最后是将原始样品经技术处理后，抽取其中的一部分作为分析检验的样品称为平均样品。

3. 采样的数量和方法

采样数量应能反映该食品的卫生质量和满足检验项目对试样量的需求，样品应一式三份，分别供检验、复验、备查或仲裁，一般散装样品每份不少于 0.5 kg。具体采样方法，因分析对象的性质而异。

（1）液体、半流体饮食品，如植物油、鲜乳、酒类或其他饮料，若用大桶或大罐包装应先充分混合后采样。样品分别放入三个干净的容器中。

（2）粮食及固体食品从每批食品的上、中、下三层中的不同部位分别采取部分样品混合后按四分法对角取样，再进行几次混合，最后取有代表性样品。

（3）肉类、水产等食品按分析项目的要求可分别采取不同部位的样品混合后代表一只动物；或从很多只动物的同一部位取样混合后代表某一部位的样品。

（4）罐头、瓶装食品可根据批号随机取样。同一批号取样件数，250 g 以上的包装不得少于 6 个，250 g 以下的包装不得少于 10 个。掺伪食品和食物中毒的样品采集，要具有典型性。

采样时使用的工具、容器、包装纸等都应清洁，不应带入任何杂质或被测组分。采样后应迅速检测以免发生变化。最后在盛装样品的容器上要贴上标签，注明样品名称、采样地点、采样日期、样品批号、采样方法、采样数量、分析项目及采样人。

（二）样品的制备

按采样规程采取的样品一般数量过多、颗粒大、组成不均匀。样品制备是对上述采集的样品进一步粉碎、混匀、缩分，目的是保证样品完全均匀，取任何部分都具代表性。具体制备方法因产品类型不同有如下几种：

1. 液体、浆体或悬浮液体

样品可摇匀也可以用玻璃棒或电动搅拌器搅拌使其均匀，采取所需要的量。

2. 互不相溶的液体

如油与水的混合物，应先使不相溶的各成分彼此分离，再分别进行采样。

3. 固体样品

先将样品制成均匀状态，具体操作可切细（大块样品）、粉碎（硬度大的样品如谷类）、捣碎（质地软含水量高的样品如果蔬）、研磨（韧性强的样品如肉类）。常用工具有粉碎机、组织捣碎机、研钵等。然后用四分法采取制备好的均匀样品。

4. 罐　头

水果或肉禽罐头在捣碎之前应清除果核、骨头及葱、姜、辣椒等调料。可用高速组织捣碎机。

上述样品制备过程中，还应注意防止易挥发成分的逸散极有可能造成的样品理化性质的改变，尤其是作微生物检验的样品，必须根据微生物学的要求，严格按照无菌操作规程制备。

（三）样品的保存

制备好的样品应尽快分析，如不能马上分析，则需妥善保存。保存的目的是防止样品发生受潮、挥发、风干、变质等现象，确保其成分不发生任何变化。保存的方法是将制备好的样品装入具磨口塞的玻璃瓶中，置于暗处；易腐败变质的样品应保存在 0 ~ 5 °C 的冰箱中；易失水的样品应先测定水分。

一般检验后的样品还需保留 1 个月，以备复查。保留期限从签发报告单算起，易变质食品不予保留。对感官不合格样品可直接定为不合格产品，不必进行理化检验。最后，存放的样品应按日期、批号、编号摆放，以便查找。

二、样品的预处理

相对密度是物质重要的物理常数，各种液态食品都具有一定的相对密度，当其组成成分及浓度发生改变时，其相对密度往往也随之改变。通过测定液态食品的相对密度，可以检验食品的纯度、浓度及判断食品的质量。

食品的成分复杂，既含有糖、蛋白质、脂肪、维生素、农药等有机大分子化合物，也含有钾、钠、钙、铁、镁等无机元素。它们以复杂的形式结合在一起，当以选定的方法对其中某种成分进行分析时，其他组分的存在常会产生干扰而影响被测组分的正确检出。为此在分析检测之前，必须采取相应的措施排除干扰。另外，有些样品（特别是有毒、有害污染物）在食品中的含量极低，但危害很大，完成这样组分的测定，有时会因为所选方法的灵敏度不够而难以检出，这种情形下往往需对样品中的相应组分进行浓缩，以满足分析方法的要求。样品预处理就可解决上述问题。根据食品的种类、性质不同，以及不同分析方法的要求，预处理的手段有如下几种：

（一）有机物破坏法

当测定食物中无机物含量时，常采用有机物破坏法来消除有机物的干扰。因为食物中的无机元素会与有机质结合，形成难溶、难离解的化合物，使无机元素失去原有的特性，导致不能依方法检出。有机物破坏法是将有机物在强氧化剂的作用下经长时间的高温处理，破坏其分子结构，有机质分解呈气态逸散，而被测无机元素得以释放。该法除常用于测定食品中微量金属元素之外，还可用于检测硫、氮、氯、磷等非金属元素。根据具体操作不同，又分为干法和湿法两大类。

1. 干法（又称灰化）

通过高温灼烧将有机物破坏。除汞外的大多数金属元素和部分非金属元素的测定均可采用此法。具体操作是将一定量的样品置于坩埚中加热，使有机物脱水、炭化、分解、氧化，再于高温电炉中（500 ~ 550 °C）灼烧灰化，残灰应为白色或浅灰色。否则应继续灼烧，得到的残渣即为无机成分，可供测定用。

干法特点是破坏彻底，操作简便，使用试剂少，空白值低。但破坏时间长、温度高，尤其对汞、硒、镉、铅易造成挥散损失。对有些元素的测定必要时可加助灰化剂。

2. 湿法（又称消化）

湿法是在酸性溶液中，向样品中加入硫酸、硝酸、过氯酸、过氧化氢、高锰酸钾等氧化剂，并加热消煮，使有机质完全分解、氧化，呈气态逸出，待测组分转化成无机状态存在于消化液中，供测试用。

湿法是一种常用的样品无机化法。其特点是分解速度快，时间短；因加热温度低可减少金属的挥发逸散损失。缺点是消化时易产生大量有害气体，需在通风橱中操作；另外消化初期会产生大量泡沫外溢，需随时照管；因试剂用量较大，空白值偏高。

湿法破坏根据所用氧化剂不同分为如下几类。

（1）硫酸-硝酸法。将粉碎好的样品放入 250 ~ 500 mL 凯氏烧瓶中（样品量可称 10 ~ 20 g），如图 1-1 所示。加入浓硝酸 20 mL，小心混匀后，先用小火使样品溶化，再加浓硫酸 10 mL，渐渐加强火力，保持微沸状态并不断滴加浓硝酸，至溶液透明不再转黑为止。每当溶液变深时，立即添加硝酸，否则会消化不完全。待溶液不再转黑后，继续加热数分钟至冒出浓白烟，此时消化液应澄清透明。消化液放冷后，小心用水稀释，转入容量瓶，同时用水洗涤凯氏烧瓶，洗液并入容量瓶，调至刻度后混匀，供待测用。

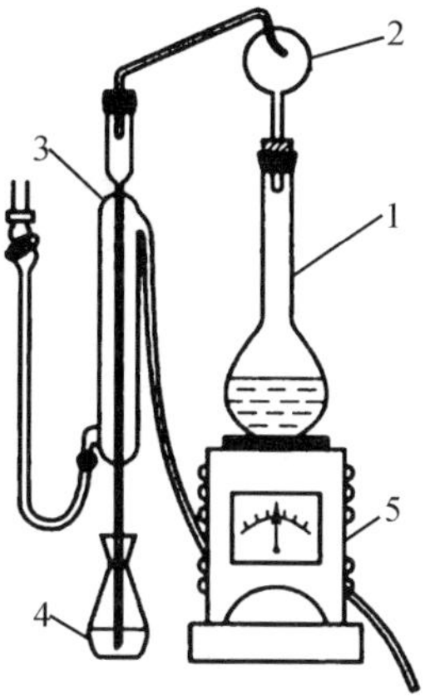

1—凯氏烧瓶；2—定氮球；3—直形冷凝管及导管；4—收集瓶；5—电炉。

图 1-1　湿法消解装置示意

（2）高氯酸-硝酸-硫酸法。称取粉碎好的样品 5 ~ 10 g，放入 250 ~ 500 mL 凯氏烧瓶中，用少许水湿润，加数粒玻璃珠，加 3∶1 的硝酸-高氯酸混合液 10 ~ 15 mL，放置片刻，小火缓缓加热，反应稳定后放冷，沿瓶壁加入 5 ~ 10 mL 浓硫酸，继续加热至瓶中液体开始变成棕色时，不断滴加硝酸-高氯酸混合液（3∶1）至有机物分解完全。加大火力至产生白烟，溶液应澄清，无色或微黄色。操作中注意防爆。放冷后容量瓶定容。

（3）高氯酸（过氧化氢）-硫酸法。取适量样品于凯氏烧瓶中，加适量浓硫酸，加热消化至呈淡棕色，放冷，加数毫升高氯酸（或过氧化氢），再加热消化，重复操作至破坏完全，放冷后以适量水稀释，小心转入容量瓶定容。

（4）硝酸-高氯酸法。取适量样品于凯氏烧瓶中，加数毫升浓硝酸.小心加热至剧烈反应停止后，再加热煮沸至近干，加入 20 mL 硝酸-高氯酸（1∶1）混合液。缓缓加热，反复添加硝酸-高氯酸混合液至破坏完全，小心蒸发至近干，加入适量稀盐酸溶解残渣。若有不溶物需过滤，滤液于容量瓶中定容。

消化过程中注意维持一定量的硝酸或其他氧化剂，破坏样品时做空白样，以校正消化试剂引入的误差。

3. 微波消解技术

微波消解通常是指在密闭容器里利用微波快速加热进行各种样品的酸溶解。密闭容器反应和微波加热这两个特点，决定了其完全、快速、低空白的优点，但不可避免地带来了高压（可能过压的隐患）、消化样品量小的不足。高压（最高可达 10 ~ 15 MPa）、高温（通常 170 ~ 220 °C）、强酸蒸汽给实验者带来了安全方面的心理压力。现在的商品微波消解系统，一般都有测温/测压甚至控温/控压技术，因此在安全性上已经有了较大保证。

微波消解仪的技术特点如下。

（1）过压泄压。能否及时安全泄压关系到安全性，是最重要的。一般微波消解系统的控制方式，是在检测到温度/压力达到目标温度/压力时停止微波加热，但实际消化罐内的化学反应并不一定会立即停止，所以可能造成过压，必须能够及时安全泄压。如果不具备泄压方式，消化罐的耐压必须远大于最大工作压力，才能保证有足够的安全系数。

（2）测温/测压方式。测温方式按照与消化罐内部接触与否可分为：接触式（光纤测温）

与非接触式（红外测温）两种。两种方式各有利弊，用户可从检测准确性、样品检测的均一性、检测速度等因素分别考察。在测压方式上，各公司的产品比较一致，均为接触式测压。

（3）消化容器的材质。一般有氟塑料类 TFM（改性聚四氟乙烯）、PTFE（聚四氟乙烯）、PFA（可溶性取四氟乙烯）和石英。PTFE 最高使用温度不低于 TFM，表面光洁度、高温高压下的抗渗透性、高温高压下的抗形变性均优于 TFM。PFA 尽管半透明，但其最高使用温度不如 PTFE。因此，PTFE 是消化容器的首选材质。TFM 消解罐只能做中高压，而 PTFE 消解罐可以做超高压微波消解。

（4）组合罐。一体罐组合罐的外壳（护套）和内插消化罐可以分开。一体罐可能是单一材料制成，但也可能由 1 种、2 种或 3 种材质构成，但已组合为一体，不能拆开。组合罐一般由外壳、框架（中间层）、内插消化罐组成，也有的组合罐不用中间层。外壳材质有复合纤维（CEM 专利）、PEEK（聚醚醚酮）、高温陶瓷、Ultem-100（Ultem 材料基本已被淘汰）。框架主要用 PFA。内插消化罐直接与样品、酸接触，耐酸、耐温和耐压性能是首要考虑的。

（5）护套材质。一般有 PEEK、陶瓷、Ultem-100，其强度均远大于 TFM，但耐酸腐蚀性任何材质都无法与 TFM、PTFE、PFA 等氟塑料相比。

（6）消化罐最高工作温度。最高工作温度不可能超过消化容器材质的最高使用温度。因此 260 °C 一般是所有氟塑料消化罐的最高使用温度。虽然有些公司的产品可以达到 300 °C，但不能同时达到最高压力，300 °C 对氟塑料消化容器的使用寿命肯定有影响。石英消化容器的最高工作温度可以很高，但受制于其护套或托架等，所以一般也只能达到 300 °C。通常，绝大部分微波消解在 170 ~ 220 °C 即可完成。

（7）最大工作压力。消化罐内的压力主要决定于样品有机质含量、酸的蒸气压、温度。样品有机质含量越高，消化罐内压力越大。通常使用硝酸、盐酸、氢氟酸、硫酸。硫酸挥发性最小，最高温度一般均为使用硫酸时才可能达到。

（8）最大可消解样品量。不同种类的消化罐最大可消解样品量不同。最大可消解样品量决定于样品有机质含量、酸的种类、设定温度、消化罐体积、消化罐最大工作压力。对微波密闭消解，最大可消解样品量较少，这始终是所有微波消解系统的相对弱点。

（二）溶剂提取法

同一溶剂中，不同的物质有不同的溶解度；同一物质在不同的溶剂中溶解度也不同。利用样品中各组分在特定溶剂中溶解度的差异，使其完全或部分分离即为溶剂提取法。常用的无机溶剂有水、稀酸、稀碱；有机溶剂有乙醇、乙醚、氯仿、丙酮、石油醚等。可用于从样品中提取被测物质或除去干扰物质。在食品分析中常用于维生素、重金属、农药及黄曲霉毒素的测定。

溶剂提取法可用于提取固体、液体及半流体，根据提取对象不同可分为浸取和萃取。

1. 浸取法

用适当的溶剂将固体样品中的某种被测组分浸取出来称浸取，即液-固萃取法。该法应用广泛，如测定固体食品中脂肪含量用乙醚反复浸取样品中的脂肪，而杂质不溶于乙醚，再使乙醚挥发掉，称出脂肪的质量。

（1）提取剂的选择。

提取剂应根据被提取物的性质来选择，对被测组分的溶解度应最大，对杂质的溶解度最小，提取效果遵从相似相溶原则。通常对极性较弱的成分（如有机氯农药）可用极性小的溶剂（如正己烷、石油醚）提取；对极性强的成分（如黄曲霉毒素 B_1）可用极性大的溶剂（如甲醇与水的混合液）提取。所选择的溶剂的沸点应适当，太低易挥发，过高又不易浓缩。

（2）提取方法。

① 振荡浸渍法。将切碎的样品放入选择好的溶剂系统中，浸渍、振荡一定时间使被测组分被溶剂提取。该法操作简单但回收率低。

② 捣碎法。将切碎的样品放入捣碎机中，加入溶剂，捣碎一定时间。被测成分被溶剂提取。该法回收率高，但选择性差，干扰杂质溶出较多。

③ 索氏提取法。将一定量样品放入索氏提取器中。加入溶剂，加热回流一定时间，被测组分被溶剂提取。该法溶剂用量少，提取完全，回收率高，但操作麻烦，需专用索氏提取器。

2. 溶剂萃取法

用适当的溶剂（常为有机溶剂）将液体样品中的被测组分（或杂质）提取出来称为萃取。其原理是被提取的组分在两互不相溶的溶剂中分配系数不同，从一相转移到另一相中而与其他组分分离。本法操作简单、快速，分离效果好，使用广泛。缺点是萃取剂易燃，有毒性。

（1）萃取剂的选择。萃取剂应对被测组分有最大的溶解度，对杂质有最小的溶解度，且与原溶剂不互溶；两种溶剂易于分层，无泡沫。

（2）萃取方法。萃取常在分液漏斗中进行，一般需萃取 4 ~ 5 次方可分离完全。若萃取剂密度比水小，且从水溶液中提取分配系数小或振荡时易乳化的组分时，可采用连续液体萃取器，如图 1-2 所示。

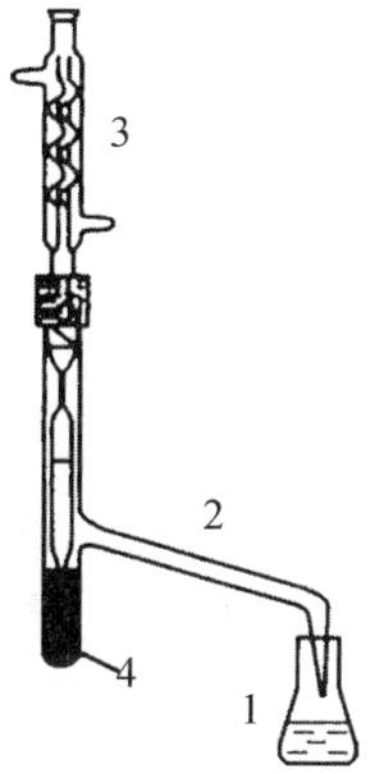

1—锥形瓶；2—导管；3—冷凝器；4—欲萃取相。

图 1-2　萃取操作示意图

锥形瓶内的溶剂经加热产生蒸汽后沿导管上升，经冷凝器冷凝后，在中央管的下端聚为小滴，并进入欲萃取相的底部，上升过程中发生萃取作用，随着欲萃取相液面不断上升，上层的萃取液流回锥形瓶中，再次受热汽化后的纯溶剂进入冷凝器又被冷凝返回欲萃取相底部重复萃取……如此反复，使被测组分全部萃取至锥形瓶内的溶剂中。

在食品分析中常用提取法分离、浓缩样品，浸取法和萃取法既可以单独使用也可联合使用。如测定食品中的黄曲霉毒素 B_1，先将固体样品用甲醇-水溶液浸取，黄曲霉毒素 B_1 和色素等杂质一起被提取，再用氯仿萃取甲醇-水溶液，色素等杂质不被氯仿萃取仍留在甲醇-水溶液层，而黄曲霉毒素 B_1 被氯仿萃取，以此将黄曲霉毒素 B_1 分离。

（三）蒸馏法

蒸馏法是利用液体混合物中各组分挥发度不同进行分离的方法。既可将干扰组分蒸馏除去，也可将待测组分蒸馏逸出，收集馏出液进行分析。根据样品组分性质不同，蒸馏方式有常压蒸馏、减压蒸馏、水蒸气蒸馏。

1. 常压蒸馏

当样品组分受热不分解或沸点不太高时，可进行常压蒸馏（见图 1-3）。加热方式可根据被蒸馏样品的沸点和性质确定：如果沸点不高于 90 °C，可用水浴；如果超过 90 °C，则可改用油浴；如果被蒸馏物不易爆炸或燃烧，可用电炉或酒精灯直火加热，最好垫以石棉网，如果是有机溶剂则要用水浴，并注意防火。

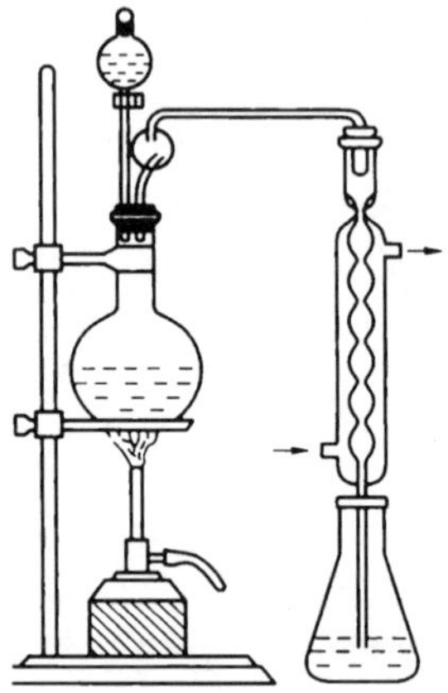

图 1-3　常压蒸馏装置

2. 减压蒸馏

如果样品待蒸馏组分易分解或沸点太高时，可采取减压蒸馏。该法装置较复杂，如图 1-4 所示。

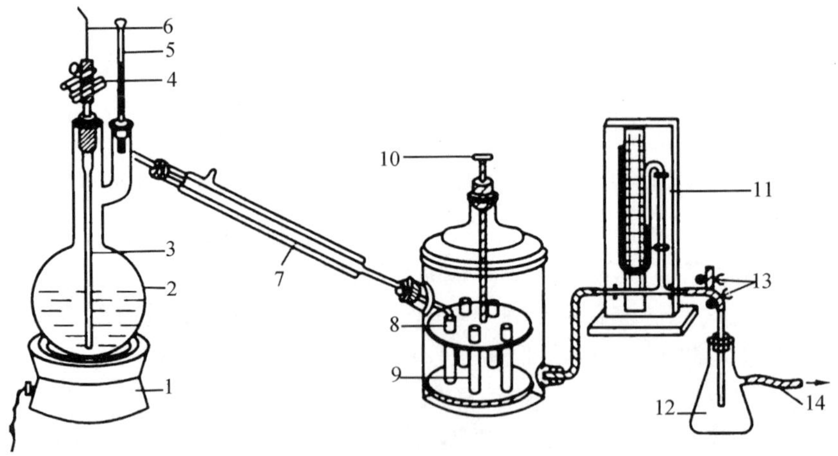

1—电炉；2—克莱森瓶；3—毛细管；4—螺旋止水夹；5—温度计；6—细铜丝；7—冷凝器；8，9—接收管；10—转动把；11—压力计；12—安全瓶；13—三通管阀门；14—接抽气机。

图 1-4　减压蒸馏装置

3. 水蒸气蒸馏

水蒸气蒸馏是用水蒸气加热混合液体装置（见图 1-5）。操作初期，蒸汽发生瓶和蒸馏瓶先不连接，分别加热至沸腾，再用三通管将蒸汽发生瓶连接好开始蒸汽蒸馏。这样不致因蒸汽发生瓶产生蒸汽遇到蒸馏瓶中的冷溶液凝结出大量的水增加体积而延长蒸馏时间。蒸馏结束后应先将蒸汽发生瓶与蒸馏瓶连接处拆开，再撤掉热源。否则会发生回吸现象而将接收瓶中蒸馏出的液体全部抽回去，甚至回吸到蒸汽发生瓶中。

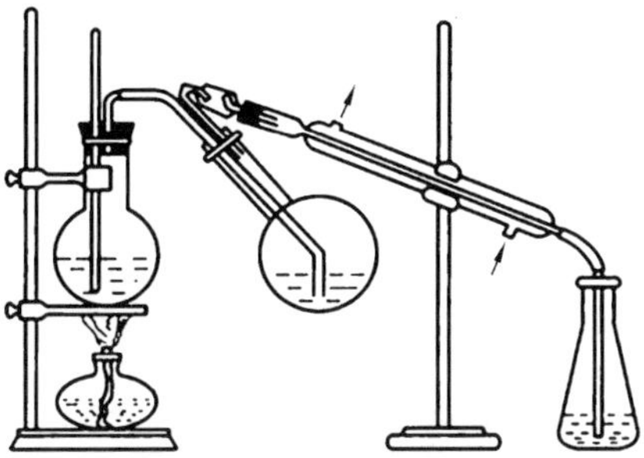

图 1-5　水蒸气蒸馏装置

4. 蒸馏操作注意事项

（1）蒸馏瓶中装入的液体体积最大不超过蒸馏瓶的 2/3。同时加瓷片、毛细管等防止爆沸，蒸汽发生瓶也要装入瓷片或毛细管。

（2）温度计插入高度应适当，以与通入冷凝器的支管在一个水平上或略低一点为宜。

（3）有机溶剂的液体应使用水浴，并注意安全。

（4）冷凝器的冷凝水应由低向高逆流。

（四）色谱分离法

色谱分离是将样品中的组分在载体上进行分离的一系列方法，又称色层分离法。根据分离原理不同分为吸附色谱分离、分配色谱分离和离子交换色谱分离等。该类分离方法效果好，在食品分析中广为应用。

1. 吸附色谱分离

该法使用的载体为聚酰胺、硅胶、硅藻土、氧化铝等，吸附剂经活化处理后具一定的吸附能力。样品中的各组分依其吸附能力不同被载体选择性吸附，使其分离。如食品中色素的测定，将样品溶液中的色素经吸附剂吸附（其他杂质不被吸附），经过过滤、洗涤，再用适当的溶剂解吸，得到比较纯净的色素溶液。吸附剂可以直接加入样品中吸附色素，也可将吸附剂装入玻璃管制成吸附柱或涂布成薄层板使用。

2. 分配色谱分离

此法是根据样品中的组分在固定相和流动相中的分配系数不同而进行分离。当溶剂渗透于固定相中并向上渗透时，分配组分就在两相中进行反复分配，进而分离。如多糖类样品的纸色谱，样品经酸水解处理，中和后制成试液，滤纸上点样，用苯酚-1%氨水饱和溶液展开，苯胺邻苯二酸显色，于 105 °C 加热数分钟，可见不同色斑：戊醛糖（红棕色）、己醛糖（棕褐色）、己酮糖（淡棕色）、双糖类（黄棕色）。

3. 离子交换色谱分离

这是一种利用离子交换剂与溶液中的离子发生交换反应实现分离的方法。根据被交换离子的电荷分为阳离子交换和阴离子交换。该法可用于从样品溶液中分离待测离子，也可从样品溶液中分离干扰组分。分离操作可将样液与离子交换剂一起混合振荡或将样液缓缓通过事先制备好的离子交换柱，则被测离子与交换剂上的 H^+ 或 OH^- 发生交换，或是被测离子上柱，或是干扰组分上柱，从而将其分离。

（五）化学分离法

1. 磺化法和皂化法

磺化法和皂化法是去除油脂的常用方法，可用于食品中农药残留的分析。

（1）磺化法。磺化法是以硫酸处理样品提取液，硫酸使其中的脂肪磺化，并与脂肪和色素中的不饱和键起加成作用，生成溶于硫酸和水的强极性化合物，从有机溶剂中分离出来。使用该法进行农药分析时只适用强酸介质中稳定的农药。如有机氯农药中的六六六、DDT 回收率在 80%以上。

（2）皂化法。皂化法是以热碱 KOH-乙醇溶液与脂肪及其杂质发生皂化反应，而将其除去。本法只适用于对碱稳定的农药提取液的净化。

2. 沉淀分离法

沉淀分离法是向样液中加入沉淀剂，利用沉淀反应使被测组分或干扰组分沉淀下来，再经过滤或离心实现与母液分离。该法是常用的样品净化方法。如饮料中糖精钠的测定，可加碱性硫酸铜将蛋白质等杂质沉淀下来，过滤除去。

3. 掩蔽法

向样液中加入掩蔽剂，使干扰组分改变其存在状态（被掩蔽状态），以消除其对被测组分的干扰。掩蔽的方法有一个最大的好处，就是可以免去分离操作，使分析步骤大大简化，因此在食品分析中广泛用于样品的净化。特别是测定食品中的金属元素时，常加入配位掩蔽剂消除共存的干扰离子的影响。

（六）浓缩法

样品在提取、净化后，往往因样液体积过大、被测组分的浓度太小影响其分析检测，此时则需对样液进行浓缩，以提高被测成分的浓度。常用的浓缩方法有常压浓缩和减压浓缩。

1. 常压浓缩

常压浓缩只能用于待测组分为非挥发性的样品试液的浓缩，否则会造成待测组分的损失。操作可采用蒸发皿直接挥发，若溶剂需回收，则可用一般蒸馏装置或旋转蒸发器。操作简便、快速。

2. 减压浓缩

若待测组分为热不稳定或易挥发的物质，其样品净化液的浓缩需采用 K-D 浓缩器。采取水浴加热并抽气减压，以便浓缩在较低的温度下进行，且速度快，可减少被测组分的损失。食品中有机磷农药的测定（如甲胺磷、乙酰甲胺磷含量的测定）多采用此法浓缩样品净化液。

（七）几种现代样品处理技术简介

1. 快速溶剂萃取技术（ASE）

又称为加速溶剂萃取技术，是一种全新的处理固体和半固体样品的方法，该法是在较高温度（50 ~ 200 °C）和压力条件（10.3 ~ 20.6 MPa）下，采用有机溶剂进行萃取。

此法的突出优点是有机溶剂用量少（1 g 样品仅需 1.5 mL 溶剂）、快速（一般为 15 min）和回收率高，已成为样品前处理最佳方式之一，广泛用于环境、药物、食品和高聚物等样品的前处理，特别是农药残留量的分析。

快速溶剂萃取仪由溶剂瓶、泵、气路、加温炉、不锈钢萃取池和收集瓶等构成。

其工作程序是：① 手工将样品装入萃取池，放在圆盘式传送装置上；② 圆盘传送装置将萃取池送入加热炉腔，并与对应编号的收集瓶连接；③ 输液泵将溶剂输送到萃取池（20 ~ 60 s）；④ 萃取池在加热炉中被加温和加压，在设定的温度和压力下静态萃取 5 min；⑤ 分别少量向萃取池加入清洗溶剂（2 ~ 60 s）；⑥ 萃取液自动经过滤膜进入收集瓶；⑦ 用 N_2 吹洗萃取池和管道（60 ~ 100 s），萃取液全部进入收集瓶，待分析。

上述步骤② ~ ⑦按先后全自动进行。

全过程仅需 13 ~ 17 min。溶剂瓶由 4 个组成，每个瓶可分别装入不同的溶剂，可选用不同溶剂先后萃取相同的样品，也可用同一溶剂萃取不同的样品。可同时装入 24 个萃取池和 26 个收集瓶。

2. 超临界流体萃取技术

（1）概述。

超临界流体萃取（SFE）是 20 世纪 70 年代开始用于工业生产中有机化合物萃取的，它是用超临界流体作为萃取剂，从各种组分复杂的样品中，把所需要的组分分离提取出来的一种分离萃取技术。

超临界流体萃取作为一种独特、高效、清洁的新型提取、分离手段，在食品工业、精细化工、医药工业、环境等领域已展现出良好的应用前景，成为取代传统化学方法的首选。目前，世界各国都集中人力物力对超临界技术的基础理论、萃取设备和工业应用等方面进行系统研究，取得了长足进展。

SFE 技术具有以下几个特点：

① SFE 可以在接近室温下进行提取，有效地防止了热敏性物质的氧化和逸散。

② SFE 是最干净的提取方法，防止了提取过程中对人体有害物的存在和对环境的污染，保证了其纯天然性。

③ 萃取和分离合二为一，当饱和溶解物的流体进入分离器时，由于压力的下降或温度的变化，使得流体与萃取物迅速成为两相（气-液分离）而立即分开。不仅萃取的效率高，而且能耗较少，提高了生产效率，也降低了操作费用。

④ 流体在生产中可以重复循环使用，从而有效地降低了成本。

⑤ 压力和温度是调节萃取过程的主要参数，通过改变温度和压力达到萃取的目的，从而使工艺简单，容易掌握。

（2）原理。

① 概念。任何一种物质都存在三种相态——气相、液相和固相。三相呈平衡态共存的点

称为三相点。液、气两相呈平衡状态的点称为临界点。在临界点时的温度和压力称为临界温度和临界压力。不同的物质其临界点所要求的压力和温度各不相同。

超临界流体是指介于气体和液体之间的一种气体。这种气体处于其临界温度和临界压力以上状态时，向该气体加压，气体不会液化，只是密度增大，具有类似液体的性质。同时还保留气体性能。超临界流体对溶质具有较大溶解度，又具有气体易扩散和运动的特点。

更重要的是：超临界液体的许多性质如黏度、密度、扩散系数、溶剂化能力等性质随温度和压力变化很大，因此对选择性的分离非常敏感。

用于超临界流体萃取的流体必须稳定、安全、易于操作，对欲萃取溶质有足够大的溶解能力，同时又有良好的选择性。

常用超临界流体的临界温度与压力见表 1-1。

表 1-1　常用超临界流体的临界温度与压力

流体	临界温度/°C	临界压力/MPa
乙烯	9.3	5.04
丙烷	96.7	4.25
二氧化碳	31.3	7.18
氨	132.5	11.28
乙烷	32.2	4.88
己烷	234.2	3.03
丙烯	91.6	4.62
水	374.2	22.05

② 分离原理。超临界流体萃取分离过程的原理是利用超临界流体的溶解能力与其密度的关系，即利用压力和温度对超临界流体溶解能力的影响而进行的。在超临界状态下，超临界流体具有很好的流动性和渗透性，将超临界流体与待分离的物质接触，使其有选择性地把极性大小、沸点高低和分子量大小的成分依次萃取出来。

当然，对应各压力范围所得到的萃取物不可能是单一的，但可以控制条件得到最佳比例的混合成分，然后借助减压、升温的方法使超临界流体变成普通气体，被萃取物质则完全或基本析出，从而达到分离提纯的目的，所以超临界流体萃取过程是由萃取和分离组合而成的。

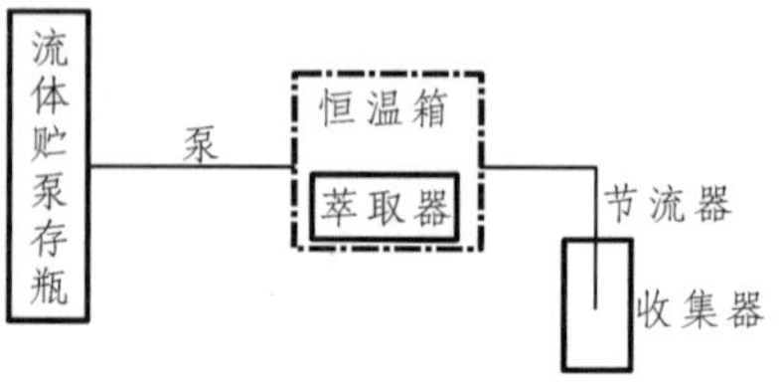

图 1-6　超临界流体萃取装置示意

（3）实验技术。

① 装置：其装置示意如图 1-6 所示。

a. 萃取器。需耐高温高压，接头和密封材料均需由惰性材料制成。

b. 节流器。SFE 所用节流器通常是失活的熔融硅毛细管或金属毛细管，出口端制成卷曲状或变细，以确保管内流体密度不变。

c. 收集技术。溶剂捕集法、吸附剂吸附捕集法和固体表面冷冻捕集法。

② 萃取过程。

a. 待测组分从样品基体中释放出来，并扩散、溶解到超临界流体中。

b. 待测组分从萃取器转移到收集系统。

c. 降低超临界流体压力，收集被测组分。

③影响超临界萃取的主要因素有以下几个方面。

a. 密度。溶剂强度与 SCF 的密度有关。温度一定时，密度（压力）增加，可使溶剂强度增加，溶质的溶解度增加。

b. 夹带剂。适用于 SFE 的大多数溶剂是极性小的溶剂，这有利于选择性的提取，但限制了其对极性较大溶质的应用。因此可在这些 SCF 中加入少量夹带剂（如乙醇等）以改变溶剂的极性，大幅度提高收率。

c. 粒度。粒度的大小可影响萃取的收率。一般来说，粒度小有利于萃取。

d. 流体体积。提取物的分子结构与所需的 SCF 的体积有关。增大流体的体积能提高回收率。

④ 操作模式。

超临界流体萃取操作方式分为动态、静态和循环 3 种模式。

动态法是超临界流体萃取剂一次直接通过样品萃取管，使被萃取组分直接从样品中分离出来。它简单、方便、快捷，特别适用于在超临界流体萃取剂中溶解度大，而且样品的基体又很容易被超临界萃取剂渗透的样品。

静态法是将被萃取的样品浸泡在超临界萃取剂中，经过一定时间后再把含有被萃取溶质的萃取剂流体输入吸收管。适用于萃取那些与样品基体较难分离或在萃取剂中溶解度不大的物质。也适用于样品基体较为致密，超临界流体萃取剂不易渗透的样品。

循环法是将超临界流体萃取剂先充满有样品的萃取管，然后用循环泵使萃取管内的流体反复、多次通过管内萃取样品，最后输入吸收管。

（4）超临界二氧化碳萃取技术。

二氧化碳在温度高于临界温度 $T_c = 31.26$ °C，压力高于临界压力 $p_c = 72.9$ atm（1 atm = 101.325 kPa）的状态下，性质会发生变化，其密度近于液体，黏度近于气体，扩散系数为液体的 100 倍，因而具有惊人的溶解能力。用它可溶解多种物质，然后提取其中的有效成分，具有广泛的应用前景。

超临界二氧化碳是目前研究最广泛的流体之一，因为它具有以下几个特点：

① CO_2 临界温度为 31.26 °C，临界压力为 72.9 atm，临界条件容易达到。

② CO_2 化学性质不活泼，无色无味无毒，安全性好。

③ 价格便宜，纯度高，容易获得。

超临界 CO_2 萃取是以超临界状态（温度 31.3 °C，压力 7.18 MPa）下的二氧化碳为溶剂，利用其高渗透性和高溶解能力来提取分离混合物的过程。超临界状态下的二氧化碳，其密度大幅度增大，导致对溶质溶解度的增加，在分离操作中，可通过降低压力或升高温度使溶剂的密度下降，引起其溶解物质能力的下降，可使萃取物与溶剂分离。

与一般液体萃取相比，超临界二氧化碳萃取的速率和范围更为扩大，萃取过程是通过温度和压力的调节来控制与溶质的亲和性而实现分离的。

超临界二氧化碳萃取技术具有环境良好、操作安全、不存在有害物残留、产品品质高，且能保持固有气味等特点。

3. 固相微萃取技术

固相微萃取是在固相萃取基础上发展起来的。

固相萃取（SPE）就是利用固体吸附剂将液体样品中的目标化合物吸附，与样品的基体和干扰化合物分离，然后再用洗脱液洗脱或加热解吸附，达到分离和富集目标化合物的目的。与液/液萃取相比，固相萃取具有很多优点：固相萃取不需要大量互不相溶的溶剂，处理过程中不会产生乳化现象，它采用高效、高选择性的吸附剂（固定相），能显著减少溶剂的用量，简化样品的预处理过程，同时所需费用也有所减少。一般来说，固相萃取所需时间为液/液萃取的 1/2，而费用为液/液萃取的 1/5。但其缺点是目标化合物的回收率和精密度要略低于液/液萃取。固相萃取实质上是一种液相色谱分离，其主要分离模式也与液相色谱相同。

固相微萃取（SPME）是在固相萃取上发展起来的一种新型、高效的样品预处理技术，它集采集、浓缩于一体，简单、方便、无溶剂，不会造成二次污染，是一种有利于环保的很有应用前景的预处理方法。与液/液萃取和固相萃取相比，具有操作时间短，样品用量小，无需萃取溶剂，适用于分析挥发性与非挥发性物质，重现性好等优点。很多研究结果表明，在样品中加入适当的内标进行定量分析时，其重现性和精密度都非常好。

固相微萃取装置外形如一只微量进样器，由手柄和萃取头或纤维头两部分构成，萃取头是一根 1 cm 长，涂有不同吸附剂的熔融纤维，接在不锈钢丝上，外套细不锈钢管（保护石英纤维不被折断），纤维头在钢管内可伸缩或进出，细不锈钢管可穿透橡胶或塑料垫片进行取样或进样。手柄用于安装或固定萃取头，可一直使用。

固相微萃取的萃取过程是一个平衡过程，萃取的平衡时间与搅拌速度、固定相的膜厚以及被分析样品的分配常数、扩散系数、萃取温度有关。大分子质量的物质比小分子质量的物质需更长的分析时间。搅拌有利于减少达到平衡所需的时间，当达到平衡时，固相微萃取方法的灵敏度最高。

固相微萃取技术包括如下两个过程。

① 样品中待分析物在石英纤维上的涂层与样品间扩散、吸附、浓缩过程以及浓缩的待分析物脱附进入分析仪器完成分析过程。在前一个过程中，涂有吸附剂的石英纤维浸入样品中，使样品中目标化合物从样品基质中扩散、萃取、浓缩于涂层上。

② 将石英丝收回针头中，进样时直接插入分析仪器的进样室中，如气相色谱仪的汽化室，使萃取的化合物脱附，被载气导入色谱柱完成分离分析。在实施固相微萃取时可以采用直接固相微萃取法、液上空间固相微萃取法和衍生化固相微萃取法 3 种模式。影响固相微萃取灵敏度的因素很多，但萃取头涂层的种类和厚度对灵敏度的影响最为关键。一般来说，不同种类待测物要用不同类型的吸附质涂层进行萃取，其选择基本原则是“相似相溶原理”。用极性涂层萃取极性化合物，用非极性涂层萃取非极性化合物。

三、检测的一般要求

1. 检验用水的要求

食品分析检验中大部分的分析是对水溶液的分析检验，因此水是最常用的溶剂。在未特殊注明的情况下，无论配制试剂用水，还是分析检验操作过程用水，均为纯度能满足分析要求的蒸馏水或去离子水。蒸馏水可用普通的自来水经蒸馏汽化冷凝制成，也可以用阴阳离子交换树脂处理的方法制得。国家标准《分析实验室用水规格和试验方法》(GB/T 6682—2008)中规定了实验室用水的技术指标、制备方法及检验方法。实验室用水的级别及主要指标见表1-2。

应根据检验方法及仪器对水的要求合理选用适当级别的水，并注意节约用水。一般常量分析检验中使用三级水即可；仪器分析检验一般使用二级水，特殊项目的检验包括一些精密仪器对水的要求较高，则需要使用一级水。

表 1-2　实验室用水的级别与主要指标

指标名称	三级	二级	一级
pH 范围（25 °C）	5.0 ~ 7.5	—	—
电导率（25 °C）/（mS · m）	0.50	0.10	0.01
可氧化物质含量（以 O 计）/（mg · L）	0.4	0.08	—
吸光度（254 nm，1 cm 光程）	—	0.01	0.001
蒸发残渣[（105 ± 2）°C]含量/（mg · L）	2.0	1.0	—
可溶性硅含量（以 SiO_2 计）/（mg · L）	—	0.02	0.01
适用场合	一般化学检验	用于无机痕量检验，如原子吸收光谱分析用水	用于有严格要求（包括对颗粒度、微生物的要求）的检验，如 HPLC 检验用水

注：① 一级、二级水的纯度下，pH 难以测定，故无此项质量指标。

② 考虑到纯水在储存过程中会因接触空气而吸收 CO_2 或储水容器材质本身的可溶性成分的溶解导致电导率改变，一级、二级水的电导率需在线检测。

2. 检验用试剂的要求

试剂的纯度对分析检验很重要，它会影响到结果的准确性，试剂的纯度达不到检验的要求就不会得到准确的分析结果。能否正确选择、使用化学试剂，将直接影响到分析检验的成败、准确度的高低及实验成本。因此，检验人员必须充分了解化学试剂的性质、类别、用途及使用方法，以便正确使用。

根据质量标准及用途的不同，化学试剂分为标准试剂、普通试剂、高纯度试剂与专用试剂四类。

（1）标准试剂。标准试剂是用于衡量其他化学物质化学量的标准物质，其特点是主体成分含量高而且准确可靠。滴定分析常用标准试剂，我国习惯称为基准试剂（PT），分为 C 级（第一基准）和 D 级（工作基准），主体成分体积分数分别为 99.98% ~ 100.02%和 99.95% ~ 100.05%。

（2）普通试剂。普通试剂是实验室广泛使用的通用试剂，一般可分为三个级别，其规格和适用范围见表 1-3。

表 1-3　普通试剂的规格和适用范围

级别	名称	符号	标签颜色	适用范围
一级	优级纯	G.R.	绿色	精密分析、科研，也可用作基准物质
二级	分析纯	A. R.	红色	一般分析实验
三级	化学纯	C. P.	蓝色	一般化学实验（要求较低）

（3）高纯度试剂。高纯度试剂的主体成分含量与优级纯试剂相当，但杂质含量很低。主要用于痕量分析中试样的分解及试液的制备。

（4）专用试剂。专用试剂是一类具有专门用途的试剂。如光谱纯试剂（SP）、色谱纯试剂（GC）、基准试剂（PT）、生物试剂（BR）等。

各种试剂要根据检验项目的要求和检验方法的规定，合理正确地选择使用，不要盲目地追求纯度高。例如配制铬酸洗液时仅需工业用的 $K_2Cr_2O_7$ 和工业硫酸即可，若用 A.R.级的 $K_2Cr_2O_7$，必定造成浪费。对于滴定分析常用的标准溶液，应采用分析纯试剂配制，再采用 D 级基准试剂标定；对于酶试剂应根据其纯度、活力和保存条件及有效期正确选择使用。

3. 试剂的保管与取用

试剂保管不善或取用不当，极易变质和沾污，从而影响检验的结果。因此必须按一定要求保管和取用试剂。

（1）使用前，要认清标签；取用时，不可将瓶盖随意乱放，应将瓶盖反放在干净的地方。固体试剂应用干净的药匙取用，用毕立即将药匙洗净、晾干备用。液体试剂一般用量筒取用，倒试剂时，标签朝上，不要将试剂泼洒在外，多余的试剂不应倒回原试剂瓶内，取完试剂随手将瓶盖盖好，切不可盖错，以免沾污。

（2）盛装试剂的试剂瓶都应贴上标签，写明试剂的名称、规格、日期等，不可在试剂瓶中装入与标签不符的试剂，以免造成差错。标签脱落的试剂，在未查明前不可使用。

（3）易腐蚀玻璃的试剂，如氟化物、苛性碱等，应保存在塑料瓶或涂有石蜡的玻璃瓶中。

（4）易氧化的试剂（如氧化亚锡、低价的铁盐）、易风化或潮解的试剂（如三氯化铝、无水碳酸钠、氢氧化钠等），应用石蜡密封瓶口。

（5）易受光分解的试剂，如高锰酸钾、硝酸银等，应用棕色瓶盛装，并保存在暗处。

（6）易受热分解的试剂、低沸点的液体和易挥发的试剂，应保存在阴凉处。

四、数据处理

获取准确、可靠的食品检验结果是食品理化分析的目的，这不仅需要准确的样品采集及检测，而且还要选择合适的数据处理及分析方法。

在分析过程中，许多因素都会影响分析结果，如仪器性能、玻璃量器的准确性、试剂的质量、采样的代表性及选用方法的灵敏度等。即使同一样品、同一分析方法、同一操作人员，进行平行实验，也难以获得相同的数据。因此误差是客观存在的，如何减少分析过程中的误差，提高分析结果的准确度和精密度，是保证分析数据准确性的关键。

1. 误差的表示方法

误差有两种表示方法，准确度反映系统误差，精密度反映偶然误差。准确度和精密度是对某一检验结果的可靠性进行科学综合性评价的常用指标。

（1）准确度。

准确度表示测量结果与真实值相接近的程度，其大小用误差（E）表示。分析结果与真实值越接近，误差越小，则分析结果的准确度越高。

误差可用绝对误差（E_a）与相对误差（E_r）两种方法表示。

$$\text{绝对误差}=\text{测定值}-\text{真实值}$$

$$E_a=x_i-\mu$$

相对误差（E_r）指绝对误差 E_a 在真实值中所占的百分率，即

$$\text{相对误差}=\frac{\text{绝对误差}}{\text{真实值}}\times 100\%$$

$$E_r=\frac{E_a}{\mu}\times 100\%$$

对于多次测定，计算时测定值为多次测定结果的平均值。

真实值是客观存在的，但不可能直接测定。在食品分析中，一般用试样多次测定值的平均值或标准样品配制实际值表示。此外，实验室通过回收实验的方法确定准确度。多次回收实验还可以发现检验方法的系统误差。

加入标准物质的回收率，可按下式计算：

$$P=\frac{x_{i\%}-x_0}{m}\times 100\%$$

式中　P——加入标准物质的回收率；

x_i——加入标准物质的测定值；

x_0——未知样品的测定值；

m——加入标准物质的量。

（2）精密度。

精密度指在一定条件下，进行多次平行测定时，每一次测定结果相互接近的程度。精密度是由偶然误差造成的，它反映了分析方法的稳定性和重现性。通常用偏差（d）来表示。精密度的高低可用偏差、相对平均偏差、标准偏差、变异系数来表示。

$$\text{相对偏差}(d_r)=\frac{x_i-\bar{x}}{\bar{x}}\times 100\%$$

$$\text{相对平均偏差}=\frac{\sum|x_i-\bar{x}|}{n\bar{x}}\times 100\%$$

$$\text{标准偏差}(S)=\sqrt{\frac{\sum_{i=1}^{n}(x_i-\bar{x})^2}{n-1}}$$

$$\text{变异系数}(CV)=\frac{S}{\bar{x}}\times 100\%$$

式中　x_i——各次测定值，$i=1, 2, \cdots, n$；

$\bar{x}$——多次测定值的算术平均值；

n——测定次数。

准确度与精密度的关系准确度表示的是测定结果与真实值之间的接近程度；精密度则表示几次测定值之间的接近程度。为了保证分析质量，分析数据必须具备一定的准确度和精密度。精密度是保证准确度的先决条件。精密度差，所测结果不可靠，就失去了衡量准确度的前提。高的精密度不一定能保证高的准确度。找出精密而不准确的原因（从系统误差考虑），就可以使测定既精密又准确。

2. 误差的控制方法

分析实验中，如何降低和减少误差的出现，提高分析结果的准确度，可通过以下几个措施来实现。

选择合适的分析方法在选择分析方法时，应了解不同分析方法的特点及适宜范围，要根据分析结果的要求、被测组分的含量等因素来选择合适的分析方法。表 1-4 列举了一般分析中允许相对误差的大致范围，供选择分析方法时参考。

表 1-4　一般分析中允许相对误差

含量	允许相对误差/%	含量	允许相对误差/%	含量	允许相对误差/%
80 ~ 90	0.4 ~ 0.1	10 ~ 20	1.2 ~ 1.0	0.1 ~ 1	0.4 ~ 0.1
40 ~ 80	0.6 ~ 0.4	5 ~ 10	1.6 ~ 1.2	0.01 ~ 0.1	0.6 ~ 0.4
20 ~ 40	1.0 ~ 0.6	1 ~ 5	5.0 ~ 1.6	0.001 ~ 0.01	1.0 ~ 0.6

（1）为保证仪器的灵敏度和准确度，应定期送计量部门检定；用作标准容量的容器应经过标定后按校正值使用；各种标准溶液应按规定进行定期标定。

（2）根据待测组分的含量选取测定时所取的样品量。

（3）做对照试验在测定样品的同时，可用已知结果的标准样品与测定样品在完全相同的条件下进行测定，最后将结果进行比较。通过对照实验发现系统误差来源，并消除系统误差的影响。

（4）做空白试验在测定样品的同时进行空白试验，即在不加试样的情况下，按测定样品相同的条件（测定方法、操作条件、试剂加入量）进行实验，获得空白值，在样品测定值中扣除空白值，可消除或减少系统误差。

（5）做回收试验在样品中加入已知量的标准物质，然后进行对照试验，看加入标准物质是否定量的回收，根据回收率高低可检验分析方法的准确度，并判断分析过程中是否存在系统误差。

五、原始记录及检验报告单的编制

原始记录是指在实验室进行科学研究过程中，应用实验、观察、调查或资料分析等方法，根据实际情况直接记录或统计形成的各种数据、文字、图表、图片、照片、声像等原始资料，是进行科学实验过程中对所获得的原始资料的直接记录，可作为不同时期深入进行该课题研究的基础资料。原始记录应该能反映分析检验中最真实最原始的情况。

1. 检验原始记录的书写规范要求

（1）检验记录必须用统一格式带有页码编号的专用检验记录本记录。检验记录本或记录纸应保持完整。

（2）检验记录应用字规范，须用蓝色或黑色字迹的钢笔或签字笔书写。不得使用铅笔或其他易褪色的书写工具书写。检验记录应使用规范的专业术语，计量单位应采用国际标准计量单位，有效数字的取舍应符合实验要求；常用的外文缩写（包括实验试剂的外文缩写）应符合规范，首次出现时必须用中文加以注释；属外文译文的应注明其外文全名称。

（3）检验记录不得随意删除、修改或增减数据。如必须修改，须在修改处画一斜线，不可完全涂黑，保证修改前记录能够辨认，并应由修改人签字或盖章，注明修改时间。

（4）计算机、自动记录仪器打印的图表和数据资料等应按顺序粘贴在记录纸的相应位置上，并在相应处注明实验日期和时间；不宜粘贴的，可另行整理装订成册并加以编号，同时在记录本相应处注明，以便查对；底片、磁盘文件、声像资料等特殊记录应装在统一制作的资料袋内或储存在统一的存储设备里，编号后另行保存。

（5）检验记录必须做到及时、真实、准确、完整，防止漏记和随意涂改。严禁伪造和编造数据。

（6）检验记录应妥善保存，避免水浸、墨污、卷边，保持整洁、完好、无破损、不丢失。

（7）对环境条件敏感的实验，应记录当天的天气情况和实验的微气候（如光照、通风、洁净度、温度及湿度等）。

（8）检验过程中应详细记录实验过程中的具体操作，观察到的现象，异常现象的处理，产生异常现象的可能原因及影响因素的分析等。

（9）检验记录中应记录所有参加实验的人员；每次实验结束后，应由记录人签名，另一人复核，科室负责人或上一级主管审核。

（10）原始实验记录本必须按归档要求整理归档，实验者个人不得带走。

（11）各种原始资料应仔细保存，以容易查找。

2. 检测报告的编制

检测报告应准确、清晰、明确和客观地报告每一项或每一系列的检测结果，并符合检测方法中规定的要求。

（1）检测报告的内容检测报告的格式应由检测室负责人根据承检产品/项目标准的要求设计，其内容应包括以下部分：

① 检测报告的标题。

② 实验室的名称与地址，进行检测的地点（如果与实验室的地址不同）。

③ 检测报告的唯一编号标识和每页数及总页数，以确保可以识别该页是属于检测报告的一部分，以及表明检测报告结束的清晰标识。

④ 客户的名称和地址。

⑤ 所用方法的标识。

⑥ 检测物品的描述、状态和明确的标识。

⑦ 对结果的有效性和应用至关重要的检测物品的接收日期和进行检测的日期。

⑧ 如与结果的有效性和应用相关时，实验室所用的抽样计划和程序的说明。

⑨ 检测的结果带有测量单位。

⑩ 检测报告批准人的姓名、职务、签字或等同的标识。

相关之处，结果仅与被检物品有关的声明。

当有分包项时，则应清晰地标明分包方出具的数据。

（2）当需要对检测结果作出解释时，对含抽样结果在内的检测报告，还应包括下列内容：

① 抽样日期。

② 抽取的物质、材料或产品的清晰标识（包括制造者的名称、标示的型号或类型和相应的系列号）。

③ 抽样的地点，包括任何简图、草图或照片。

④ 所用抽样计划和程序的说明。

⑤ 抽样过程中可能影响检测结果解释的环境条件的详细信息。

⑥ 与抽样方法或程序有关的标准或规范，以及对这些规范的偏离、增添或删节。

思考练习

（1）采样的原则是什么？采样的步骤有哪些？

（2）样品预处理的方法有哪些？

（3）什么是浸取？浸取的操作有哪些？

（4）蒸馏的原理是什么？什么情形下采取常压蒸馏、减压蒸馏、水蒸气蒸馏？

（5）磺化法和皂化法可去除样品中何组分？怎样去除？食品中什么成分的测定可用此法？

项目二 食品感官检测

学习目标

（1）掌握食品感官检验的基本概念与基本要求。

（2）熟练运用感官检验常用方法。

背景知识

一、感官检验概论

食品的感官检验是依靠人的感觉器官，即味觉、嗅觉、视觉、触觉，对食品的色泽、风味、气味、组织状态、硬度等外部特征进行评价的方法。其目的是评价食品的可接受性和鉴别食品的质量。感官检验是与仪器分析并行的重要检测手段。各种食品都具有一定的外部特征，消费者习惯上都凭感官来决定食品的取舍。所以，作为食品不仅要符合营养和卫生的要求，还必须能为消费者所接受。其可接受性通常不能由化学分析和仪器分析结果来下结论。因为用化学分析和仪器分析方法虽然能对食品中各组分（如糖、酸、卤素等）的含量进行测定，但并没有考虑组分之间的相互作用和对感觉器官的刺激情况，缺乏综合性判断。此外，感官检验还用于鉴别食品的质量，各种食品的质量标准中都定有感官指标，如外形、色泽、滋味、气味、均匀性、浑浊程度、有无沉淀及杂质等。这些感官指标往往能反映出食品的品质和质量的好坏，当食品的质量发生了变化时，常引起某些感官指标也发生变化。因此，通过感官检验可判断食品的质量及其变化情况。

总之，感官检验在食品生产中的原材料和成品质量控制、食品的贮藏和保鲜、新产品开发、市场调查等方面具有重要的意义和作用。

二、感官评价的仪器——人的感觉

人作为仪器的特点：

（1）不一致性：不同个体之间存在感觉差异，对同一事物有不同反应。

（2）不稳定性：同一个体在不同情况下，其感觉也有差异。

（3）易受干扰；心情、时间、环境；周遭状况、过去经历、对所测项目熟悉程度。

三、感官评价的基本要求

（1）评价员的种类、评价员的数量、评价员的基本条件和要求、评价员的选择与培训。
（2）检验的物理条件：环境（实验室要求）、器具和用水。
（3）被检样品：抽样、样品的制备、样品的分发。

四、感官检验常用的方法

按检验时所采用的方法，感官检验可分为差别检验法、类别检验法及描述性检验法等。

1. 差别检验法

差别检验法是常用的比较简单、方便的感官检验法，它是对两个或两个以上的样品进行选择性比较，判断是否存在着感官差别。差别检验的结果，是以作出不同结论的数量及检验次数为基础，进行概率统计分析。常用的方法有配对检验法（二点检验法）、对比检验法、三角检验法等。

2. 类别检验法

类别检验法是对两个以上的样品进行评价，判定出哪个样品好、哪个样品差，它们之间的差异大小和差异方向如何，从而得出样品间差异的排序和大小（或者样品应归属的类别或等级）。选择何种方法解释数据，取决于检验的目的和样品的数量。常用的方法有分类检验法、评估检验法、排序检验法等。

3. 描述性检验法

描述性检验是检验人员用合理、清楚的文字，对食品的品质作准确的描述，以评价食品质量的方法。描述性检验有颜色、外观描述、风味（味觉、气味）描述、组织（硬度、黏度、脆度、弹性、颗粒性等）描述和定量描述。进行描述性检验时，先根据不同的感官检验项目（风味、色泽、组织等）和不同特性的质量描述制定出分数范围，再根据具体样品的质量情况给予合适的分数。根据定性或定量，描述性检验可分为简单描述性检验法和定量描述性检验法两种。

项目实施

工作任务1　葡萄酒的感官检验

一、基本原理

感官评价是葡萄酒作用于人的感觉器官引起感觉的过程，是由化学或物理方面的“刺激”而来。在葡萄酒中有各种各样的物质能刺激人体器官，而且不仅是各种物质的单一刺激，而是综合的作用。评价过程中，训练学生在短时间内不但要把这种刺激感觉出来、记忆下来，还要用准确的词语描述出来。

二、葡萄酒感官检验的步骤

1. 观　色

主要观察葡萄酒的色泽和澄清度。白葡萄酒的颜色从年轻时的水白色或浅黄带绿边到成熟后的禾秆黄、深金黄色。红葡萄酒会因酒的陈年而颜色淡褪，从紫红变为深红、宝石红、桃红、橙红。葡萄酒澄清度不高，表明该葡萄酒受到了细菌污染或发生了非生物混浊，从而可以判断它的澄清工序和过滤工序是否完好，保藏条件是否卫生，是否变质。酒的颜色应该明亮，如缺乏亮度是象征其味道也可能呈现单调，因酒的亮度是由其酸和品质所构成的。

2. 闻　香

闻香是嗅酒的香气是否协调、完美，酒香是葡萄酒本身必须具备的典型物质。第一次先闻静止状态的酒，一般只闻到扩散性最强的那一部分香气；第二次闻香前，先晃动酒杯，促使酒与空气中的氧接触，让酒的香味物质释放出来，这次闻到的香味应该是比较丰富、浓郁、复杂；第三次闻香主要用于鉴别香气中的缺陷。闻香前，先使劲摇动酒杯，使葡萄酒剧烈转动。这样可加强葡萄酒中醋酸乙酯、氧化、霉味、苯乙烯、硫化氢等使人不愉快的气味的释放。品酒时，白葡萄酒品香温度最好在 14 °C 以下，红葡萄酒温度稍高，但不得超过 20 °C，由于葡萄酒香气极为复杂，所以闻香时主要是注意酒的果香和酒香两种。

3. 品　味

以口感品尝酒体的滋味，也是对葡萄酒质量的直接检验。品味时，啜上一口葡萄酒，含在口中不要急着马上吞下去，用舌头在口腔里快速搅动，让整个口腔的上、下颚充分与酒液接触，去体味其口感或酒体。

三、感官检验的原则

从品评原则来说，葡萄酒应分类别、类型来进行评比，遵循由浅色至深色，先干酒后甜酒，从低度到高度的原则。品评人员应具备一定的葡萄酒的基础知识，以帮助品评。

四、感官检验的地点要求

品尝的地点应满足以下要求：

（1）适宜的光线充足、均匀的散射光；人工光源用日光灯类。

（2）无噪声：品尝场所应远离噪声源，最好是隔音的。

（3）清洁卫生无异味：品尝场所应便于通风或排气，无任何异味。

（4）保持使人舒适稳定的温度与湿度：温度保持在 20 ~ 22 °C，相对湿度以 60% ~ 70%为宜。

五、葡萄酒感官检验的常用术语

酒体——葡萄酒在口中的感觉，或丰满或单薄，可以表达为酒体丰满，酒体均匀或酒体轻盈。

酒香——葡萄酒在装瓶陈年的过程中所形成的复杂而又多层次的味道和感觉。

浓郁——强烈的香味。

瓶塞味——葡萄酒中由于变质受到污染，产生异常的口味。

清爽——非常新鲜，明显的酸味（特别是白葡萄酒）。

新鲜——生动，干净，果实香味，是新酒的一种重要特征。

香味浓郁——具有强烈的果香味的葡萄酒。

饱满——富有一定数量酒体的葡萄酒。

酸味——存在于所有的葡萄中，是保存葡萄酒的必需组成部分。酸味在葡萄酒中的表现特征为脆而麻辣。

回味——在吞咽下酒之后喉间酒味萦回的味道。请参阅“余味”。

麻辣——由于单宁在葡萄酒中的作用而使喉间受到强烈刺激的感觉。

平衡——好的术语，描述了在葡萄酒中香味、酸度、干度或甜度的成分均匀而又和谐的体现。

干净——没有可察觉的缺点，没有难闻的味道。

余味——在吞咽下葡萄酒之后味道在嘴里萦回的时间长度。时间越长越好。

轻盈或酒体轻盈——相对而言酒体比较单薄的葡萄酒。

柔和——口感和谐，有时实为甜味的委婉说法。

口感——葡萄酒及其成分在喉咙内的具体感官表现力。

丰富——富有多样、丰富、愉快的香味。

圆润——平衡的酒体，不涩口的味道，没有坚硬的感觉。沉淀一种在葡萄酒陈年的过程中所形成的葡萄酒的自然成分。

生涩——未成熟的果实味道。

涩口——由于酸度和单宁含量高而引起的麻辣的感觉。

辛辣——由于高酸度而引起的尖锐的口感。

六、评分标准及细则

表 2-1　葡萄酒评分标准用语

分数	特　点
90 分以上	具有该产品应有的色泽，悦目协调、澄清（透明）、有光泽；果香、酒香浓馥幽雅，协调悦人；酒体丰满，有新鲜感，醇厚协调，舒服，爽口，回味绵延；风格独特，优雅无缺
80～89 分	具有该产品的色泽；澄清透明，无明显悬浮物，果香、酒香良好，尚悦怡；酒质柔顺，柔和爽口，甜酸适当；典型明确，风格良好
79～70 分	与该产品应有的色泽略有不同，澄清，无夹杂物；果香、酒香较少，但无异香；酒体协调，纯正无杂；有典型性，不够怡雅
65～69 分	与该产品应有的色泽明显不符，微浑，失光或人工着色；果香不足，或不悦人，或有异香；酒体寡淡、不协调，或有其他明显的缺陷。（除色泽外，只要有其中一条，则判为不合格品。）
55～64 分	不具备应有的特征

表 2-2 葡萄酒评分细则

项　目	种　类	要　求
外观（10 分）色泽（5 分）	白葡萄酒	近似无色，浅黄色，禾秆黄色，绿禾秆黄色，金黄色，琥珀黄色
	红葡萄酒	紫红，深红，宝石红，鲜红，瓦红，砖红，黄红，棕红，黑红色
澄清程度（5 分）		澄清透明、有光泽、无明显悬浮物
香气（30 分）		具有纯正、优雅、愉悦和谐的果香与酒香
滋味（40 分）	干、半干葡萄酒	酒体丰满，醇厚协调，舒服，爽口
	甜、半甜葡萄酒	酒体丰满，酸甜适口，柔细轻快
典型性（20 分）		典型完美、风格独特，优雅无缺

七、葡萄酒感官检验步骤

（1）将评分表和样品提前排序编号并分发给品评员。

（2）品评员品评。

① 观色：主要观察葡萄酒的色泽和澄清度。

② 闻香：第一次先闻静止状态的酒，一般只闻到扩散性最强的那一部分香气；第二次闻香前，先晃动酒杯，促使酒与空气中的氧接触，让酒的香味物质释放出来，这次闻到的香味应该是比较丰富、浓郁、复杂；第三次闻香主要用于鉴别香气中的缺陷。

③ 品味：入口（为使品尝的不同酒样有可比性，每次吸入的酒量一致，在 6 ~ 10 mL）、口腔分析（酒进入口腔后，利用舌头和面部肌肉运动，搅动葡萄酒；或将口微张，轻轻地向内吸气。将葡萄酒在口内保留 12 s）、鉴别余味（将样品咽下）。

（3）按照葡萄酒评分细则和标准对样品进行评分。

表 2-3 感官指标的评分结果

样品	1	2	3	4	5
外观					
香气					
滋味					
典型性					
其他					
总分					
签名：					

工作任务 2　乳和乳制品的感官检验

一、乳和乳制品的感官鉴别要点

感官鉴别乳及乳制品，主要指的是观其色泽和组织状态、嗅其气味和尝其滋味，应做到三者并重，缺一不可。对于乳而言，应注意其色泽是否正常、质地是否均匀细腻、滋味是否纯正以及乳香味如何。同时应留意杂质、沉淀、异味等情况，以便做出综合性的评价。对于乳制品而言，除注意上述鉴别内容之外，有针对性地观察了解诸如酸乳有无乳清分离、乳粉有无结块、乳酪切面有无水珠和霉斑等情况，对于感官鉴别也有重要意义。对于粉状乳制品可以冲调后再次进行感官鉴别。

二、乳和乳制品的感官鉴别应用

1. 鲜乳质量的感官鉴别

（1）色泽鉴别。

良质鲜乳——为乳白色或稍带微黄色。

次质鲜乳——色泽较良质鲜乳为差，白色中稍带青色。

劣质鲜乳——呈浅粉色或显著的黄绿色，或是色泽灰暗。

（2）组织状态鉴别。

良质鲜乳——呈均匀的流体，无沉淀、凝块和机械杂质，无黏稠和浓厚现象。

次质鲜乳——呈均匀的流体，无凝块，但可见少量微小的颗粒，脂肪聚黏表层呈液化状态。

劣质鲜乳——呈稠而不匀的溶液状，有乳凝结成的致密凝块或絮状物。

（3）气味鉴别。

良质鲜乳——具有乳特有的乳香味，无其他任何异味。

次质鲜乳——乳中固有的香味稍淡或有异味。

劣质鲜乳——有明显的异味，如酸臭味、牛粪味、金属味、鱼腥味、汽油味等。

（4）滋味鉴别。

良质鲜乳——具有鲜乳独具的纯香味，滋味可口而稍甜，无其他任何异常滋味。

次质鲜乳——有微酸味（表明乳已开始酸败），或有其他轻微的异味。

劣质鲜乳——有酸味、咸味、苦味等。

2. 奶粉质量的感官鉴别

（1）固体奶粉。

① 色泽鉴别。

良质奶粉——色泽均匀一致，呈淡黄色，脱脂奶粉为白色，有光泽。

次质奶粉——色泽呈浅白或灰暗，无光泽。

劣质奶粉——色泽灰暗或呈褐色。

② 组织状态鉴别。

良质奶粉——粉粒大小均匀，手感疏松，无结块，无杂质。

次质奶粉——有松散的结块或少量硬颗粒、焦粉粒、小黑点等。

劣质奶粉——有焦硬的、不易散开的结块，有肉眼可见的杂质或异物。

③ 气味鉴别。

良质奶粉——具有消毒牛奶纯正的乳香味，无其他异味。

次质奶粉——乳香味平淡或有轻微异味。

劣质奶粉——有陈腐味、发霉味、脂肪哈喇味等。

④ 滋味鉴别。

良质奶粉——有纯正的乳香滋味，加糖奶粉有适口的甜味，无任何其他异味。

次质奶粉——滋味平淡或有轻度异味，加糖奶粉甜度过大。

劣质奶粉——有苦涩或其他较重异味。

（2）冲调奶粉。

若经初步感官鉴别仍不能断定奶粉质量好坏时，可加水冲调，检查其冲调还原奶的质量。冲调方法：取奶粉 4 汤匙（每平匙约 7.5 g），倒入玻璃杯中，加温开水 2 汤匙（约 25 mL），先调成稀糊状，再加 200 mL 开水，边加水边搅拌，逐渐加入，既成为还原奶。冲调后的还原奶，在光线明亮处进行感官鉴别。

① 色泽鉴别。

良质奶粉——乳白色。

次质奶粉——乳白色。

劣质奶粉——白色凝块，乳清呈淡黄绿色。

② 组织状态鉴别。

取少量冲调奶置于平皿内观察。

良质奶粉——呈均匀的胶状液。

次质奶粉——带有小颗粒或有少量脂肪析出。

劣质奶粉——胶态液不均匀，有大的颗粒或凝块，甚至水、乳分离，表层有游离脂肪上浮。

3. 酸牛奶质量的感官鉴别

（1）色泽鉴别。

良质酸牛奶——色泽均匀一致，呈乳白色或稍带微黄色。

次质酸牛奶——色泽不匀，呈微黄色或浅灰色。

劣质酸牛奶——色泽灰暗或出现其他异常颜色。

（2）组织状态鉴别。

良质酸牛奶——凝乳均匀细腻，无气泡，允许有少量黄色脂膜和少量乳清。

次质酸牛奶——凝乳不均匀也不结实，有乳清析出。

劣质酸牛奶——凝乳不良，有气泡，乳清析出严重或乳清分离。瓶口及酸奶表面均有霉斑。

（3）气味鉴别。

良质酸牛奶——有清香、纯正的酸奶味。

次质酸牛奶——酸牛奶香气平淡或有轻微异味。

劣质酸牛奶——有腐败味、霉变味、酒精发酵及其他不良气味。

（4）滋味鉴别。
良质酸牛奶——有纯正的酸牛奶味，酸甜适口。
次质酸牛奶——酸味过度或有其他不良滋味。
劣质酸牛奶——有苦味、涩味或其他不良滋味。

4. 奶油质量的感官鉴别

（1）色泽鉴别。
良质奶油——呈均匀一致的淡黄色，有光泽。
次质奶油——色泽较差且不均匀，呈白色或着色过度，无光泽。
劣质奶油——色泽不匀，表面有霉斑，甚至深部发生霉变，外表面浸水

（2）组织状态鉴别。
良质奶油——组织均匀紧密，稠度、弹性和延展性适宜，切面无水珠，边缘与中心部位均匀一致。
次质奶油——组织状态不均匀，有少量乳隙，切面有水珠渗出，水珠呈白浊而略黏。有食盐结晶（加盐奶油）。
劣质奶油——组织不均匀，黏软、发腻、粘刀或脆硬疏松且无延展性，切面有大水珠，呈白浊色，有较大的孔隙及风干现象

（3）气味鉴别。
良质奶油——具有奶油固有的纯正香味，无其他异味。
次质奶油——香气平淡、无味或微有异味。
劣质奶油——有明显的异味，如鱼腥味、酸败味、霉变味、椰子味等。

（4）滋味鉴别。
良质奶油——具有奶油独具的纯正滋味，无任何其他异味；加盐奶油有咸味；酸奶油有纯正的乳酸味。
次质奶油——奶油滋味不纯正或平淡，有轻微的异味。
劣质奶油——有明显的不愉快味道，如苦味、肥皂味、金属味等。

（5）外包装鉴别。
良质奶油——包装完整、清洁、美观。
次质奶油——外包装可见油斑污迹，内包装纸有油渗出。
劣质奶油——不整齐、不完整或有破损现象。

思考练习

一、填空题

1. 基本感觉分为______、______、______、______、______。
2. 基本感觉分为______、______、______、______、______。
3. 感官检验常用的方法为____________、____________和____________。

二、选择题

1. 感官检验中，理想的食物温度，应以体温为中心，一般在（　　）℃的范围内。

   A. 1 ~ 15　　B. 15 ~ 20　　C. 25 ~ 30　　D. 35 ~ 40

2. 评价食品的质地要靠（　　）来完成。

   A. 视觉　　B. 味觉　　C. 嗅觉　　D. 触觉

3. 食品的均匀性评价靠（　　）完成。

   A. 手　　B. 耳　　C. 鼻　　D. 嘴

三、简答题

1. 感官检验中人作为仪器有哪些特点？
2. 简述感官检验的概念。
3. 简述鲜乳（原料乳）感官检验的内容。

项目三
食品物理性质检测

根据食品的相对密度、折射率、旋光度、黏度、浊度等物理常数与食品的组分及含量之间的关系进行检测的方法称为物理检验法。物理检验法是食品分析及食品工业生产中常用的检测方法。

任务一　相对密度的测定

学习目标

（1）掌握密度、相对密度的概念及相对密度的测定意义。
（2）了解密度瓶、比重计的结构和测定原理。
（3）学会使用密度瓶和比重计。

背景知识

一、密度与相对密度

密度是指物质在一定温度下单位体积的质量，以符号 ρ 表示，其单位为 g/mL。相对密度是指某一温度下物质的质量与同体积某一温度下水的质量之比，以符号 d 表示，无量纲。因为物质一般都具有热胀冷缩的性质（水在 4 °C 以下是反常的），所以密度和相对密度的值都随温度的改变而改变。故密度应标出测定时物质的温度，表示为 ρ_t，如 ρ_{20}。相对密度应标出测定时的物质的温度及水的温度，表示为 $d_{t_2}^{t_1}$，如 d_4^{20}、d_{20}^{20}。其中 t_1 表示物质的温度，t_2 表示水的温度。

密度和相对密度之间有如下关系：密度和相对密度之间有如下关系：

$$d_{t_2}^{t_1}=\frac{\text{温度}t_1\text{下物质的密度}}{\text{温度}t_2\text{下物质的密度}}$$

因为水在 4 °C 时的密度为 1.000 g/cm^3，所以物质在某温度下的密度 ρ_t 和物质在同一温度下对 4 °C 水的相对密度 $d_4^{t_1}$ 在数值上相等，两者在数值上可以通用。故工业上为方便起见，常用 d_4^{20}（即物质在 20 °C 时的质量与同体积 4 °C 水的质量之比）来表示物质的相对密度，其数值与物质在 20 °C 时的密度 ρ_{20} 相等。

当用密度瓶或密度天平测定液体的相对密度时，以测定溶液对同温度水的相对密度比较方便，通常测定液体在 20 °C 时对水在 20 °C 时的相对密度，以 d_{20}^{20} 表示。因为水在 4 °C 时的密度比水在 20 °C 时的密度大，故对同一溶液来说，$d_{20}^{20} > d_4^{20}$。d_{20}^{20} 和 d_4^{20} 之间可以用下式换算：

$$d_4^{20} = d_{20}^{20} \times 0.998\,230$$

式中　0.998 230——水在 20 °C 时的密度，g/cm^3。

同理，若要将 $d_{t_2}^{t_1}$ 换算为 $d_4^{t_1}$，可按下式进行：

$$d_4^{t_1} = d_{t_2}^{t_1} \rho_{t_2}$$

式中　ρ_{t2}——温度 t_2 时水的密度，g/cm^3。

表 3-1 列出了不同温度下水的密度。

表 3-1　水的密度与温度的关系

t/°C	密度/（g/cm^3）	t/°C	密度/（g/cm^3）	t/°C	密度/（g/cm^3）
0	0.999868	11	0.999623	22	0.997797
1	0.999927	12	0.999525	23	0.997565
2	0.999968	13	0.999404	24	0.997323
3	0.999992	14	0.999271	25	0.997071
4	1.000000	15	0.999126	26	0.996810
5	0.999992	16	0.998970	27	0.996539
6	0.999968	17	0.998801	28	0.996259
7	0.999929	18	0.998622	29	0.995971
8	0.999876	19	0.998432	30	0.995673
9	0.999808	20	0.998230	31	0.995367
10	0.999727	21	0.998019	32	0.995052

二、测定相对密度的意义

相对密度是物质重要的物理常数，各种液态食品都具有一定的相对密度，当其组成成分及浓度发生改变时，其相对密度往往也随之改变。通过测定液态食品的相对密度，可以检验食品的纯度、浓度及判断食品的质量。

蔗糖、酒精等溶液的相对密度随溶液浓度的增加而增高，通过实验已制定了溶液浓度与相对密度的对照表，只要测得了相对密度就可以在专用的表格上查出其对应的浓度。

对于某些液态食品（如果汁、番茄制品等），测定相对密度并通过换算或查专用经验表格可以确定可溶性固形物或总固形物的含量。

正常的液态食品，其相对密度都在一定的范围内。例如，全脂牛奶为 1.028 ~ 1.032，植物油（压榨法）为 0.909 0 ~ 0.929 5。当因掺杂、变质等原因引起这些液体食品的组成成分发生变化时，均可出现相对密度的变化。如牛奶的相对密度与其脂肪含量、总乳固体含量有关，脱脂乳相对密度升高，掺水乳相对密度下降。油脂的相对密度与其脂肪酸的组成有关，不饱和脂肪酸含量越高，脂肪酸不饱和程度越高，脂肪的相对密度越高；游离脂肪酸含量越高，相对密度越低；酸败的油脂相对密度升高。因此，测定相对密度可初步判断食品是否正常以及纯净程度。需要注意的是，当食品的相对密度异常时，可以肯定食品的质量有问题；当相对密度正常时，并不能肯定食品质量无问题，必须配合其他理化分析，才能确定食品的质量。总之，相对密度是食品生产过程中常用的工艺控制指标和质量控制指标。

三、液态食品相对密度的测定方法

参照《食品安全国家标准食品相对密度的测定》（GB 5009.2—2016），测定液态食品相对密度的方法有密度瓶法、比重计法、相对密度天平法，其中较常用的是前两种方法。

（一）密度瓶法

1. 测定原理

在 20 °C 时分别测定充满同一密度瓶的水及试样的质量，由水的质量可确定密度瓶的容积即试样的体积，根据试样的质量及体积可计算试样的密度，试样密度与水密度比值为试样相对密度。

2. 仪器和设备

（1）密度瓶是测定液体相对密度的专用精密仪器，它是容积固定的玻璃称量瓶，其种类和规格有多种。常用的有带温度计的精密密度瓶和带毛细管的普通密度瓶，如图 3-1 所示。容积有 20 mL、25 mL、50 mL、100 mL 四种规格，但常用的是 25 mL 和 50 mL 两种。

（a）带毛细管的普通密度瓶　　（b）带温度计的精密密度瓶

1—密度瓶；2—支管标线；3—支管上小帽；4—温度计。

图 3-1　密度瓶

（2）恒温水浴锅。
（3）分析天平。

3. 分析步骤

取洁净、干燥、恒重、已准确称量的密度瓶，装满试样后，置 20 °C 水浴中浸 0.5 h，使内容物的温度达到 20 °C，盖上瓶盖，并用细滤纸条吸去支管标线上的试样，盖好小帽后取出，用滤纸将密度瓶外擦干，置天平室内 0.5 h，称量。再将试样倾出，洗净密度瓶，装满水，以下按上述“置 20 °C 水浴中浸 0.5 h，使内容物的温度达到 20 °C，盖上瓶盖，并用细滤纸条吸去支管标线上的试样，盖好小帽后取出，用滤纸将密度瓶外擦干，置天平室内 0.5 h，称量。”密度瓶内不应有气泡，天平室内温度保持 20 °C 恒温条件，否则不应使用此方法。

4. 分析结果的表述

试样在 20 °C 时的相对密度按下式进行计算：

$$d=\frac{m_2-m_0}{m_1-m_0}$$

式中　d——试样在 20 °C 时的相对密度；
m_0——密度瓶的质量，g；
m_1——密度瓶加水的质量，g；
m_2——密度瓶加液体试样的质量，g。

计算结果精确到称量天平的精度的有效数位（精确到 0.001）。

5. 精密度

在重复性条件下获得的 2 次独立测定结果的绝对差值不得超过算术平均值的 5%。

（二）比重计法

1. 测定原理

比重计利用了阿基米德原理，将待测液体倒入一个较高的容器，再将比重计放入液体中。比重计下沉到一定高度后呈漂浮状态。此时液面的位置在玻璃管上所对应的刻度就是该液体的密度。测得试样和水的密度的比值即为相对密度。

2. 仪器和设备

比重计是根据阿基米德原理制成的，其种类很多，但结构和形式基本相同，都是由玻璃外壳制成。它由三部分组成，头部是球形或圆锥形，内部灌有铅珠、水银或其他重金属，使密度计能直立于溶液中。中部是胖肚空腔，内有空气，故能浮起。尾部是一细长管，内附有刻度标记，刻度是利用各种不同密度的液体标度的。食品工业中常用的密度计按其标度方法的不同，可分为普通密度计、锤度计、乳稠计、波美计等，如图 3-2 所示。

（1）普通密度计。普通密度计是直接以 20 °C 时的密度值为刻度的（因 d_4^{20} 与 ρ_{20} 在数值上相等，也可以说是以 d_4^{20} 为刻度的）。一套通常由几支组成，每支的刻度范围不同，刻度值小于 1 的（0.700～1.000）称为轻表，用于测量密度比水小的液体；刻度值大于 1 的（1.000～2.000）称为重表，用来测量密度比水大的液体。

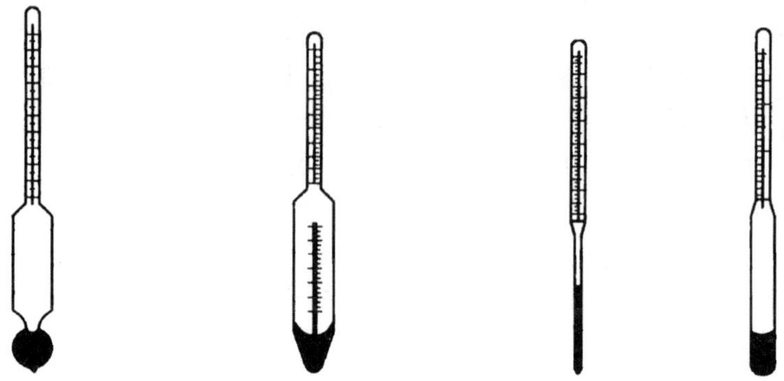

图 3-2　各种密度计

（2）锤度计。锤度计是专用于测定糖液浓度的密度计。它以蔗糖溶液的质量百分浓度为刻度，以符号“°Bx”表示。其标度方法是以 20 °C 为标准温度，在蒸馏水中为 0°Bx，在 1%蔗糖溶液中为 1°Bx（即 100 g 蔗糖溶液中含 1 g 蔗糖），以此类推。锤度计的刻度范围有多种，常用的有：1～6°Bx，，5～11°Bx，10～16°Bx，15～21°Bx，20～26°Bx 等。

若测定温度不在标准温度（20 °C），应进行温度校正。当测定温度高于 20 °C 时，因糖液体积膨胀导致相对密度减小，即锤度降低，故应加上相应的温度校正值；反之，则应减去相应的温度校正值。

（3）乳稠计。乳稠计是专用于测定牛乳相对密度的密度计，测量相对密度的范围为 1.015～1.045。它是将相对密度减去 1.000 后再乘以 100。作为刻度，以度（符号：数字右上角标“°”）表示，其刻度范围为 15°～45°。使用时把测得的读数按上述关系可换算为相对密度值。乳稠计按其标度方法不同分为两种：一种是按 20°/4°标定的，另一种是按 15°/15°标定的。两者的关系是：后者读数是前者读数加 2，即

$$d_{15}^{15}=d_{4}^{20}+0.002$$

使用乳稠计时，若测定温度不是标准温度，应将读数校正为标准温度下的读数。对于 20°/4°乳稠计，在 10～25 °C 范围内，温度每升高 1 °C 乳稠计读数平均下降 0.2°，即相当于相对密度值平均减小 0.0002。故当乳温高于标准温度 20 °C 时，每高 1 °C 应在得出的乳稠计读数上加 0.2°；乳温低于 20 °C 时，每低 1 °C 应减去 0.2°。

（4）波美计。波美计是以波美度（以符号“°Bé”表示）来表示液体浓度大小。按标度方法的不同分为多种类型，常用的波美计的刻度方法是以 20 °C 为标准，在蒸馏水中为 0°Bé；在 15%氯化钠溶液中为 15°Bé；在纯硫酸（相对密度为 1.8427）中为 66°Bé；其余刻度等分。波美计分为轻表和重表两种，分别用于测定相对密度小于 1 的和相对密度大于 1 的液体。波美度与相对密度之间存在下列关系：

轻表：$°\text{Bé}=\dfrac{145}{d_{20}^{20}}-145$　或　$d_{20}^{20}=\dfrac{145}{145+°\text{Bé}}$

重表：$°Bé = 145 - \frac{145}{d_{20}^{20}}$ 或 $d_{20}^{20} = \frac{145}{145 - °Bé}$

（5）酒精计。酒精计是用来测量酒精浓度的密度计，用已知浓度的纯酒精溶液来标定刻度。其刻度的标定方法是以 20 °C 为标准温度，在蒸馏水中为 0，在 1%（体积分数）的酒精溶液为 1，即 100 mL 酒精溶液中含乙醇 1 mL，可以从酒精计上直接读出酒精溶液的体积分数。

3. 分析步骤

将比重计洗净擦干，缓缓放入盛有待测液体试样的适当量筒中，勿使其碰及容器四周及底部，保持试样温度在 20 °C，待其静置后，再轻轻按下少许，然后待其自然上升，静置至无气泡冒出后，从水平位置观察与液面相交处的刻度，即为试样的密度。分别测试试样和水的密度，两者比值即为试样相对密度。

任务实施

工作任务 1 酒精溶液相对密度的测定

一、任务依据

依据《食品安全国家标准食品相对密度的测定》（GB 5009.2—2016）制定检验流程。

二、任务准备

（1）密度瓶、恒温水浴锅、分析天平。
（2）酒精计、量筒、温度计。

三、任务流程

1. 密度瓶法

洁净、干燥、准确称量的密度瓶→装满酒精溶液→20 °C 水浴浸 0.5 h，使内容物的温度达到 20 °C 后盖上瓶盖→吸去标线上的酒精后取出→瓶外擦干，置天平室内称量→倾出酒精溶液，洗净密度瓶，装满水→同上法操作→计算。

2. 密度计法

酒精计洗净并擦干→缓缓放入盛有酒精溶液的量筒中→静置片刻→轻轻按下小许→静置并无气泡后读数→温度计缓缓放入盛有酒精溶液的量筒中→测量酒精温度进行校准。

四、数据记录及处理

1. 密度瓶法

表 3-2　相对密度测定数据记录（密度瓶法）

基本信息	样品名称			检测依据		
	检测项目			检测方法		
检测数据	空瓶质量 m_0/g		瓶＋水质量 m_1/g		瓶＋样品质量 m_2/g	
相对密度计算	（计算公式）					
体积分数						

表 3-3　相对密度测定数据记录（比重计法）

基本信息	样品名称		检测依据	
	检测项目		检测方法	
检测数据	密度计读数		样液温度	
温度校正结果				
体积分数				

四、注意事项

1. 密度瓶法测定密度注意事项

（1）本法适用于测定各种液体食品的相对密度，结果准确，但操作较烦琐。

（2）测定较黏稠样液时，宜使用具有毛细管的密度瓶。

（3）密度瓶使用前应恒重，检查瓶盖与瓶是否配套；水及样品必须装满密度瓶，瓶内不得有气泡。

（4）恒温时要注意及时用滤纸条吸去溢出的液体，不能让液体溢出到瓶壁上；拿取已达恒温的密度瓶时，不得用手直接接触密度瓶球部，以免液体受热流出，应戴隔热手套拿取瓶颈或用工具夹取。

（5）水浴用的水必须清洁无油污，防止瓶外壁被污染。

（6）天平室温度不得高于 20 °C，以免液体膨胀流出。

2. 比重计法测定密度注意事项

（1）该法操作简便迅速，但准确性差，需要样液量多，且不适用于极易挥发的样品。

（2）操作时应注意不要让密度计接触量筒的壁及底部，待测液中不得有气泡。

（3）读数时应以密度计与液体形成的弯月面的下缘为准。若液体颜色较深，不易看清弯月面下缘时，则以弯月面上缘为准。

五、任务评价

表 3-4　任务评价

序号	任务步骤	任务内容	技能操作要点
1	准备工作	着装，密度瓶、比重计洗涤和干燥	着工作服，整洁，洗净干燥
2	采样和预处理	将样品混匀并调节温度	样品混合均匀
3	加样品，测温度	将样品小心注入密度瓶和量筒中，并测量试样温度	能正确向容器中加入样品，温度测量方法正确
4	样品测定	使用密度瓶和比重计测定样品相对密度	仪器使用方法正确，能正确读数
5	结束工作	整理	废液处理，清洗、整理实验用仪器和台面
		文明操作	无器皿破损、仪器损坏
		实验室安全	安全操作
6	实验结果	体积分数的计算	能利用计算公式和查表正确计算，能正确保留有效数字

思考练习

一、填空题

1. 密度是指__________________，相对密度（比重）是指__________________。
2. 已知测定蔗糖溶液的糖锤度为 32.8°Bx，则该糖液的质量百分比为________。
3. 已知 17 °C 时测量牛乳的乳稠计读数为 32.6，则 20 °C 时牛乳的密度为______。

二、选择题

1. 物质在某温度下的密度与物质在同一温度下对 4 °C 水的相对密度的关系是（　　）。
   A. 相等　　B. 数值上相同　　C. 可换算　　D. 无法确定
2. （　　）方法可测定糖液的浓度、酒中酒精含量以及检验牛乳是否掺水及脱脂等。
   A. 折光率法　　B. 旋光法　　C. 密度法　　D. 黏度法

三、简答题

1. 什么是相对密度？测定相对密度有何意义？
2. 如何用密度瓶测定液体的相对密度？
3. 密度计有哪些类型，各有何用途，如何正确使用密度计？

任务二　折射率的测定

学习目标

（1）了解折射现象、折射率的概念及折射率测定的意义。

（2）熟悉阿贝折射仪的构造及使用方法。

（3）学会使用阿贝折射仪并会维护保养。

背景知识

通过测量物质的折射率来鉴别物质的组成，确定物质的纯度、浓度及判断物质的品质的分析方法称为折射检验法。

一、光的折射与折射率

光线从一种介质（如空气）射到另一种介质（如水）时，除了一部分光线反射回第一种介质外，另一部分进入第二种介质中并改变它的传播方向，这种现象叫光的折射，如图 3-3 所示。

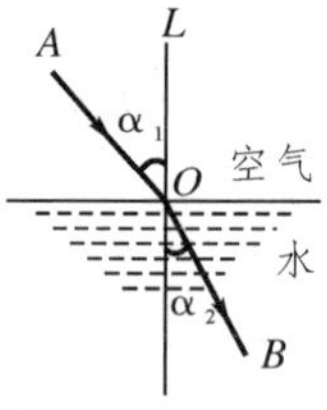

图 3-3　光的折射

对某种介质来说，入射角正弦与折射角正弦之比恒为定值，它等于光在两种介质中的速度之比，此值称为该介质的折射率（或折光率）。

物质的折射率是物质的特征常数之一，与入射光的波长、温度有关，一般在折射率 n 的右上角标注温度，右下角标注波长。

二、测定折射率的意义

折射率是物质的一种物理性质。它是食品生产中常用的工艺控制指标，通过测定液态食品的折射率，可以鉴别食品的组成、确定食品的浓度、判断食品的纯净程度及品质。

蔗糖溶液的折射率随浓度增大而升高，通过测定折射率可以确定糖液的浓度及饮料、糖水罐头等食品的糖度，还可以测定以糖为主要成分的果汁、蜂蜜等食品的可溶性固形物的含量。

每种脂肪酸均有其特定的折射率。含碳原子数目相同时，不饱和脂肪酸的折射率比饱和脂肪酸的折射率大得多；不饱和脂肪酸相对分子质量越大，折射率也越大；酸度高的油脂折射率低。因此，测定折射率可以鉴别油脂的组成和品质。

正常情况下，某些液态食品的折射率有一定的范围，如正常牛乳乳清的折射率为 1.341 99 ~ 1.342 75，当这些液态食品因掺杂、浓度改变或品种改变等原因而引起食品的品质发生了变化时，折射率常常会发生变化。所以测定折射率可以初步判断某些食品是否正常。

必须指出的是：折射法测得的只是可溶性固形物含量，因为固体粒子不能在折射仪上反映出它的折射率。含有不溶性固形物的样品，不能用折射法直接测出总固形物。但对于番茄酱、果酱等个别食品，已通过实验编制了总固形物与可溶性固形物关系表，先用折射法测定可溶性固形物含量，即可查出总固形物的含量。

1. 折射仪的使用方法

折射仪是利用临界角原理测定物质折射率的仪器，其种类很多，食品工业中最常用的是阿贝折射仪和手提式折射仪。

（1）阿贝折射仪的结构及原理。

阿贝折射仪的结构如图 3-4 所示，其光学系统由观测系统和读数系统两部分组成。

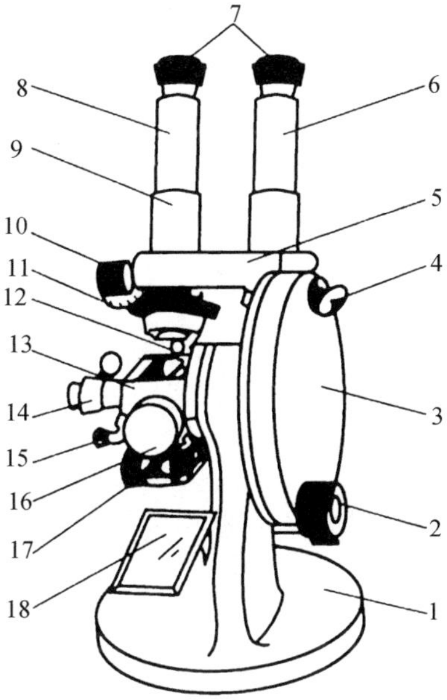

1—底座；2—棱晶调节旋钮；3—圆盘组（内有刻度板）；4—小反光镜；5—支架；6—读数镜筒；7—目镜；8—观察镜筒；9—分界线调节螺丝；10—消色调节旋钮；11—色散刻度尺；12—棱晶锁紧扳手；13—棱镜组；14—温度计插座；15—恒温器接头；16—保护罩；17—主轴；18—反光镜。

图 3-4　阿贝折射仪

① 观测系统。光线由反光镜反射，经进光棱镜、折射棱镜及其间的样液薄层折射后射出，再经色散补偿器消除由折射棱镜及被测样品所产生的色散，然后由物镜将明暗分界线成像于分划板上，经目镜放大后成像于观测者眼中。

② 读数系统。光线由小反光镜反射，经毛玻璃射到刻度盘上，经转向棱晶及物镜将刻度成像于分划板上，通过目镜放大后成像于观测者眼中。

（2）阿贝折射仪的校准及使用方法。

① 校正方法。通常用测定蒸馏水折射率的方法进行校准，在 20 °C 下折射仪应表示出折射率为 1.33299 或可溶性固形物为 0%。若校正时温度不是 20 °C，应查出该温度下蒸馏水的折射率再进行校准。对于高刻度值部分，用具有一定折射率的标准玻璃块（仪器附件）校准。方法是打开进光棱镜，在校准玻璃块的抛光面上滴一滴溴化萘，将其粘在折射棱镜表面上，

使标准玻璃块抛光的一端向下，以接受光线。测得的折射率应与标准玻璃块的折射率一致。校准时若有偏差，可先使读数指示于蒸馏水或标准玻璃块的折射率值，再调节分界线调节螺丝，使明暗分界线恰好通过十字线交叉点。

② 使用方法。

a. 分开两面棱镜，以脱脂棉球蘸取酒精擦净，挥干乙醇。滴 1～2 滴样液于下面棱镜平面中央，迅速闭合两棱镜，调节反光镜，使两镜筒内视野最亮。

b. 由目镜观察，转动棱镜旋钮，使视野出现明暗两部分。

c. 旋转色散补偿器旋钮，使视野中只有黑白两色。

d. 旋转棱镜旋钮，使明暗分界线在十字线交叉点。

e. 从读数镜筒中读取折射率或质量分数。

f. 测定样液温度。

g. 用水、乙醇或乙醚擦净棱镜表面及其他各机件。

（3）手提式折射仪简介。

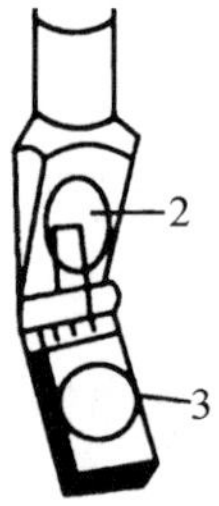

1—观测镜筒；2—棱镜；3—盖板。

图 3-5 手提式折射仪

手提式折射仪的结构如图 3-5 所示。它由棱镜、盖板和观测镜筒组成，利用反射光测定。其光学原理与阿贝折射仪在反射光中使用时的相同。该仪器操作简单、便于携带，常用于生产现场及田间检验。

任务实施

工作任务 2 柑橘可溶性固形物含量的测定

一、任务依据

依据《水果和蔬菜可溶性固形物含量的测定折射仪法》（NY/T 2637—2014）制定检验流程。

二、任务准备

阿贝折射仪、捣碎机。

三、任务流程

1. 试液的制备

（1）透明液体制品：将试样充分混匀，直接测定。

（2）半黏稠制品（果浆、菜浆类）：将试样充分混匀，用四层纱布挤出滤液，弃去最初几滴，收集滤液供测试用。

（3）含悬浮物制品（含果粒的果汁类饮料）：将待测样品置于组织捣碎机中捣碎，用四层纱布挤出滤液，弃去最初几滴，收集滤液供测试用。

2. 操作流程

仪器安装→校正→取 2 ~ 3 滴试液滴于棱镜表面的中央→盖上盖板，静置 1 min→目镜观察，读数→记录棱镜温度→仪器清洗。

四、数据记录及处理

表 3-5　柑橘中可溶性固形物的数据记录

基本信息	样品名称		检测依据	
	检测项目		检测方法	
检测数据	样品编号			
	可溶性固形物含量/%			
	20 °C 时可溶性固形物含量/%			
结果讨论				

四、注意事项

（1）本方法适用于透明液体、半黏稠、含悬浮物的饮料制品。

（2）折射仪上的刻度是在标准温度 20 °C 下刻制的，如测定温度不是 20 °C，应对测定结果进行温度校正。当测定温度高于 20 °C 时，应加上校正值；低于 20 °C 时则减去校正值。

（3）对颜色较深的样品宜用反射光进行测定，以减少误差。方法是调整反光镜，使光线从折光棱镜的侧孔进入。

（4）仪器使用完毕后，应做好清洁工作，并放入储有干燥剂的箱内。仪器应放在干燥空气流通的室内，防止光学零件受潮发霉。

五、任务评价

表 3-6　任务评价

序号	任务步骤	任务内容	技能操作要点
1	准备工作	着装，折射仪校正	着工作服，整洁，设置 15 ~ 25 °C 温度环境，洗净折射仪棱镜面，用蒸馏水进行校正
2	采样和预处理	捣碎，过滤	样品混合均匀
3	样品测定	利用折射仪测定样品的可溶性固形物含量	仪器使用方法正确，能正确读数
4	结束工作	整理	废液处理，清洗、整理实验用仪器和台面
		文明操作	无器皿破损、仪器损坏
		实验室安全	安全操作
5	实验结果	可溶性固形物含量查表校准	能查表正确计算，能正确保留有效数字

思考练习

一、填空题

折射检验法是通过________________的分析方法。它适用于__________类食品的测定，测得的成分是__________含量。常用的仪器有_____________。

二、简答题

1. 何谓折射率？测定食品折射率有何意义？
2. 怎样使用阿贝折射计测定样品中的可溶性固形物含量？

任务三　旋光度的测定

学习目标

（1）了解偏振光、旋光性物质、旋光度的概念及影响旋光度的因素。

（2）掌握圆盘旋光仪的结构和测定原理。

（3）学会使用旋光仪。

背景知识

应用旋光仪测量旋光性物质的旋光度以确定其含量的分析方法叫旋光法。

1. 偏振光的产生

光是一种电磁波，是横波，即光波的振动方向与其前进方向互相垂直。自然光有无数个与光的前进方向互相垂直的光波振动面，如图 3-6（a）所示。

若使自然光通过尼克尔棱镜，由于振动面与尼克尔棱镜的光轴平行的光波才能通过尼克尔棱镜，所以通过尼克尔棱镜的光，只有一个与光的前进方向互相垂直的光波振动面，如图 2-6（b）所示。这种仅在一个平面上振动的光叫偏振光。

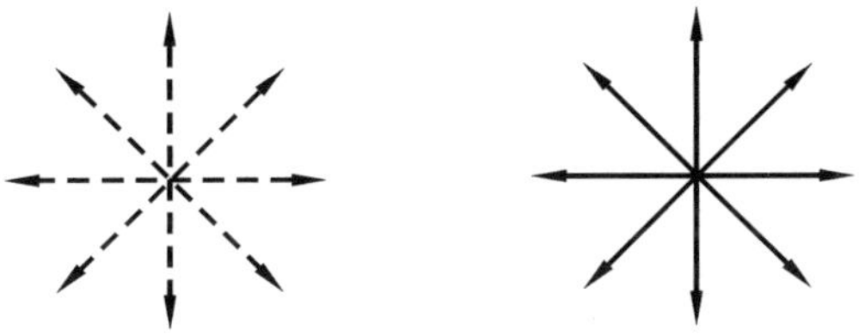

（a）自然光　　（b）偏振光（虚线部分）

图 3-6　自然光与偏振光

产生偏振光的方法很多，通常是用尼克尔棱镜或偏振片。尼克尔棱镜是把一块方解石的菱形六面体末端的表面磨光，使镜角等于 68°（∠BCD），将之对角切成两半，把切面磨成光学平面后，再用加拿大树胶粘起来形成的（见图 3-7）。

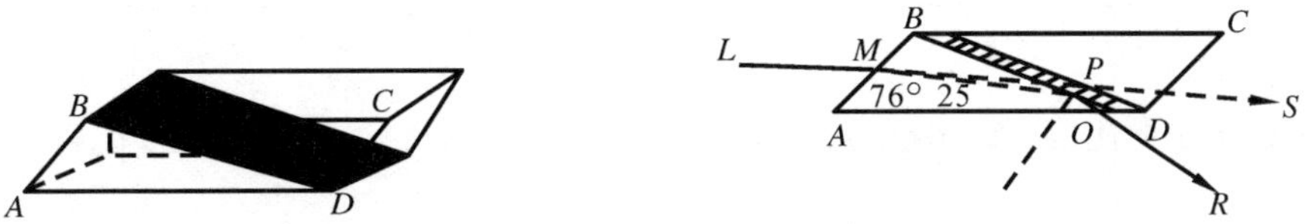

图 3-7　尼克尔棱镜示意

利用偏振片也能产生偏振光。它是利用某些双折射镜体（如电气石）的二色性，即可选择性吸收寻常光线而让非常光线通过的特性，把自然光变成偏振光。

2. 光学活性物质、旋光度与比旋光度

分子结构中凡有不对称碳原子，能把偏振光的偏振面旋转一定角度的物质称为光学活性物质。许多食品成分都具有光学活性，如单糖、低聚糖、淀粉以及大多数的氨基酸等。其中能把偏振光的振动平行向右旋转的，称为“具有右旋性”，以“(+)”表示；反之，称为“具有左旋性”，以“(−)”表示。

偏振光通过光学活性物质的溶液时，其振动平面所旋转的角度叫作该物质溶液的旋光度，以 α 表示。旋光度的大小与光源的波长、温度、旋光性物质的种类、溶液的浓度及液层的厚度有关。对于特定的光学活性物质，在光源波长和温度一定的情况下，其旋光度 α 与溶液的浓度 c 和液层的厚度 L 成正比。即

$$\alpha = KcL$$

当旋光性物质的浓度为 1 g/mL，液层厚度为 1 dm 时所测得的旋光度称为比旋光度，以 $[\alpha]_\lambda^t$ 表示。由上式可知：

$$[\alpha]_\lambda^t = K \times 1 \times 1 = K$$

式中 $[\alpha]_\lambda^t$——比旋光度，度（°）；

t——温度，°C；

λ——光源波长，nm；

α——旋光度，度（°）；

L——液层厚度或旋光管长度，dm；

C——溶液浓度，g/mL。

比旋光度与光的波长及测定温度有关。通常规定用钠光 D 线（波长 589.3 nm）在 20 °C 时测定，在此条件下，比旋光度用 $[\alpha]_D^{20}$ 表示。主要糖类的比旋光度见表 3-7。

表 3-7 糖类的比旋光度

糖类	$[\alpha]_D^{20}$	糖类	$[\alpha]_D^{20}$
葡萄糖	+52.5	乳糖	+53.3
果糖	−92.5	麦芽糖	+138.5
转化糖	−20.0	糊精	+194.8
蔗糖	+66.5	淀粉	+196.4

因在一定条件下比旋光度 $[\alpha]_\lambda^t$ 是已知的，L 为一定，故测得了旋光度 α 就可计算出旋光性溶液中的浓度 c。

3. 旋光计的结构及原理

（1）普通旋光计。

最简单的旋光计是由两个尼克尔棱镜构成，一个用于产生偏振光，称为起偏器；另一

个用于检验偏振光振动平面被旋光质旋转的角度，称为检偏器。当起偏器与检偏器光轴互相垂直时，即通过起偏器产生的偏振光的振动平面与检偏器光轴互相垂直时，偏振光通不过去，故视野最暗，此状态为仪器的零点。若在零点情况下，在起偏器和检偏器之间放入旋光质，则偏振光部分或全部地通过检偏器，结果视野明亮。此时若将检偏器旋转一角度使视野最暗，则所旋角度即为旋光质的旋光度。实际上这种旋光计并无实用价值，因用肉眼难以准确判断什么是“最暗”状态。为克服这个缺点，通常在旋光计内设置一个小尼克尔棱镜，使视野分为明暗两半，这就是半影式旋光计，如图 3-8 所示。此仪器的终点不是视野最暗，而是视野两半圆的照度相等。由于肉眼较易识别视野两半圆光线强度的微弱差异，故能正确判断终点。

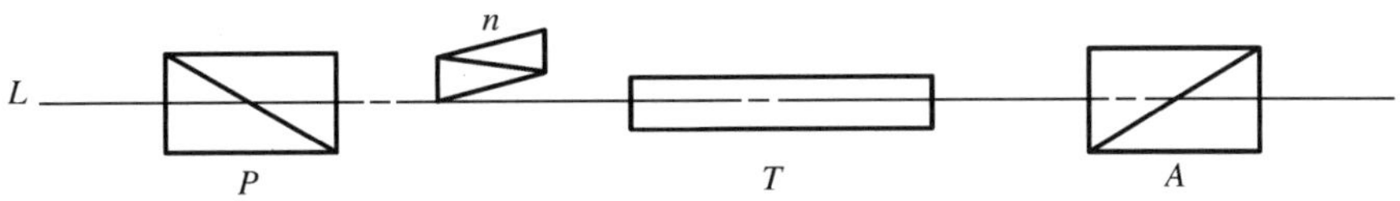

L—光源；*P*—起偏器；*n*—小棱镜；*T*—旋光质；*A*—检偏器。

图 3-8 半影式旋光计示意

普通旋光计读数尺的刻度是以角度表示的。

（2）检糖计。

检糖计是测定糖类的专用旋光计，其测定原理与半影式旋光计基本相同（见图 3-9）。

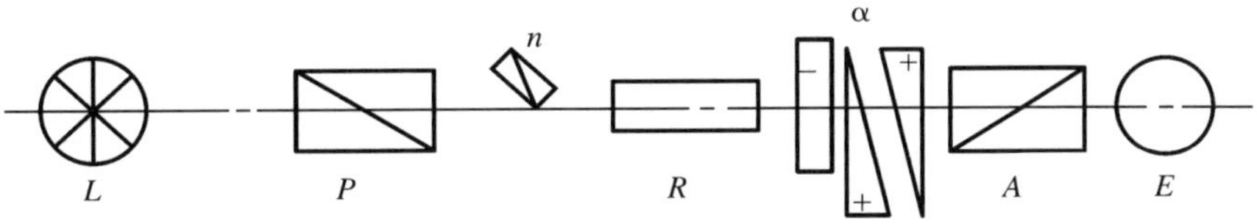

L—光源；P—起偏器；*n*—小棱镜；R—糖液；A—检偏器；E—读数尺。

图 3-9 检糖计最基本的光学元件

检糖计读数尺的刻度是以糖度表示的。最常用的是国际糖度尺，以°S 表示。其标定方法是：在 20 °C 时，把 26.000 g 纯蔗糖（在空气中以黄铜砝码称出）配成 100 mL 的糖液，在 20 °C 用 200 mm 观测管以波长 $\lambda = 589.440\ 0$ nm 的钠黄光为光源测得的读数定为 100°S。1°S 相当于 100 mL 糖液中含有 0.26 g 蔗糖。读数为 x°S，表示 100 mL 糖液中含有 0.26xg 蔗糖。

国际糖度与角旋度之间的换算关系如下：

$$1°S = 0.34626°，\ 1° = 2.888°S$$

（3）WZZ 型自动旋光计简介。

前面介绍的普通旋光计和检糖计，虽然具有结构简单、价格低廉等优点，但也存在着以肉眼判断终点、有人为误差、灵敏度低及须在暗室内工作等缺点。WZZ-1 型自动旋光计采用光电检测器及晶体管自动示数装置，具有体积小、灵敏度高、没有人为误差、读数方便、测定迅速等优点，如图 3-10 所示。目前在食品分析中应用十分广泛。

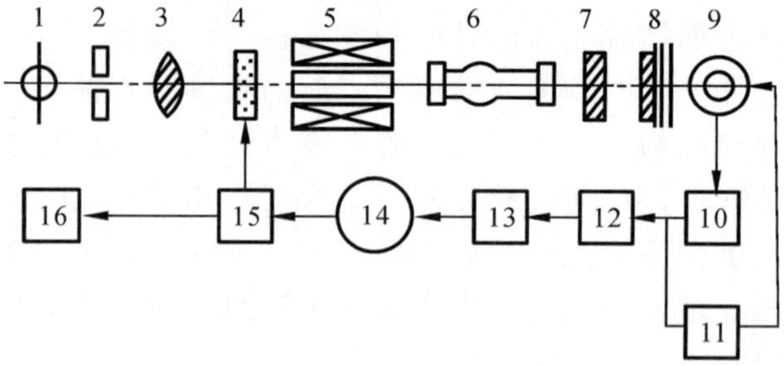

1—光源；2—小孔光栅；3—物镜；4—起偏器；5—磁旋线圈；6—观察管；7—滤光片；8—检偏器；9—光电倍增管；10—前置放大器；11—自动高压；12—选频放大器；13—功率放大器；14—伺服电机；15—蜗轮蜗杆；16—读数器。

图 3-10　WZZ-1 型自动旋光计工作原理

项目实施

工作任务 3　味精中谷氨酸钠的测定

一、任务依据

依据《味精中谷氨酸钠的测定旋光法》（GB 5009.43—2016）制定检验流程。

二、任务准备

（1）旋光仪（精度 ± 0.010°）备有钠光灯（钠光谱 D 线 589.3 nm）。
（2）盐酸（HCl）。

三、任务流程

1. 试液的制备

称取试样 10 g→加少量水溶解并转移至 100 mL 容量瓶→加盐酸 20 mL→混匀并冷却至 20 °C→定容并摇匀。

2. 样品测定

试液置于旋光管中（不得有气泡）→测定旋光度→记录试样液温度。

3. 样品中谷氨酸钠含量的计算：

$$X = \frac{\dfrac{\alpha}{L \times c}}{25.16 + 0.047(20 - t)} \times 100$$

式中　X——样品中谷氨酸钠含量（含 1 分子结晶水），g/100 g；

α——实测试样液的旋光度，度（°）；

L——旋光管长度（液层厚度），dm；

c——1 mL 试样液中含谷氨酸钠的质量，g/mL；

25.16——谷氨酸钠的比旋光度 $[\alpha]_D^{20}$，度（°）；

t——测定试液的温度，°C；

0.047——温度校正系数；

100——换算系数。

四、数据记录及处理

表 3-8　味精中谷氨酸钠的数据记录

<table>
<tr><td rowspan="2">基本信息</td><td>样品名称</td><td></td><td>检测依据</td><td></td></tr>
<tr><td>检测项目</td><td></td><td>检测方法</td><td></td></tr>
<tr><td rowspan="3">检测数据</td><td>旋光管长度/dm</td><td>温度/°C</td><td>浓度/（g/mL）</td><td>旋光度</td></tr>
<tr><td></td><td></td><td></td><td></td></tr>
<tr><td colspan="2">样品中谷氨酸钠含量/（g/100 g）</td><td colspan="2"></td></tr>
<tr><td>结果讨论</td><td colspan="4"></td></tr>
</table>

四、注意事项

（1）测定前应将仪器及样品置（20 ± 0.5）°C 的恒温室中或规定温度的恒温室中，也可用恒温水浴保持样品室或样品测试管恒温 1 h 以上，特别是一些对温度影响大的旋光性物质，尤为重要。

（2）未开电源以前，应检查样品室内有无异物，钠光灯源开关是否在规定位置，示数开关是否在关的位置，仪器放置位置是否合适，钠光灯启辉后，仪器不要再搬动。

（3）开启钠光灯后，正常起辉时间至少 20 min，发光才能稳定，测定时钠光灯尽量采用直流供电，使光亮稳定。如有极性开关，应经常于关机后改变极性，以延长钠灯的使用寿命。

（4）将装有蒸馏水或空白溶剂的测定管，放入样品室，测定管中若混有气泡，应先使气泡浮于凸颈处，通光面两端的玻璃，应用软布擦干。测定时应尽量固定测定管放置的位置及方向，做好标记，以减少测定管及盖玻片应力的误差。

（5）同一旋光性物质，用不同溶剂或在不同 pH 测定时，由于缔合、溶剂化和解离的情况不同，而使比旋度产生变化，甚至改变旋光方向，因此必须使用规定的溶剂。

（6）浑浊或含有小颗粒的溶液不能测定，必须先将溶液离心或过滤，弃去初滤液测定。

有些见光后旋光度改变很大的物质溶液，必须注意避光操作。有些放置时间对旋光度影响较大的，也必须在规定时间内测定读数。

（7）测定空白零点或测定供试液停点时，均应读取读数三次，取平均值。严格的测定，应在每次测定前，用空白溶剂校正零点，测定后，再用试剂核对零点有无变化，如发现零点变化很大，则应重新测定。

（8）测定结束时，应将测定管洗净晾干放回原处。仪器应避免灰尘放置于干燥处，样品室内可放少许干燥剂防潮。

五、任务评价

表 3-9　任务评价

序号	任务步骤	任务内容	技能操作要点
1	准备工作	着装，旋光仪校正	着工作服，整洁，洗净旋光管，用蒸馏水进行校正
2	采样和预处理	配制样品溶液	样品溶液混合均匀
3	样品测定	利用旋光仪测定样品的旋光度	仪器使用方法正确，能正确读数
4	结束工作	整理	废液处理，清洗、整理实验用仪器和台面
		文明操作	无器皿破损、仪器损坏
		实验室安全	安全操作
5	实验结果	样品中谷氨酸钠含量计算	能代入公式正确计算，能正确保留有效数字

思考练习

一、填空题

旋光性物质是指________________________。旋光度是指________________________。

二、简答题

1. 什么是旋光度？测定旋光度有何意义？
2. 如何用旋光计测定旋光性物质的旋光度？

项目四 食品一般成分检测

不同的食品，其成分也各不相同。本章介绍食品一般成分的检验方法，让读者在掌握各种食品成分的标准分析方法的同时，还能了解食品的基本组成成分。食品的一般成分包含了水分、灰分、脂肪、碳水化合物、蛋白质、维生素等，它们是食品中固有的成分。这些物质赋予了食品一定的组织结构、风味、口感以及营养价值，这些成分含量的高低往往是确定食品品质的关键指标。

任务一　水分的测定

学习目标

（1）了解食品中水分存在形式及相应的知识。

（2）熟悉不同品类食品中水分含量测定的方法。

（3）掌握淀粉中水分含量测定方法。

背景知识

一、食品中的水分

水是食品主要组成成分，其存在状态主要有自由水和结合水两种。自由水是存在于食品表面湿润水分、渗透水分及毛细管水等，与普通态水相同，可以自由流动，是良好的溶剂，可溶解食品中的许多物质和化合物。结合水指结晶水和吸附水，存在于细胞内，主要依靠氢键与蛋白质极性基（羧基和氨基）相结合，是细胞结构的重要组成成分，不易流动，不能溶解其他物质，自由水比结合水易于分离出来。

二、测定食品水分含量的意义

食品中水分含量是食品的质量指标、技术指标及经济指标。水在食品中的含量、存在形式、分布等对食品品质、贮藏运输、加工贸易等都具有十分重要的意义。水分含量是食品的一项重要质量指标，食品的含水量的高低与食品的新鲜度、外观、呈味、硬软、流动、保藏等食品质量有着至关重要的关系，如面包水分含量不够则直接影响面包外观及口感品质，其外观干瘪、无光泽，口感粗糙。水分含量是食品的一项重要技术指标，食品中水分是微生物生长繁殖的基本条件，每一类食品都有相应的水分含量指标，人们通过不断实践确定了其相应的水分含量范围，如奶粉要求水分为 3.0% ~ 5.0%，蛋类 73% ~ 75%，压缩饼干不超过 6.0% 等，奶粉中水分含量过高则会造成奶粉结块。食品中水分含量超过技术指标，其储藏性大打折扣。水分含量是食品的一项重要经济指标，水分含量是食品物料衡算、经济衡算的重要指标。食品水分含量测定具有非常重要的意义。

三、食品水分含量测定方法

食品中水分的测定包括食品中水分总含量的测定及水分活度的测定。水分含量、水分活度值是两个不同的概念。水分含量是指食品中水的总含量，即食品中含水的百分数。水分活度值是指食品中水分与食品的结合程度或游离程度，食品中水分含量越高其水分活度越大。食品中水分总含量的测定通常有直接测定法及间接测定法两大类。直接测定法是利用水的物理性质、化学性质的测定方法，如：重量法、蒸馏法、化学方法、卡尔·费休法等。间接测定法则是利用食品物理常数与水分含量之间的函数关系来确定水分含量，如：相对密度、折射率、电导、旋光率等。直接测定法比间接测定法准确度高，本章主要介绍几种国标中常见水分含量的测定法：干燥法及卡尔·费休法。

干燥法是采用一定的方法将样品中的水分蒸发出来，对样品进行加热干燥，通过测定样品干燥前后的质量差确定食品中水分含量的方法。常见有直接干燥法、减压干燥法、蒸馏法。卡尔·费休法是一种试剂法。

（一）直接干燥法

直接干燥法适用于 101 ~ 105 °C 下，蔬菜、谷物及其制品、豆制品、乳制品、肉制品、卤菜制品、水产、粮食、油料、淀粉及茶叶类等食品中水分的测定，不适用于水分含量小于 0.5 g/100 g 的样品。

1. 测定原理

直接干燥法又称为常压干燥法、常压烘箱干燥法，其原理就是利用食品中水分的物理性质，在常压 101 ~ 105 °C 下食品中水分蒸逸出干燥，包括吸湿水、部分结晶水及该条件下能挥发的物质，然后通过测定食品干燥前后质量之差计算食品水分总含量。

2. 仪器和设备

（1）称量器皿：称量器皿有玻璃称量瓶和铝制称量盒两种。玻璃称量瓶耐酸碱，常压干燥法常用。铝制称量盒质量轻，导热性强，不耐酸，减压干燥法常用。

（2）干燥设备：电热烘箱是食品干燥的常用设备，其形式多样，直接干燥法常用电热烘箱为强力循环通风式，其风速大、风量大、烘干量大，效率高，但不适于质轻的试样。

（3）干燥器。

（4）分析天平。

3. 分析步骤

（1）固体样品。

取洁净铝制或玻璃制的扁形称量瓶，瓶盖斜支于瓶边置于干燥箱中，加热于 101 ~ 105 °C 中 1.0 h 后取出盖好，置于干燥器中冷却 0.5 h 后称量，重复干燥至恒重（前后两次质量差不超过 2 mg）。将固体样品磨细至颗粒小于 2 mm（过 20 ~ 40 目筛），称取 2 ~ 10 g 研磨后的样品（精确至 0.000 1 g），放入干燥后的称量瓶中，厚度不超过 5 mm，疏松样品厚度不超过 10 mm，加盖精密称量。将精密称量后的样品称量瓶置于 101 ~ 105 °C 干燥箱中，将瓶盖打开斜支于瓶边，干燥 2 ~ 4 h 后盖好取出，置于干燥器中冷却 0.5 h 后称量，再放入干燥箱中干燥 1 h 左右，取出置于干燥器中冷却 0.5 h 后再称量。重复以上操作至恒重（前后两次质量差不超过 2 mg）。

（2）半固体或液体样品。

取洁净称量瓶，加 10 g 海沙及一根小玻璃棒于其中，置于干燥箱中，加热于 101 ~ 105 °C 中 1.0 h 后取出，置于干燥器中冷却 0.5 h 后称量，重复干燥至恒重。称取 5 ~ 10 g 样品（精确至 0.000 1 g）置于称量瓶中，用小玻璃棒搅匀置于沸水浴上不断搅拌蒸干，取出擦去瓶底的水滴后带玻璃棒一起置于 101 ~ 105 °C 干燥箱中干燥 4 h 后盖好取出，置于干燥器中冷却 0.5 h 后称量，再放入干燥箱中干燥 1 h 左右，取出置于干燥器中冷却 0.5 h 后再称量，重复以上操作至恒重（前后两次质量差不超过 2 mg）。

注：上述称量至恒重值中取值小的数据进行计算。

4. 分析结果的表述

试样中水分含量，按下式进行计算：

$$X=\frac{m_1-m_2}{m_1-m_3}\times 100$$

式中 X——试样中水分的含量，g/100 g；

m_1——称量瓶（加海沙、玻棒）和试样的质量，g；

m_2——称量瓶（加海沙、玻棒）和试样干燥后的质量，g；

m_3——称量瓶（加海沙、玻棒）的质量，g；

100——单位换算系数。

注：计算结果水分含量≥1 g/100 g 时，计算结果保留三位有效数字；

计算结果水分含量<1 g/100 g 时，计算结果保留两位有效数字。

5. 精密度

在重复性条件下获得的两次独立测定结果的绝对差值不得超过算术平均值的 10%。

（二）减压干燥法

减压干燥法适用于高温易分解及水分较多的样品，如糖、味精等水分的测定，不适用于添加有其他原料的糖果，如奶糖、软糖等水分的测定，不适用于除糖和味精以外的其它食品水分含量小于 0.5 g/100 g 的样品。

1. 测定原理

该法是根据降低大气压时水的沸点降低的原理，将不宜在高温下干燥的食品置于低压环境中，使食品中的水分低温蒸发逸出，然后通过测定食品干燥前后质量之差计算食品水分总含量。

2. 仪器和设备

（1）称量器皿：同直接干燥法。

（2）干燥设备：减压干燥法常用干燥设备有减压干燥装置（带有真空泵的真空烘箱与干燥瓶、安全瓶等组装而成）、真空干燥箱等。影响真空干燥的因素有样品的相对密度、干燥箱的温度、真空度、干燥时间等，不同样品各参数不同。一般食品水分含量测定中减压干燥的温度为 60 ± 5 °C，压力为 40 ~ 53 kPa 等。

（3）干燥器。

（4）分析天平。

3. 分析步骤

（1）试样制备：样品处理及称量瓶处理同前述直接干燥法。

（2）测定：称取 2 ~ 10 g（精确至 0.000 1 g）试样放入已恒重的称量瓶中，将试样置于真空干燥箱内，连接真空泵，抽出真空干燥箱内空气至 50 kPa 左右，同时加热温度至（60 ± 5）°C，关闭真空泵上活塞停止抽气。真空干燥箱内保持一定温度和压力 4 h 后，打开活塞，使空气经干燥装置缓缓通入真空干燥箱内，待压力恢复正常后再打开。取出称量瓶，放入干燥器中 0.5 h 后称量，重复以上操作至恒重（前后两次质量差不超过 2 mg）。

注：上述称量至恒重值中取值小的数据进行计算。

4. 分析结果的表述

同上述直接干燥法。

5. 精密度

在重复性条件下获得的两次独立测定结果的绝对差值不得超过算术平均值的 10%。

（三）蒸馏法

蒸馏法在食品干燥逸出水分过程中所发生的化学变化，如氧化、分解等作用比常压烘箱干燥法小。易氧化、分解、热敏性以及含有大量挥发性组分的样品，用蒸馏法测定水分含量准确度高于直接干燥法。本法适用于含水较多且挥发性成分较多的食品，如水果、香辛料及调味品、肉与肉制品等水分的测定，不适用于水分含量小于 1 g/100 g 的样品。

1. 测定原理

蒸馏法是利用两互不相溶液体的二元混合体系沸点低于各单一组分沸点的物理特性，通过在食品中加入甲苯或二甲苯与食品水分形成二元混合体系，共沸蒸出，然后由冷凝收集馏出液。馏出液在接收管中分层，根据馏出液中水的体积，计算出样品中水分的含量。

2. 试　剂

本法所用试剂均为分析纯，水为国标三级水。

甲苯（C_7H_8）或二甲苯（C_8H_{10}）制备：取甲苯或二甲苯以水饱和后分去水层，蒸馏，收集馏出液备用。

3. 仪器和设备

（1）水分测定器。装置如图 4-1 所示，图中：

1——250 mL 蒸馏瓶；

2——5 mL 带刻度的水分接收管，最小刻度值为 0.1 mL，容量误差小于 0.1 mL；

3——冷凝管。

（2）天平。

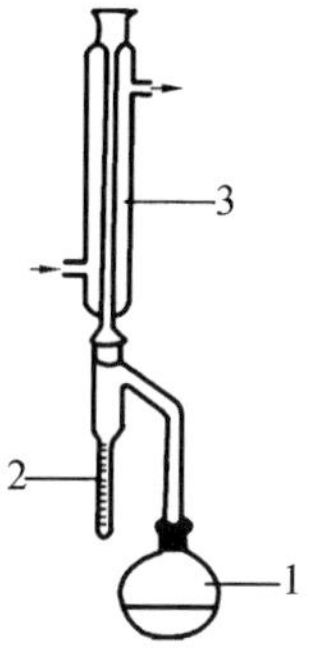

图 4-1　水分测定器

4. 分析步骤

准确称取适量样品（样品中含水量 2 ~ 5 g，即使得样品最终蒸出水分体积在 2 ~ 5 mL，最多取样量不得超过蒸馏瓶的三分之二），放入 250 mL 烧瓶中，加入新制备的甲苯（或二甲苯）75 mL（以浸没样品为宜）。连接测定器装置，慢慢加热（馏出液速度约 2 滴/s 为宜），至水分大部分蒸出后再加快蒸馏速度（馏出液速度约 4 滴/s 为宜），直至接受刻度管中的水量不再增加为止。如冷凝管或接受管壁附有水滴，可从冷凝管顶端注入少许甲苯（或二甲苯）冲洗，再蒸馏片刻直至冷凝管壁和接收管壁不再附有水滴为止。蒸馏终点的确定以接收管内水面保持 10 min 不变来判断。读取刻度管中水层的体积。

注意同时做空白实验。

5. 分析结果的表述

试样中水分含量，按下式进行计算：

$$X = \frac{V - V_0}{m} \times 100$$

式中　X——试样中水分的含量，mL/100 g；

V——接收管内水的体积，mL；

V_0——做试剂空白时，接收管内水的体积，mL；

m——试样的质量，g；

100——单位换算系数。

6. 精密度

以重复性条件下获得的两次独立测定结果的算术平均值表示，其绝对差值不得超过算术平均值的 10%。

（四）卡尔·费休法

卡尔·费休（Karl Fischer）法是水分含量测定方法中最为专业、速度快且

最为准确的方法。该法适用于食品中微量水分的测定。卡尔·费休（Karl Fischer）法在食品检验检测中广泛应用于面粉及其制品、乳粉、炼乳、糖果、蜜、人造奶油、茶叶及香料等食品中水分的测定。

1. 测定原理

卡尔·费休法属于碘量法，利用碘氧化二氧化硫时需要一定量的水参加反应，该反应中产物硫酸的量超过 0.05%时会发生可逆反应，该反应在吡啶和甲醇共存环境中能顺利进行，反应中碘与水的定量关系为 1∶1，通过碘的消耗量计算水的含量。卡尔·费休法总反应式如下：

$$I_2 + SO_2 + 3C_5H_5N + CH_3OH + H_2O \longrightarrow 2C_5H_5N-HI + C_5H_5N-HSO_4CH_3$$

卡尔·费休法终点的确定有两种，一是容量法，即利用试剂中的碘作为指示剂；另一种方法是库伦法又称为永停滴定法。这里主要介绍容量法。

2. 试　剂

（1）卡尔·费休试剂。

卡尔·费休试剂是由 I_2、SO_2、C_5H_5N、CH_3OH 按照 1∶1∶3∶1 比例组成的混合溶液，新鲜配制的试剂不稳定，其有效浓度不断降低，须放置一定时间标定后才能使用。

（2）无水甲醇：优纯级。

3. 仪器和设备

（1）卡尔·费休水分测定仪（容量法）。

（2）天平。

4. 分析步骤

（1）卡尔·费休试剂的标定。

在反应瓶中加入定量甲醇（浸没铂电极），不断搅拌下滴加卡尔·费休试剂至终点，加入 10 mL 水，滴定至终点记录试剂消耗体积（V），通过下式计算卡尔·费休试剂的滴定度（T）：

$$T = \frac{m}{V}$$

式中　T——卡尔·费休试剂的滴定度，mg/mL；

m——水的质量，mg；

V——滴定水消耗卡尔·费休试剂的用量，mL。

（2）样品处理：粉碎均匀。

（3）水分的测定。

在反应瓶中加一定量的甲醇或卡尔·费休测定仪中规定的溶剂（浸没铂电极），不断搅拌下用卡尔·费休试剂滴定至终点，迅速将溶解在甲醇或卡尔·费休测定仪中规定溶剂的试样加入滴定杯中，再用卡尔·费休试剂滴定至终点。若滴定时，平衡时间较长且引起漂移的试样，则需要扣除漂移量。

（4）漂移量的测定。

在滴定杯中加入与测定样品一致的溶剂，滴定至终点，放置 10 min 后再滴定至终点，两次滴定之间单位时间内的体积变化即为漂移量，通常用 D 表示，单位为 mL/min。

5. 分析结果的表述

试样中水分含量，按照下式进行计算：

固体试样：

$$X = \frac{(V_1 - D \times t) \times T}{m} \times 100$$

液体试样：

$$X = \frac{(V_1 - D \times t) \times T}{V_2 \rho} \times 100$$

式中 X——试样中水分的含量，mL/100 g；

V_1——滴定试样卡尔·费休试剂消耗体积，mL；

V_2——液体试样体积，mL；

D——漂移量，mL/min；

t——滴定时所消耗的时间，min；

ρ——液体试样的密度，g/mL；

T——卡尔·费休试剂的滴定度，mg/mL。

6. 精密度

在重复性条件下获得的两次独立测定结果的绝对差值不得超过算术平均值的 10%。

任务实施

工作任务 1　面粉中水分含量的测定

一、任务依据

依据《食品安全国家标准　谷物及谷物制品水分的测定　常规法》（GB/T 21305—2007）制定检验流程。

二、任务准备

恒温干燥箱、干燥器、分析天平、玻璃称量瓶或铝制称量盒。

三、任务流程

本实验采用直接干燥法测定面粉中水分含量，其流程如下：

取洁净玻璃制扁形称量瓶置于恒温干燥箱中→加热干燥 1.0 h→取出盖好→置于干燥器中冷却 0.5 h→称量→重复干燥至恒重备用。

称取面粉 2 ~ 10 g→放入备用玻璃制扁形称量瓶中→加盖精密称量→置于恒温干燥箱 2 ~ 4 h 后盖好取出→置于干燥器中冷却 0.5 h 后称量→恒温干燥箱中干燥 1 h 左右→置于干燥器中冷却 0.5 h 后再称量→重复以上操作至恒重。

四、数据记录及处理

（1）数据记录。

表 4-1　原始数据记录表

样品序号	称量瓶和试样质量（m_1）	称量瓶和试样干燥后质量（m_2）	称量瓶质量（m_3）	水分含量（X）
1				
2				
3				

（2）计算公式。

$$X=\frac{m_1-m_2}{m_1-m_3}\times 100$$

式中　X——试样中水分的含量，g/100 g；

m_1——称量瓶和试样的质量，g；

m_2——称量瓶和试样干燥后的质量，g；

m_3——称量瓶的质量，g；

100——单位换算系数。

计算结果水分含量≥1 g/100 g 时，计算结果保留三位有效数字；

计算结果水分含量<1 g/100 g 时，计算结果保留两位有效数字。

（3）数据处理及检验结果

五、注意事项

（1）直接干燥法适用于 101 ~ 105 °C 下，蔬菜、谷物及其制品、豆制品、乳制品、肉制品、卤菜制品、水产、粮食、油料、淀粉及茶叶类等食品中水分的测定，不适用于水分含量小于 0.5 g/100 g 的样品。

（2）本实验中称量至恒重指前后两次称量值之差小于 2 mg。

（3）测定过程中，盛有样品的称量瓶在烘箱内盖上盖后才从烘箱取出，并应迅速放入干燥器中冷却半小时称重，否则，不易达到恒量。

（4）打开干燥器时，不能直接往上提盖子，而是一只手掌握干燥器用另一只手从相对的水平方向小心移动盖子而打开，并将盖子斜靠在干燥器旁，谨防滑动。取出物品后，按同样方法盖严，使盖子磨口边与干燥器相吻合。如果磨口上的凡士林因凝固难以打开，可以用热毛巾热敷一下或者用电吹风吹其边缘，使凡士林熔化后再打开。

（5）干燥器内的干燥剂一般采用变色硅胶，其干燥时为蓝色，受潮变色，直至粉红色时说明硅胶已充分吸水失效，应及时更换。如果硅胶蓝色减退，可于 135 °C 左右烘 2 ~ 3 h 至硅胶重新变蓝后继续使用。

（6）分析天平的使用注意事项：

① 使用前检查天平是否水平。

② 天平接通电源后需要预热 0.5 h 以上才能进行正式称量。

③ 称量时，在显示稳定零点后，方可将物品放到称量盘中间，关上防风门，数值显示稳定后读取称量值。

④ 称量物品轻拿轻放，使用前用天平刷清扫称量盘和称量室，保持天平清洁。

六、任务评价

表 4-2　任务评价

序号	任务步骤	任务内容	技能操作要点
1	准备工作	着装，称量瓶清洗	着工作服，整洁，洗净不挂水
2	称量瓶干燥	称量瓶放置干燥箱	放于烘箱正确位置，称量瓶盖斜支于瓶边
		烘干温度与时间	正确的温度范围及时间
3	恒重操作	干燥器操作	干燥器操作正确，强调揭盖操作
		称量习惯	天平使用前的检查，水平、清洁状况，整理天平
		称量	天平开关门操作正确，正确读数及记录
		恒重判断	正确判断恒重终点
4	结束工作	整理	清洗、整理实验用仪器和台面
		文明操作	无器皿破损、仪器损坏
		实验室安全	安全操作
5	实验结果	原始数据	原始数据记录方法正确、数据准确、完整、美观
		计算	公式正确
		有效数字	正确保留有效位数
		平行性	取两个平行，相对极差<5%

思考练习

一、填空题

1. 水在食品中存在状态主要有____________和________两种。
2. 食品中水分含量是食品的________指标、________指标及_________指标。

3. 食品中水分的测定包括食品中________的测定及____________的测定。

4. 食品中水分总含量的测定通常有______________及___________两大类。

5. 称量器皿有______________和______________两种。

6. 卡尔·费休试剂主要由_______、_________、_________、______组成。

7. 一般称量瓶干燥温度为__________时间为___________。

8. 称量瓶置于干燥箱内时，其瓶盖正确摆放方法是___________________。

9. 一般食品水分含量测定中减压干燥的温度为_____，压力为________。

10. ____________法适用于水果、香辛料及调味品、肉与肉制品等水分的测定。

二、选择题

1. 下列测定食品含水量的方法中属于干燥法的是（　　）。

A. 蒸馏法　B. 卡尔·费休法　C. 相对密度法　D. 旋光度法

2. 直接干燥法测定食品中水分含量时操作至恒重是指前后两次质量差不超过（　　）。

A. 0.5 mg　B. 2 mg　C. 5 mg　D. 0.2 mg

3. 食品含水量检测中，其精密度要求在重复性条件下获得的两次独立测定结果的绝对差值不得超过算术平均值的（　　）。

A. 5%　B. 2%　C. 10%　D. 8%

4. 食品水分含量测定结束后，通过公式计算含水量结果，其计算结果为2.5784 125 g/100 g，下述结果表达正确的是（　　）。

A. 2.578 4 g/100 g　B. 2.57 g/100 g

C. 2.578 g/100 g　D. 2.58 g/100 g

5. 干燥器内的干燥剂一般采用变色硅胶，其干燥时为蓝色，受潮变色，当变粉红色时应（　　）。

A. 取出干燥后重复使用　B. 及时更换

C. 回厂处理后使用　D. 加热烘干后继续使用

6. 天平接通电源后进行正式称量前需要预热（　　）。

A. 0.5 h　B. 1 h　C. 1.5 h　D. 2 h

7. 易氧化. 分解. 热敏性以及含有大量挥发性组分的样品，用蒸馏法测定水分含量准确度（　　）直接干燥法。

A. 相当于　B. 高于　C. 低于　D. 无法比较

8. 下列测定食品水分含量的方法中，适用于易氧化. 分解. 热敏性以及含有大量挥发性组分的样品是（　　）。

A. 直接干燥法　B. 蒸馏法

C. 卡尔·费休法　D. 分光光度计法

9. 直接干燥法不适用于测定水分含量（　　）的样品。

A. 大于 5%　B. 小于 5 g/100 g

C. 小于 0.5 g/100 g　D. 大于 0.5 g/100 g

10. 干燥器磨口上的凡士林凝固难以打开，下列处理方法错误的是（　　）。

A. 用热毛巾热敷　　　B. 用电吹风吹其边缘
C. 用刀刮开　　　　　D. 在冷水中加热使其空气膨胀，但温度不宜太高

三. 简答题

1. 解释恒重的概念，在水分测定的过程中应怎样进行恒重操作？
2. 在水分测定中，干燥器起什么作用？如何正确使用和维护干燥器？
3. 简述干燥法测定食品水分含量的基本原理。
4. 简述卡尔·费休法测定食品水分含量的基本原理。

任务二　灰分的测定

学习目标

（1）掌握灰分测定的概念及意义。

（2）了解灰分的测定。

（3）学会灰分测定。

背景知识

食品的组成非常复杂，除了大分子的有机物外，还含有许多无机物质，当在高温灼烧灰化时将会发生一系列的变化，其中的有机成分经燃烧、分解而挥发逸散，无机成分则留在残灰中。食品经灼烧后的残留物就叫灰分。所以，灰分是食品中无机成分总量的标志。

灰分测定内容包括总灰分、水溶性灰分、水不溶性灰分、酸不溶性灰分等。

对于有些食品，总灰分是一项重要的指标。例如，生产面粉时，其加工精度可由灰分含量来表示，面粉的加工精度越高，灰分含量越低。富强粉灰分含量为 0.3% ~ 0.5%；标准粉为 0.6% ~ 0.9%；全麦粉为 1.2% ~ 2.0%。生产果胶、明胶之类胶质品时，灰分是这些制品胶冻性能的标志。

水溶性灰分反映的是可溶性的钾、钠、钙、镁等的含量，例如，果酱、果冻等制品中的灰分含量。水不溶性灰分反映的是污染泥沙和铁、铝等氧化物及碱土金属的碱式磷酸盐的含量。酸不溶性灰分反映的是污染泥沙和食品组织中存在的微量硅的含量。

测定灰分具有十分重要的意义。不同的食品，因原料、加工方法不同，测定灰分的条件不同，其灰分的含量也不相同。但当这些条件确定以后，某种食品中灰分的含量常在一定范围以内。若超过正常范围，则说明食品生产中使用了不符合卫生标准要求的原料或食品添加剂，或在食品的加工、贮运过程中受到了污染。灰分是某些食品重要的控制指标，也是食品常规检验的项目之一。

一、总灰分的测定

1. 原　理

将一定量的样品经炭化后放入高温炉内灼烧，有机物中的碳、氢、氮被氧化分解，以二氧化碳、氮的氧化物及水等形式逸出，另有少量的有机物经灼烧后生成的无机物，以及食品中原有的无机物均残留下来，这些残留物即为灰分。对残留物进行称量即可检测出样品中总灰分的含量。

2. 操作条件的选择

（1）灰化容器。

测定灰分通常以坩埚作为灰化的容器。坩埚分为素烧瓷坩埚、铂坩埚、石英坩埚，其中最常用的是素烧瓷坩埚。它的物理和化学性质与石英坩埚相同，具有耐高温、内壁光滑、耐酸、价格低廉等优点。但它在温度骤变时易破裂，抗碱性能差，当灼烧碱性食品时，瓷坩埚内壁釉层会部分溶解，反复多次使用后，往往难以得到恒重。在这种情况下宜使用新的瓷坩埚，或使用铂坩埚等其他灰化容器。铂坩埚具有耐高温、耐碱、导热性好、吸湿性小等优点，但其价格昂贵，所以应特别注意使用规则。

近年来，某些国家采用铝箔杯作为灰化容器，比较起来，它具有自身质量轻、在 525 ~ 600 °C 范围内能稳定地使用、冷却效果好、在一般温度条件下没有吸潮性等优点。如果将杯子上缘折叠封口，基本密封好，冷却时可不放入干燥器中，几分钟后便可降到室温，缩短了冷却时间。

灰化容器的大小应根据样品的形状来选用，液态样品、加热易膨胀的含糖样品及灰分含量低、取样量较大的样品，需选用稍大些的坩埚，但灰化容器过大会使称量误差增大。

（2）取样量。

测定灰分时，取样量应根据样品的种类、性状及灰分含量的高低来确定。食品中灰分的含量一般比较低，例如，谷类及豆类为 1% ~ 4%，鲜果为 0.2% ~ 1.2%，蔬菜为 0.5% ~ 2%，鲜肉为 0.5% ~ 1.2%，鲜鱼（可食部分）0.8% ~ 2%，乳粉 5% ~ 5.7%，而精糖只有 0.01%。所以，取样时应考虑称量误差，以灼烧后得到的灰分质量为 10 ~ 100 mg 来确定称样量。通常乳粉、麦乳精、大豆粉、调味料、鱼类及海产品等取 1 ~ 2 g，谷类及其制品、肉及其制品、糕点、牛乳等取 3 ~ 5 g，蔬菜及其制品、砂糖及其制品、淀粉及其制品、蜂蜜、奶油等取 5 ~ 10 g，水果及其制品取 20 g，油脂取 50 g。

（3）灰化温度。

灰化温度一般在 500 ~ 550 °C，各类食品因其中无机成分的组成、性质及含量各不相同，灰化温度也有所不同。果蔬及其制品、肉及肉制品、糖及糖制品不高于 525 °C；谷类食品、乳制品（奶油除外）、鱼类、海产品、酒不高于 550 °C；奶油不高于 500 °C；个别样品（如谷类饲料）可以达到 600 °C。灰化温度过高，会引起钾、钠、氯等元素的损失，而且碳酸钙变成氧化钙、磷酸盐熔融，将炭粒包裹起来，使炭粒无法氧化；灰化温度过低，又会使灰化速度慢、时间长，且易造成灰化不完全，也不利于除去过剩的碱（碱性食品）所吸收的二氧化碳。因此，必须根据食品的种类、测定精度的要求等因素，选择合适的灰化温度，在保证灰化完全的前提下，尽可能减少无机成分的挥发损失和缩短灰化时间。

（4）灰化时间。

一般要求灼烧至灰分显白色或浅灰色并达到恒重为止。灰化至达到恒重的时间因样品的不同而异，一般需要灰化 2 ~ 5 h。通常是根据经验在灰化一定时间后，观察一次残灰的颜色，以确定第一次取出冷却、称重的时间，然后再放入炉中灼烧，直至达到恒重为止。应该指出，有些样品，即使灰化完全，残灰也不一定显白色或浅灰色，如：含铁量高的食品，残灰显褐色；含锰、铜量高的食品，残灰显蓝绿色。有时即使残灰的表面显白色内部仍然残留有炭粒。所以，应根据样品的组成、残灰的颜色，对灰化的程度作出正确的判断。

（5）加速灰化的方法。

对于难灰化的样品，可以采取下述方法来加速灰化的进行：

① 样品初步灼烧后，取出冷却，加入少量的水，使水溶性盐类溶解，被熔融磷酸盐所包裹的炭粒重新游离出来。在水浴上加热蒸去水分，置 120 ~ 130 °C 烘箱中充分干燥，再灼烧至恒重。

② 添加硝酸、乙醇、过氧化氢、碳酸铵等，这些物质在灼烧后完全消失，不增加残灰质量。例如，样品经初步灼烧后，冷却，可逐滴加入硝酸（1∶1）4～5 滴，以加速灰化。

③ 添加碳酸钙、氧化镁等惰性不溶物，这类物质的作用纯属机械性的，它们与灰分混在一起，使炭粒不受覆盖。采用此法应同时做空白试验。

3. 测定方法

（1）瓷坩埚的准备。

将瓷坩埚用 1∶4 的盐酸煮 1～2 h，洗净晾干后，用氯化铁与蓝墨水的等体积混合液在坩埚外壁及盖上编号，置于（550 ± 25）°C 的高温炉中灼烧 0.5 h，移至炉口，冷却至 200 °C 以下，取出坩埚，置于干燥器中冷却至室温，称重，再放入高温炉内灼烧 0.5 h，取出冷却称重，直至恒重。

（2）样品预处理。

① 谷类、豆类等水分含量较少的固体样品。先粉碎成均匀的试样，取适量试样于已知质量的坩埚中再进行炭化。

② 果蔬、动植物等含水量较多的样品。应先制成均匀的试样，再准确称取适量试样于已知质量的坩埚中，置于烘箱中干燥，然后进行炭化。也可取测定水分含量后的干燥试样直接进行炭化。

③ 果汁、牛乳等液体样品。先准确称取适量试样于已知质量的坩埚中，于水浴上蒸发至近干，再进行炭化。若直接炭化，液体沸腾，容易造成样品溅失。

④ 脂肪含量高的样品。先制成均匀试样，准确称取适量试样，经提取脂肪后，再将残留物移入已知质量的坩埚中，进行炭化。

（3）炭化。

试样经预处理后，在灼烧前先进行炭化，否则在灼烧时，因温度高，试样中的水分急剧蒸发，使试样飞扬；糖、蛋白质、淀粉等易发泡膨胀的物质在高温下发泡膨胀而溢出坩埚。且直接灼烧，炭粒易被包住，使灰化不完全。

将坩埚置于电炉或煤气灯上，半盖坩埚盖，小心加热让试样在通气状态下逐渐炭化，直至无烟产生。易膨胀发泡样品，在炭化前，可在试样上酌加数滴纯植物油或辛醇。

（4）灰化。

将炭化后的样品移入灰化炉中，在（550 ± 25）°C 灼烧灰化约 4 h，直至炭粒全部消失。待温度降至 200 °C 以下后，取出坩埚，放入干燥器中冷却至室温，准确称重。再灼烧、冷却、称重，直至达到恒重。

4. 结果计算

$$X = \frac{m_3 - m_1}{m_2 - m_1} \times 100$$

式中 X——灰分含量，g/100 g；

m_1——空坩埚质量，g；

m_2——样品加空坩埚质量，g；

m_3——残灰加空坩埚质量，g。

二、水溶性灰分和水不溶性灰分的测定

在测定总灰分所得的残留物中，加水 25 mL，盖上表面皿，加热至近沸，以无灰滤纸过滤，以 25 mL 热水分次洗涤坩埚，将滤纸和残渣移回坩埚中，再进行干燥、炭化、灼烧、冷却、称重，直至恒重。残灰即为水不溶性灰分。总灰分与不溶性灰分之差即为水溶性灰分。按下式计算水溶性灰分和水不溶性灰分的含量。

$$X=\frac{m_4-m_1}{m_2-m_1}\times 100$$

式中 X——水不溶性灰分含量，g/100 g；

m_4——水不溶性灰分和坩埚的质量，g；

其他符号意义同总灰分的计算。

水溶性灰分含量（g/100 g）= 总灰分含量（g/100 g）− 水不溶性灰分含量（g/100 g）

三、酸不溶性灰分的测定

向总灰分或水不溶性灰分中加入 25 mL 0.1mol/L 盐酸，以下操作同水溶性灰分的测定，按下式计算酸不溶性灰分含量：

$$X=\frac{m_5-m_1}{m_2-m_1}\times 100$$

式中 X——酸不溶性灰分含量，g/100 g；

m_4——酸不溶性灰分和坩埚的质量，g；

其他符号意义同总灰分的计算。

任务实施

工作任务 2　茶叶中灰分的测定

一、任务依据

依据《食品安全国家标准　食品中灰分的测定　常规法》（GB 5009.4—2016）制定检验流程。

二、任务准备

高温炉、干燥器、分析天平、瓷坩埚。

三、任务流程

1. 坩埚预处理

坩埚置于高温炉中→（550 ± 25）°C 下灼烧 30 min→冷却至 200 °C 左右→取出，放入干燥器中冷却 30 min→称量→重复灼烧至恒重

2. 测定

称取 5 g 茶叶样品于坩埚→小火加热使试样至无烟→置于高温炉，在（550 ± 25）°C 灼烧 4 h→冷却至 200 °C 左右→取出，放入干燥器中冷却 30 min→称量→重复灼烧至恒重

四、数据记录及处理

表 4-3　表总灰分测定数据记录

<table>
<tr><td rowspan="2">基本信息</td><td>样品名称</td><td colspan="2"></td><td>检测依据</td><td colspan="2"></td></tr>
<tr><td>检测项目</td><td colspan="2"></td><td>检测方法</td><td colspan="2"></td></tr>
<tr><td rowspan="3">检测数据</td><td>坩埚灰化时间/h</td><td></td><td></td><td></td><td></td><td></td></tr>
<tr><td>坩埚质量 m_2/g</td><td></td><td></td><td></td><td></td><td></td></tr>
<tr><td>坩埚 + 试样质量 m_3/g</td><td></td><td></td><td></td><td></td><td></td></tr>
<tr><td>总灰分计算</td><td colspan="6">（计算公式）</td></tr>
<tr><td>结果讨论</td><td colspan="6">（根据所检茶叶查阅标准）</td></tr>
</table>

五、注意事项

（1）样品炭化时要注意热源强度，防止产生大量泡沫溢出坩埚。

（2）把坩埚放入高温炉或从炉中取出时，要放在炉口停留片刻，使坩埚预热或冷却。

（3）灼烧后的坩埚应冷却到 200 °C 以下再移入干燥器中，否则因热的对流作用易造成残灰飞散，且冷却速度慢，冷却后干燥器内形成较大真空，盖子不易打开。

（4）从干燥器中取出冷却的坩埚时，因内部成真空，开盖恢复常压时应让空气缓缓进入，以防残灰飞散。

（5）灰化后的残渣可留作钙、磷、铁等成分的分析。

（6）用过的坩埚，应把残灰及时倒掉。初步洗刷后，用废盐酸浸泡 10 ~ 20 min，再用水冲刷洗净。

六、任务评价

表 4-4　任务评价

序号	任务步骤	任务内容	技能操作要点
1	准备工作	着装，查阅标准，制订方案查	着工作服，整洁，洗净不挂水，方案制订合理
2	样品制备	样品磨碎过筛	按规定正确取样，会使用粉碎机
3	瓷坩埚的准备	瓷坩埚清洗、标记、灼烧	瓷坩埚酸煮、标记、灼烧至恒重，高温炉使用正确
4	试样碳化	试样称量、炭化	称量操作正确炭化操作正确，能正确判断炭化是否完全
5	灰化	试样灼烧至恒重	（1）灼烧温度选择合理； （2）高温炉操作正确； （3）灰化操作正确； （4）能正确判断灰化是否完全
6	结束工作	整理	废液处理，清洗、整理实验用仪器和台面
		文明操作	无器皿破损、仪器损坏
		实验室安全	安全操作
7	结果分析	数据记录和处理	记录准确、完整
			公式选用正确，计算过程正确
			正确保留有效数字

思考练习

一、填空题

1. 测定食品灰分的含量时要求将样品放入高温炉中灼烧，因此必须将样品灼烧至＿＿＿＿＿＿，并达到恒重为止。

2. 测定灰分含量使用的灰化容器，主要有＿＿＿＿＿、＿＿＿＿＿、＿＿＿＿＿。

3. 水溶性灰分是指＿＿＿＿＿；水不溶性灰分是指＿＿＿＿＿；酸不溶性灰分是＿＿＿＿＿。

4. 测定灰分的一般操作步骤分为＿＿＿＿＿、＿＿＿＿＿、＿＿＿＿＿、＿＿＿＿＿。

二、选择题

1. 对食品灰分叙述正确的是（　　）。

A. 灰分中无机物含量与原样品无机物含量相同

B. 灰分是指样品经高温灼烧后的残留物

C. 灰分是指食品中含有的无机成分

D. 灰分是指样品经高温灼烧完全后的残留物

2. 灰分是标示（　　）的一项指标。

A. 无机成分总量

B. 有机成分

C. 污染的泥沙和铁、铝等氧化物的总量

D. 有机物和无机物总量

3. 在测定食品中的灰分含量时。灼烧残留物中不可能存在的是（　　）。

A. 蔗糖　　B. 钠

C. 钾　　D. 氯

4. 为评价果酱中果汁含量的多少，可测其（　　）的大小。

A. 总灰分　　B. 水溶性灰分

C. 酸不溶性灰分　　D. 固形物

5. 耐碱性好的灰化容器是（　　）。

A. 素瓷坩埚　　B. 蒸发皿

C. 石英坩埚　　D. 铂坩埚

6. 总灰分测定的一般步骤为（　　）。

A. 称坩埚重、加入样品后称重、灰化、冷却、称重

B. 称坩埚重、加入样品后称重、炭化、灰化、冷却、称重

C. 样品称重、炭化、灰化、冷却、称重

D. 样品称重、灰化、冷却、称重

7. 对水分含量较多的食品测定其灰分含量应进行的预处理是（　　）。

A. 稀释　　B. 加助化剂

C. 干燥　　D. 浓缩

8. 富含脂肪的食品在测定灰分前应先除去脂肪的目的是（　　）。

A. 防止炭化时发生燃烧　　B. 防止炭化不完全

C. 防止脂肪包裹炭粒　　D. 防止脂肪挥发

9. 固体食品应粉碎后再进行炭化的目的是（　　）。

A. 使炭化过程更易进行、更完全　　B. 使炭化时易于搅拌

C. 使炭化时燃烧完全　　D. 使炭化时容易观察

10. 炭化高糖食品时，加入的消泡剂是（　　）。

A. 辛醇　　B. 过氧化氢

C. 硝酸镁　　D. 硫酸

11. 干燥器内常放入的干燥剂是（　　）。

A. 硅胶　　B. 助化剂

C. 碱石灰　　D. 无水 Na_2SO_4

12. 测定食品中的灰分时，不能采用的助灰化方法是（　　）。

A. 加过氧化氢　　B. 提高灰化温度至 800 °C

C. 加水溶解灰化残渣后继续灰化　　D. 加助灰化剂

13. 采用（　　）加速灰化的方法，必须做空白试验。

A. 过氧化氢　　B. 碳酸铵

C. 碳酸钙　　D. 硝酸

14. 正确判断灰化完全的方法是（　　）。

A. 一定要灰化至白色或浅灰色

B. 一定要高温炉温度达到 525 ~ 575 °C 后灼烧 5 h

C. 应根据样品的组成、性状观察残灰的颜色

D. 加入助灰化制使其达到灰白色为止

15. 灰化完毕后（　　），用预热后的坩埚钳取出坩埚放入干燥器中冷却。

A. 立即打开炉门

B. 立即打开炉门，待炉温降到 200 °C 左右

C. 待炉温降到 20 °C 左右，打开炉门

D. 1 h 后打开炉门

三、简答题

1. 为什么将灼烧后的残留物称为粗灰分？
2. 食品的灰分与食品中原有的无机成分在数量与组成上是否完全相同？
3. 灰分测定项目包括哪些内容？测定食品灰分有何意义？
4. 为什么食品样品在高温灼烧前要进行炭化处理？
5. 如何确定灰化容器、取样量、灰化温度及灰化时间？
6. 对于难灰化的样品可采取什么措施加速灰化？
7. 如何判断样品是否灰化完全？为什么？
8. 对于糖、淀粉、蛋白质含量较高的样品，为防止其发泡溢出、炭化前应做何处理？

四、计算题

现要测定某种奶粉的灰分含量，称取试样 3.976 0 g，置于干燥、恒重为 45.358 5 g 的素瓷坩埚中，小心炭化完毕，再于 600 °C 的高温炉中灰化 4 h 后，置于干燥器内冷却后称重为 45.384 1 g；重新置于 600 °C 高温炉中灰化 1 h，完毕后取出，置于干燥器内冷却后称重为 45.382 6 g；再置于 600 °C 高温炉中灰化 1 h，完毕后取出置于干燥器内冷却后称重为 45.382 5 g。问被测定的奶粉灰分含量为多少？

任务三　酸度的测定

学习目标

（1）了解食品总酸度、有效酸度、挥发酸度的概念及其测定意义。

（2）掌握总酸度、有效酸度、挥发性酸度测定的原理及操作要点。

（3）学会使用酸碱滴定法测定食品的总酸度。

（4）能熟练使用酸度计测定溶液的 pH。

背景知识

食品中存在的酸类物质对食品的色、香、味、成熟度、稳定性和质量的好坏都有影响。果蔬中的有机酸主要是苹果酸、柠檬酸、酒石酸等，通常称为果酸，根据果蔬中酸度和糖的相对含量的比值可以判断果蔬的成熟度。

根据食品中存在的酸类物质，不仅可以判断食品的成熟度，还可以判断食品的新鲜程度以及是否腐败。例如，水果发酵制品（如酒）中的挥发酸的含量是判断其质量好坏的一个重要指标，当醋酸含量在 0.1%以上时则说明已腐败；番茄制品、啤酒等乳酸含量高时，说明这些制品已由乳酸菌引起腐败；水果制品中含有游离的半乳糖醛酸时，说明已受到污染开始霉烂。新鲜的油脂常常是中性的，随着脂肪酶水解作用的进行，油脂中游离脂肪酸的含量不断增加，其新鲜程度也随之下降。油脂中游离脂肪酸含量的多少，是品质好坏和精炼程度的重要指标之一。

食品中的酸类物质还具有一定的防腐作用。当 $pH<2.5$ 时，一般除霉菌外，大部分微生物的生长都受到抑制，将醋酸的浓度控制在 6%时，可有效地抑制腐败菌的生长。所以，食品中酸度的测定具有重要的意义。

食品中酸类物质构成了食品的酸度。酸度可分为总酸度、有效酸度和挥发酸度。总酸度是指食品中所有酸性物质的总量，包括离解的和未离解的酸的总和。有效酸度是指样品中呈游离状态的氢离子的浓度（准确地说应该是活度）。挥发酸是指易挥发的有机酸，如醋酸、甲酸及丁酸等。

一、总酸度的测定

滴定法适于各类色泽较浅的食品中总酸含量的测定。

1. 原　理

试样经过处理后，以酚酞作为指示剂，用 0.100 0 mol/L 氢氧化钠标准溶液滴定至中性，消耗氢氧化钠溶液的体积数，经计算确定试样的酸度。

2. 分析步骤

（1）样品处理。

① 固体样品。若是果蔬及其制品，需去皮、去柄、去核后，切成块状，置于组织捣碎机中捣碎并混匀。取适量样品（视其总酸含量而定），用 150 mL 无 CO_2 蒸馏水（果蔬干品需加入 8 ~ 9 倍无 CO_2 蒸馏水），将其移入 250 mL 容量瓶中，在 75 ~ 80 °C 的水浴上加热 0.5 h（果脯类在沸水浴上加热 1 h），冷却定容，干滤，弃去初滤液 25 mL，收集滤液备用。

② 含 CO_2 的饮料、酒类。将样品置于 40 °C 水浴上加热 30 min，以除去 CO_2 冷却后备用。

③ 不含 CO_2 的饮料、酒类或调味品。混匀样品，直接取样，必要时加适量的水稀释（若样品浑浊，则须过滤）。

④ 咖啡样品。取 10 g 经粉碎并通过 40 目筛的样品，置于锥形瓶中，加入 75 mL 80%的乙醇溶液，加塞放置 16 h，并不时摇动，过滤。

⑤ 固体饮料。称取 5 ~ 10 g 样品于研钵中，加少量无 CO_2 蒸馏水，研磨成糊状用无 CO_2 蒸馏水移入 250 mL 容量瓶中，充分摇匀，过滤。

（2）滴定。

准确吸取已制备好的滤液 50 mL 于 250 mL 锥形瓶中，加 3 ~ 4 滴酚酞指示剂，用 0.1 mol/L NaOH 标准溶液滴定至微红色 30 s 不褪色，记录消耗 0.1 mol/L NaOH 标准溶液的体积（mL）。

（3）结果计算。

$$X=\frac{cVK}{m}\times\frac{V_0}{V_1}\times 100$$

式中 X——总酸度，g/100 g 或 g/100 mL；

c——NaOH 标准溶液的浓度，mol/L；

V——消耗 NaOH 标准溶液的体积，mL；

m——样品的质量（或体积），g 或 mL；

V_0——样品稀释液总体积，mL；

V_1——滴定时吸取样液体积，mL；

K——换算成适当酸的系数，g/mmol。苹果酸为 0.067 g/mmol、醋酸为 0.060 g/mmol、酒石酸为 0.075 g/mmol、乳酸为 0.090 g/mmol、柠檬酸（含 1 分子水）为 0.070 g/mmol。

二、挥发酸的测定

食品中的挥发酸，主要是指醋酸和痕量的甲酸、丁酸等一些低碳链的直链脂肪酸。原料本身所含有一部分挥发酸，在正常生产的食品中，挥发酸的含量较为稳定。如果在生产中使用了不合格的原料，或违反正常的工艺操作，都将会由于糖的发酵而使挥发酸含量增加，从而降低食品的品质。所以，挥发酸的含量是某些食品的一项主要的控制指标。

挥发酸的测定可用直接法或间接法。直接法是通过水蒸气蒸馏或溶剂萃取把挥发酸分离出来，再用标准碱进行滴定；间接法是将挥发酸蒸发除去后，用标准碱滴定不挥发酸，最后从总酸度中减去不挥发酸，便是挥发酸的含量。直接法操作方便，较常用，适用于挥发酸含量比较高的样品。若蒸馏液有所损失或被污染，或样品中挥发酸含量较低时，应选用间接法。下面介绍在食品分析中常用的测定挥发酸含量的方法。

水蒸馏法适用于各类饮料、果蔬及其制品（如发酵制品、酒类等）中挥发酸含量的测定。

（1）原理。

样品经适当处理，加入适量的磷酸使结合态的挥发酸游离出来，用水蒸气蒸馏使挥发酸分离，经冷凝、收集后，用标准碱溶液滴定，根据所消耗的标准碱溶液的浓度和体积，计算挥发酸的含量。

（2）测定。

准确称取 2 ~ 3 g（视挥发酸含量的多少酌情增减）搅碎混匀的样品，用 50 mL 新煮沸的蒸馏水将样品全部洗入 250 mL 圆底烧瓶中，加 100 g/L 磷酸溶液 1 mL，连接水蒸气蒸馏装置，通入水蒸气使挥发酸蒸馏出来。加热蒸馏至馏出液 300 mL 为止。将馏出液加热至 60 ~ 65 °C,加入 3 滴酚酞指示剂,用 0.1 mol/LNaOH 标准溶液滴定至微红色 30 s 不退色即为终点。用相同的条件做一空白试验。

（3）结果计算。

$$X=\frac{(V_1-V_2)_c\times 0.06}{m}\times 100$$

式中 X——挥发酸含量（以醋酸计），g/100 g（或 g/100 mL）；

c——NaOH 标准溶液的浓度，mol/L；

V_1——滴定样液消耗 NaOH 标准溶液的体积，mL；

V_2——滴定空白消耗 NaOH 标准溶液的体积，mL；

m——样品的质量（或体积），g（或 mL）；

0.06——CH_3COOH 的毫摩尔质量，g/mmol。

三、有效酸度的测定

常用的测定溶液有效酸度（pH）的方法有比色法和电位法（pH 计法）两种。

比色法是利用不同的酸碱指示剂来显示 pH，它具有简便、经济、快速等优点，但结果不甚准确，仅能粗略地估计各类样液的 pH。

电位法（pH 计法）适用于各类饮料、果蔬及其制品，以及肉、蛋类等食品中 pH 的测定。它具有准确度较高（可准确到 0.01）、操作简便、不受试样本身颜色的影响等优点，在食品检验中得到广泛的应用。

1. 电位法测定 pH 的原理

将玻璃电极（指示电极）和甘汞电极（参比电极）插入被测溶液中组成一个电池，其电动势与溶液的 pH 有关，通过对电池电动势的测量即可测定溶液的 pH。

2. 测定 pH 的仪器——酸度计

酸度计亦称 pH 计，它是由电计和电极两部分组成。电极与被测液组成工作电池，电池的电动势用电计测量。目前各种酸度计的结构越来越简单、紧凑，并趋向数字显示式。常见的酸度计如 PHS-2B 型等，见图 4-2。

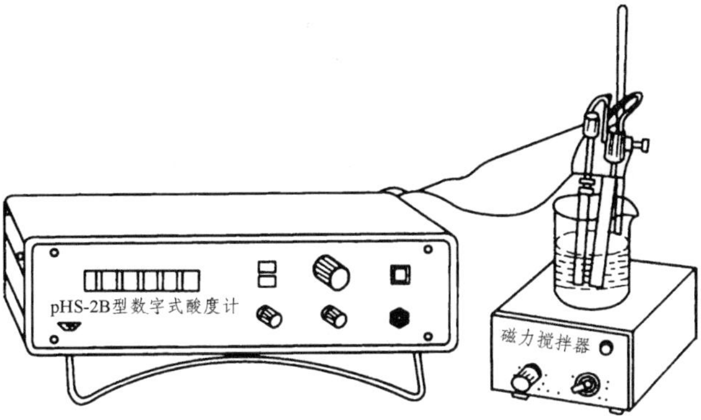

图 4-2　直读式酸度计

3. 食品 pH 的测定

（1）样品处理。

① 果蔬样品。将果蔬样品榨汁后，取其压榨汁直接进行测定。对于果蔬干制品，可取适量样品，加数倍的无 CO_2 蒸馏水，在水浴上加热 30 min，再捣碎，过滤，取滤液进行测定。

② 肉类制品。称取 10 g 已除去油脂并绞碎的样品，置于 250 mL 锥形瓶中，加入 100 mL 无 CO_2 蒸馏水，浸泡 15 min（随时摇动）。干滤，取滤液进行测定。

③ 罐头制品（液固混合样品）。将内容物倒入组织捣碎机中，加适量水（以不改变 pH 为宜）捣碎，过滤，取滤液进行测定。

④ 对含 CO_2 的液体样品（如碳酸饮料、啤酒等），要先去除 CO_2，其方法同总酸度测定

（2）样液 pH 的测定。

用蒸馏水冲洗电极和烧杯，再用样液洗涤电极和烧杯。然后将电极浸入样液中，轻轻摇动烧杯，使溶液均匀。调节温度补偿器至被测溶液温度，按下读数开关，指针所指之值，即为样液的 pH。测量完毕后，将电极和烧杯清洗干净，并妥善保管。

任务实施

工作任务 3　食醋总酸度和有效酸度的测定

一、任务依据

依据《食品安全国家标准　食品酸度的测定》（GB 5009.239—2016）、《食品安全国家标准　食品 pH 值的测定》（GB 5009.237—2016）制订检验流程。

二、任务准备

（1）天平、碱式滴定管、酸度计。

（2）0.100 00 mol/L NaOH 标准溶液、酚酞指示液，标准缓冲溶液。

三、任务流程

1. 总酸度的测定

取样→NaOH 标准溶液的标定→样品加入锥形瓶中，加入指示剂→用 NaOH 标准溶液滴定至微红色 30 s 不褪色。

2. 有效酸度的测定

取样→用标准缓冲溶液校正酸度计→清洗电极→测定样液温度→调节温度补偿器至被测溶液温度→将电极放入样液，测定样液 pH。

四、数据记录及处理

1. 总酸度的测定

表 4-5　总酸度测定的数据记录

<table>
<tr><td rowspan="2">基本信息</td><td>样品名称</td><td></td><td>检测依据</td><td colspan="2"></td></tr>
<tr><td>检测项目</td><td></td><td>检测方法</td><td colspan="2"></td></tr>
<tr><td rowspan="5">检测数据</td><td colspan="2">样品体积/mL</td><td colspan="3"></td></tr>
<tr><td colspan="2">NaOH 标准溶液的浓度/（mol/L）</td><td colspan="3"></td></tr>
<tr><td colspan="2" rowspan="2">滴定样液消耗 NaOH 标准溶液的体积/mL</td><td></td><td></td><td></td></tr>
<tr><td colspan="3"></td></tr>
<tr><td colspan="2">食醋的换算系数/（g/mol）</td><td colspan="3"></td></tr>
<tr><td>结果计算</td><td colspan="5"></td></tr>
</table>

2. 有效酸度的测定

表 4-6　有效酸度测定的数据记录

<table>
<tr><td rowspan="2">基本信息</td><td>样品名称</td><td></td><td>检测依据</td><td></td></tr>
<tr><td>检测项目</td><td></td><td>检测方法</td><td></td></tr>
<tr><td rowspan="2">检测数据</td><td colspan="2">样品温度/°C</td><td colspan="2"></td></tr>
<tr><td colspan="2">样品的有效酸度</td><td colspan="2"></td></tr>
<tr><td>结果讨论</td><td colspan="4"></td></tr>
</table>

四、注意事项

（1）使用的 NaOH 标准溶液，应经准确标定，故应当用蒸馏水配制。

（2）温度对乳粉的 PH 有影响，最好在 20 °C 左右测定为宜。

（3）滴定速度越慢，则消耗碱液越多，误差越大，最好在 20 ~ 30 s 完成滴定。

五、任务评价

表 4-7　任务评价

序号	任务步骤	任务内容	技能操作要点
1	准备工作	着装，酸度计校正	着工作服，整洁，能够用标准缓冲溶液对酸度计进行校正
2	样品的制备	试样的称取及溶解	样品混合均匀、称取量合理
3	酸度的测定	滴定，酸度计的使用	滴定操作正确，酸度计使用方法正确，能正确读数
4	结束工作	整理	废液处理，清洗、整理实验用仪器和台面
		文明操作	无器皿破损、仪器损坏
		实验室安全	安全操作
5	实验结果	数据记录、处理	能正确计算，能正确保留有效数字

思考练习

一、填空题

1. 食品的总酸度是指______，它的大小可用_________来测定；有效酸度是指______，其大小可用_________来测定；挥发性酸是指______，其大小可用_________来测。

2. 牛乳酸度为 16.52 °T，表示____________。

3. 在测定样品的酸度时，所使用的蒸馏水不能含有 CO_2，制备无 CO_2 的蒸馏水的方法是____________。

4. 用酸度计测定溶液的 pH 可准确到____________。

二、选择题

1. 标定 NaOH 溶液所用的基准物质是（　　），标定 HCl 溶液所用的基准物是（　　）。
   A. 草酸　B. 邻苯二甲酸氢钾　C. 碳酸钠　D. NaCl
2. 蒸馏挥发性酸时，一般用（　　）。
   A. 直接蒸馏法　B. 减压蒸馏法　C. 水蒸气蒸馏法　D. 萃取法
3. 有效酸度是指（　　）。
   A. 用酸度计测出的 pH　B. 被测溶液中氢离子总浓度
   C. 挥发性酸和不挥发性酸的总和　D. 样品中未解离的酸和已解离的酸的总和
4. 测定葡萄的总酸度，其测定结果一般以（　　）表示。
   A. 柠檬酸　B. 苹果酸　C. 酒石酸　D. 乙酸
5. 有机酸的存在影响罐头食品的风味和色泽，主要是因为在金属制品中存在（　　）。
   A. 有机酸与 Fe、Sn 的反应　B. 有机酸与无机酸的反应
   C. 有机酸与香料的反应　D. 有机酸可引起微生物的繁殖

6. 用酸度计测定试液的 pH 之前。要先用标准（　　）溶液进行校正

A. 酸性　　B. 碱性　　C. 中性　　D. 缓冲

7. 一般来说鲜牛乳的含酸量超过（　　），可视为不新鲜牛乳。

A. 0.10%　　B. 0.20%　　C. 0.02%　　D. 20%

8. 在用标准碱溶液测定含色素的饮料的总酸度前，首先应加入（　　）进行脱色处理。

A. 活性炭　　B. 硅胶　　C. 高岭土　　D. 明矾

三、简答题

1. 何谓总酸度、有效酸度、挥发性酸度？食品酸度的测定有何意义？
2. 牛乳酸度定义是什么？如何表示？
3. 直接滴定法测定食品总酸度，为何要选酚酞做指示剂？
4. 用水蒸气蒸馏测定挥发性酸时，在样品瓶中加入少许磷酸的作用是什么？

四、计算题

1. 取 2 mL 食醋进行蒸馏，收集馏出液 180 mL，滴定馏出液消耗 0.098 8 mol/L NaOH 标准溶液 10.15 mL。空白滴定消耗 NaOH 标准溶液 0.15 mL。求食醋中挥发性酸的含量。

2. 称取 120 g 固体 NaOH，用 100 mL 水溶解冷却后置于塑料瓶中，密封数日澄清后，取上层清液 5.60 mL，用煮沸并冷却的蒸馏水定容至 1 000 mL。然后称取 0.300 0 g 邻苯二甲酸氢钾放入锥形瓶中，用 50 mL 水溶解后，加入酚酞指示液后用上述 NaOH 溶液滴定至终点耗去 15.00 mL。现用此 NaOH 标准溶液测定健力宝饮料的总酸度。先将饮料中的色素用活性炭脱色后，再加热除去 CO_2，取饮料 10.00 mL，用稀释 10 倍的 NaOH 溶液滴定至终点耗去 12.25 mL。问健力宝饮料的总酸度（以柠檬酸计 $k = 0.070$）为多少？

任务四　脂类的测定

学习目标

（1）了解食品中脂类的种类、作用及其测定意义。

（2）掌握索氏抽提法测定粗脂肪的原理、设备及提取剂的选取。

（3）掌握索氏提取装置的结构，并会正确安装索氏提取装置。

背景知识

脂肪是食品中重要的营养成分之一。在食品生产加工过程中，原料、半成品、成品的脂类含量直接影响到产品的外观、风味、口感、组织结构、品质等。测定食品中脂肪含量，不仅可以用来评价食品的品质，衡量食品的营养价值，而且对实现生产过程的质量管理、实行工艺监督等方面有着重要的意义。

食品中脂肪的存在形式有游离态的，如动物性脂肪和植物性油脂；也有结合态的，如天然存在的磷脂、糖脂、脂蛋白及其某些加工食品（如焙烤食品、麦乳精等）中的脂肪，与蛋白质或碳水化合物等形成结合态。对于大多数食品来说，游离态的脂肪是主要的，结合态的脂肪含量较少。

脂类不溶于水，易溶于有机溶剂。测定脂类大多采用低沸点有机溶剂萃取的方法。常用的溶剂有无水乙醚、石油醚、氯仿-甲醇混合溶剂等。

不同种类的食品，由于其中脂肪的含量及存在形式不同，因此测定脂肪的方法也就不同。常用的测定方法有索氏抽提法、酸水解法、罗紫-歌特里法、巴布科克法、氯仿-甲醇提取法等。

一、索氏抽提法

此法是经典方法，适用于脂类含量较高、含结合态脂肪较少、能烘干磨细、不易吸潮结块的样品的测定。

1. 原　理

将已经过预处理而干燥分散的样品，用无水乙醚或石油醚等溶剂进行提取，使样品中的脂肪进入溶剂当中，然后从提取液中回收溶剂，最后所得到的残留物即为脂肪（粗脂肪）。

由于残留物中除了主要含游离脂肪外，还含有磷脂、色素、树脂、蜡状物、挥发油、糖脂等物质，所以用索氏提取法测得的为粗脂肪。

由于索氏提取法中所使用的无水乙醚或石油醚等有机溶剂，只能提取样品中的游离脂肪。故该法测得的仅仅是游离态脂肪，而结合态脂肪不能测出来。

2. 主要仪器

索氏抽提器（见图 4-3）。

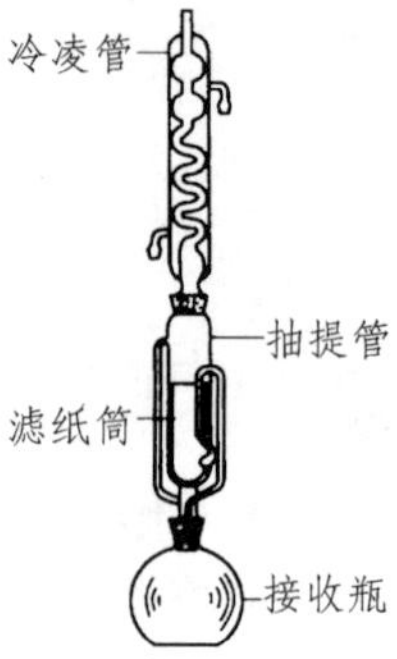

图 4-3 索氏抽提器

3. 试 剂

无水乙醚或石油醚、海砂。

4. 测定方法

（1）滤纸筒的准备。

取 20 cm × 8 cm 的滤纸一张，卷在光滑的圆形试管上，试管直径比索氏抽提器中滤纸筒的直径小 1 ~ 1.5 mm，将一端约 3 cm 纸边折入，用手捏紧，形成袋底。取出试管，在纸筒底部衬一块脱脂棉，用木棒压紧，纸筒外面用脱脂线捆好，100 ~ 105 °C 烘干至恒重。

（2）样品处理。

① 固体样品。精确称取于 100 ~ 105 °C 烘干并研细的样品 2.00 ~ 5.00 g（可取测定水分后的试样），必要时拌以海砂，装入滤纸筒内。

② 液体或半固体样品。精确称取 5.00 ~ 10.00 g 样品于蒸发皿中，加入海砂约 20 g，于沸水浴上蒸干后，再（100 ± 5）°C 烘干，磨细，全部移入滤纸筒内，蒸发皿及附有样品的玻棒用蘸有乙醚的脱脂棉擦净，将棉花一同放入滤纸筒内。

（3）抽提。

将滤纸筒放入索氏抽提器内，连接已干燥至恒重的脂肪接收瓶，倒入乙醚（石油醚），其量为接收瓶的 2/3 容积，于水浴上加热，进行回流抽提，控制每分钟滴乙醚（石油醚）80 滴左右（夏天约 65 °C，冬天约 80 °C）。根据样品含油量的高低，一般需回流提取 6 ~ 12 h，直至抽提完全为止。

（4）回收溶剂、烘干、称重。

取出滤纸筒，用抽提器回收乙醚（或石油醚），待接收瓶内的乙醚（或石油醚）剩下 1 ~ 2 mL 时，取下接收瓶，于水浴上蒸干，再在（100 ± 5）°C 的烘箱中烘干，置于干燥器内冷却 0.5 h 后称重。重复以上操作直至恒重。

5. 结果计算

$$X = \frac{m_1 - m_0}{m} \times 100$$

式中 X——试样中脂肪的含量，g/100 g；

m_1——接收瓶和脂肪的质量，g；

m_0——接收瓶的质量，g；

m_2——样品的质量，g；

100——单位换算系数。

二、酸水解法

对于面粉及其焙烤制品（面条、面包之类）等食品，由于乙醚不能充分渗入样品颗粒内部，或由于脂类与蛋白质或碳水化合物形成结合脂，特别是一些容易吸潮、结块、难以烘干的食品，用索氏抽提法不能将其中的脂类完全提取出来，这时用酸水解法效果就比较好。即在强酸、加热的条件下，使蛋白质和碳水化合物被水解，使脂类游离出来，然后再用有机溶剂提取。

本法适用于各类食品中总脂肪含量的测定，但对含磷脂较多的一类食品，如鱼类、贝类、蛋及其制品，在盐酸溶液中加热时，磷脂几乎完全分解为脂肪酸和碱，使测定结果偏低，故本法不宜测定含大量磷脂的食品。对含糖量较高的食品，因糖类遇强酸易炭化影响测定结果，本法也不适用。

1. 原　理

将试样与盐酸溶液一起加热进行水解，使结合或包埋在组织内的脂肪游离出来，再用有机溶剂提取脂肪，回收溶剂，干燥后称重，提取物的质量即为样品中脂类的含量。

2. 仪　器

100 mL 具塞刻度量筒。

3. 试　剂

乙醇：95%（体积分数）。
乙醚：无过氧化物。
石油醚：30 ~ 60 °C 沸程。
盐酸。

4. 测定方法

（1）样品处理。

① 固体样品。精确称取约 2.00 g 样品于 50 mL 大试管中，加 8 mL 水，混匀后再加 10 mL 盐酸。

② 液体样品。精确称取 10.00 g 样品于 50 mL 大试管中，加入 10 mL 盐酸。

（2）水解。

将试管放入 70 ~ 80 °C 水浴中，每隔 5 ~ 10 min 以玻棒搅拌 1 次，至试样完全消化、脂肪游离完全为止，需 40 ~ 50 min。

（3）提取。

取出试管，加入 10 mL 乙醇，混合。冷却后将混合物移入 100 mL 具塞量筒中，用 25 mL 乙醚分次洗涤试管，一并倒入具塞量筒中，加塞振摇 1 min，小心开塞放出气体，再塞好，静置 12 min，小心开塞，并用石油醚-乙醚等量混合液冲洗塞及筒口附着的脂肪。静置 10 ~ 20 min，待上部液体清晰，吸出上层清液于已恒重的锥形瓶内，再加 5 mL 乙醚于具塞量筒内，振摇，静置后，仍将上层乙醚吸出，放入原锥形瓶内。

（4）回收溶剂、烘干、称重。

将锥形瓶于水浴上蒸干后，置于（100 ± 5）°C 烘箱中干燥 2 h，取出放入干燥器内冷却 30 min 后称重，反复以上操作直至恒重。

5. 结果计算

$$X=\frac{m_2-m_1}{m}\times 100$$

式中 X——脂类的含量，g/100 g；

m_2——锥形瓶和脂类质量，g；

m_1——空锥形瓶的质量，g；

m——试样的质量，g。

任务实施

工作任务4 方便面中粗脂肪的测定

一、任务依据

依据《食品安全国家标准 食品中脂肪的测定》第一法（GB/T 5009.6—2003）制定检验流程。

二、任务准备

（1）仪器：索氏抽提器。

（2）试剂：无水乙醚或石油醚、海砂。

三、任务流程

（1）滤纸筒制备。将滤纸裁成 8 cm × 15 cm 大小，以直径为 2 cm 的大试管为模型，将滤纸紧靠试管壁卷成圆筒形，将滤纸筒的一端折入筒内，压紧成圆筒底，取少量脱脂棉放入筒底。

（2）样品制备。精确称取于（103 ± 2）°C 干燥箱中烘干并研细的样品 2 ~ 5 g，装入滤纸筒内，试样上放一层脱脂棉，并将筒的顶端纸边折入筒内，使整个滤纸筒高约 4 cm。

（3）脂肪接收瓶处理洗净，烘干至恒重。

（4）安装索氏抽提装置具体见本节关键技能点操作指南。

（5）提取脂肪将滤纸筒放入索氏抽提器的提取管内，装少量沸石并已干燥至恒重的提取瓶，加入无水乙醚至瓶内容积的 2/3 处，于水浴上加热，使乙醚以每 5 ~ 6 min 回流一次，提取 6 ~ 8 h。

（6）回收溶剂取出滤纸筒，用抽提器回收乙醚，当乙醚在提脂管内将被虹吸前立即取下提脂管，将其下口放到盛有乙醚的试剂瓶口内，使之倾斜，使液面超过虹吸管，乙醚即经过虹吸管流入瓶内。将乙醚完全蒸干后，取下含有脂肪的接收瓶，于水浴上蒸发残留乙醚，擦净烧瓶外部，于（103 ± 2）°C 干燥箱内干燥 30 min，移入干燥器内冷却，称重。重复干燥至相继两次称量差值不超过试样质量的 0.1%。

注意：实验过程中应使用同一台天平进行称量，以减少误差。

四、原始数据记录与处理

表 4-8　原始数据记录

称量次数	m_1	m_0	m_2	脂肪含量/%
第一次称量				
第二次称量				
第三次称量				

计算公式：

$$X=\frac{m_2-m_1}{m_2}\times 100$$

式中　X——试样中脂肪的含量，g/100 g；

m_1——接收瓶和脂肪的质量，g；

m_0——接收瓶的质量，g；

m_2——样品的质量，g；

100——单位换算系数。

检验结果：

五、关键技能点操作指南

以下介绍索氏提取器的使用与维护。

1. 仪器的结构

索氏提取器是分析食品中脂肪含量的玻璃回流装置，由提取瓶、提取管、冷凝器三部分组成，提取管两侧分别有虹吸管和连接管，如图 4-4 所示。

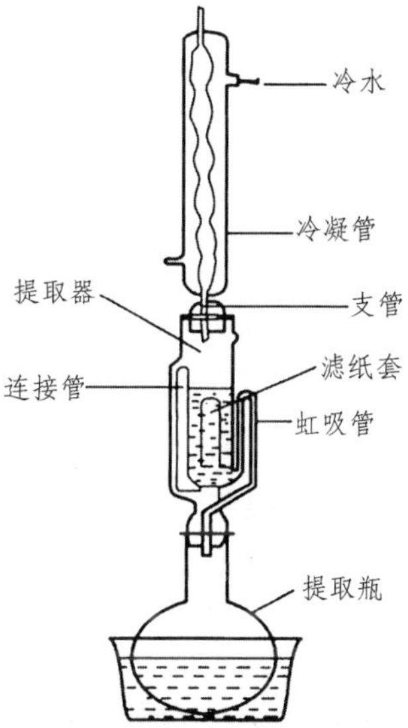

图 4-4　索氏提取器结构

将样品置于沸腾的有机溶剂与冷凝管之间，冷凝下来的溶剂不断地将样品中的脂质溶出。提取时，将样品包在脱脂滤纸内，放入提取管内，提取瓶内加入提取剂，加热，提取剂汽化由连接管上升进入冷凝器，凝成液体滴入提取管内，浸提样品中的脂类物质。待提取管内乙醚液面达到一定高度，溶有粗脂肪的有机溶剂经虹吸管流入提取瓶。流入提取瓶内的有机溶剂继续被加热汽化、上升、冷凝，滴入提取管内，如此循环往复，直到抽提完全为止。

2. 仪器的安装与使用

（1）选择台稳固的铁架台和 2 个十字夹、2 个龙爪。

（2）在冷凝管上连接好进水和出水的乳胶管。

（3）将滤纸筒放入提取管，在提取瓶中加入提取剂。

（4）在铁架台下部先安装一个十字夹，在十字夹上安装一个龙爪固定提取瓶颈。

（5）将提取管连接在提取瓶上端，根据水浴锅高低和提取管长短在铁架台上部再安装一个十字夹，用龙爪固定提取管颈。将冷凝管连接到提取管上端，将进水口的乳胶管与水龙头相连，打开自来水。

（6）按实验要求设定好水浴锅温度进行提取。提取期间，密切观察记录冷凝管口有机溶剂的回流滴速、每次虹吸所需的时间和虹吸次数。

3. 注意事项

（1）注意搭建的顺序要由下至上。固定点分别是提取瓶的颈部和提取管的颈部，索氏提取器高度应以提取瓶的瓶颈略高于水浴锅的液面为宜。

（2)提取剂回流速度最好控制在每分钟 70 滴左右，如果过快，可以降低水浴温度和减小冷凝水流速，如果过慢，可以增加水浴锅温度和增加冷凝水流速。

（3）加入提取剂的方法：将提取剂从提取管的上口直接倒入提取管，使其达到虹吸管的高度而虹吸一次，再继续倒入提取剂，加入量为虹吸管总高度的 2/3。

（4）为了防止抽提过程中乙醚挥发至空气中，可在冷凝管上端连接一个氯化钙管，或塞一团干燥的脱脂棉。

（5）判定脂肪提取是否完全的方法：拔出提取管，用一块滤纸蘸取提取管底部滴下的提取剂，滤纸上的提取剂在空气中挥发后，观察有无油迹残留.如果有继续抽提；如果没有，表明脂肪提取完全。

4. 维护与保养

（1）在安装和拆卸仪器过程中，要始终牢记索氏提取器的三个部件是分离的，移动和调整过程中不要误以为是一体而使其中某个部件滑落而打碎。

（2）提取完毕，提取瓶和提取管要用碱性洗涤液充分洗涤去除残留的脂肪，用自来水冲净后于烘箱中干燥。每套索氏提取器的三个部件应装在一个配套仪器盒中，以免互相混淆影响配套仪器的密闭性。

六、技能操作考核点

表 4-9　技能操作考核点

序号	考核项目	考核内容	技能操作要点
1	准备	着装	着工作服，整洁
2	抽提瓶恒重	清洗	清洗干净、无油污
		烘干至恒重	恒重操作正确.数据选择正确
3	样品处理	样品粉碎	符合粉碎标准
		样品烘干	温度、时间控制合理

续表

序号	考核项目	考核内容	技能操作要点
4	索氏抽提装置的搭建	滤纸筒制备	规格符合要求，测定过程中不能漏底
		抽提瓶连接	规范操作
		回流搭建	合理、熟练
		冷凝水连接	连接正确（下进上出）
		密闭性	设备密闭性良好
5	抽提操作	抽提速度	速度控制符合要求
		终点判断	能正确判断抽提终点
6	回收溶剂	正确、安全	采用正确方法回收溶剂，注意安全性
7	提脂瓶恒重	烘干操作	温度、时间控制合理
		干燥器使用	正确使用
		恒重判断	恒重判断正确
		称量操作	称量操作熟练无误
8	结束工作	整理	处理废液、清洗整理实验仪器和台面
		文明操作	无器皿破损
9	实验结果	原始数据	原始数据记录准确、完整、美观
		计算	公式正确，计算过程正确
		有效数字	正确保留有效数字
		平行性	取两个平行，相对极差<5%

七、任务评价

表 4-10　任务评价

序号	任务步骤	任务内容	技能操作要点
1	准备工作	着装，密度瓶、比重计洗涤和干燥	着工作服，整洁，洗净干燥
2	采样和预处理	将样品混匀并调节温度	样品混合均匀
3	加样品，测温度	将样品小心注入密度瓶和量筒中，并测量试样温度	能正确向容器中加入样品，温度测量方法正确
4	样品测定	使用密度瓶和比重计测定样品相对密度	仪器使用方法正确，能正确读数
5	结束工作	整理	废液处理，清洗、整理实验用仪器和台面
		文明操作	无器皿破损、仪器损坏
		实验室安全	安全操作
6	实验结果	体积分数的计算	能利用计算公式和查表正确计算，能正确保留有效数字

思考练习

一、填空题

1. 索氏抽提法提取脂肪主要是依据脂肪的_______特性，用该法检验样品的脂肪含量前一定要对样品进行______的处理，才能得到较好的结果。

2. 用索氏抽提法测定脂肪含量时，如果有水或醇存在，会使测定结果偏____，这是因为____________。

二、简答题

1. 食品中脂肪的存在形式有哪些？分别采取何种测定方法？

2. 常用测定脂肪的溶剂有哪些？各自有何优缺点？

任务五　碳水化合物的测定

学习目标

（1）了解碳水化合物的概念、分类、性质及在食品中的存在形式。
（2）掌握还原糖、蔗糖、总糖的测定原理、方法及适用范围。
（3）会用直接滴定法和高锰酸钾滴定法测定食品中的还原糖。

背景知识

碳水化合物统称为糖类，在植物界分布十分广泛，是食品工业的主要原辅材料，也是大多数食品的重要组成成分，谷类食品和水果、蔬菜的主要成分是碳水化合物。在各种食品中，碳水化合物存在形式和含量各不相同，它包括单糖、双糖和多糖。

碳水化合物的测定在食品工业中具有特别重要的意义。在食品加工工艺中，糖类对食品的形态、组织结构、理化性质及其色、香、味等都有很大的影响，同时，糖类的含量还是食品营养价值高低的重要标志，也是某些食品重要的质量指标。碳水化合物的测定是食品的主要分析项目之一。

一、还原糖的测定

还原糖是指具有还原性的糖类。葡萄糖分子中含有游离醛基，果糖分子中含有游离酮基，乳糖和麦芽糖分子中含有游离的半缩醛羟基，因而它们都具有还原性，都是还原糖。其他非还原性糖类，如双糖、三糖、多糖等（常见的蔗糖、糊精淀粉等都属此类），本身不具有还原性，但可以通过水解而成具有还原性的单糖，再进行测定，然后换算成样品中相应糖类的含量。所以糖类的测定是以还原糖的测定为基础的。

还原糖的测定方法很多，其中最常用的有直接滴定法及高锰酸钾滴定法，现分别介绍如下：

1. 直接滴定法

此法是目前最常用的测定还原糖的方法，它具有试剂用量少、操作简单、快速、滴定终点明显等特点，适用于各类食品中还原糖的测定。但对深色样品（如酱油、深色果汁等）因色素干扰使终点难以判断，从而影响其准确性。

（1）原理。

一定量的碱性酒石酸铜甲、乙液等体积混合后，生成天蓝色的氢氧化铜沉淀，这种沉淀很快与酒石酸钾钠反应，生成深蓝色的酒石酸钾钠铜的配合物。在加热条件下，以亚甲基蓝作为指示剂，用样液直接滴定经标定的碱性酒石酸铜溶液，还原糖将二价铜还原为氧化亚铜。待二价铜全部被还原后，稍过量的还原糖将亚甲基蓝还原，溶液由蓝色变为无色，即为终点。

根据最终所消耗的样液的体积，即可计算出还原糖的含量。

（2）试剂。

① 碱性酒石酸铜甲液。称取 15 g 硫酸铜（$CuSO_4 \cdot 5H_2O$）及 0.05 g 亚甲基蓝，溶于水中并稀释至 1 000 mL。

② 碱性酒石酸铜乙液。称取 50 g 酒石酸钾钠及 75 g 氢氧化钠。溶于水中，再加入 4 g 亚铁氰化钾，完全溶解后，用水稀释至 1 000 mL，贮存于橡胶塞玻璃瓶内。

③ 乙酸锌溶液。称取 21.9 g 乙酸锌[$Zn(CH_3COO)_2$　$2H_2O$]，加 3 mL 冰醋酸，加水溶解并稀释至 1 000 mL。

④ 106 g/L 亚铁氰化钾溶液。称取 10.6 g 亚铁氰化钾[$K_4Fe(CN)_6 \cdot 3H_2O$]，溶于水中，稀释至 100 mL。

⑤ 盐酸。

⑥ 1 g/L 葡萄糖标准溶液。准确称取 1.000 g 于 98 ~ 100 °C 烘干至恒重的无水葡萄糖，加水溶解后，加入 5 mL 盐酸（防止微生物生长），转移入 1 000 mL 容量瓶中，并用水稀释至刻度。

（3）测定方法。

① 样品处理。

a. 对于乳类、乳制品及含蛋白质的饮料（雪糕、冰激凌、豆乳等）。称取 2.50 ~ 5.00 g 固体样品或吸取 25.00 ~ 50.00 mL 液体样液，置于 250 mL 容量瓶中，加水 50 mL，摇匀后慢慢加入 5 mL 醋酸锌及 5 mL 亚铁氰化钾溶液，加水至刻度，混匀，静置 30 min。过滤，弃去粗滤液，收集滤液备用。

b. 对于淀粉含量较高的样品。称取 10.00 ~ 20.00 g 样品，置于 250 mL 容量瓶中，加水 200 mL，在 45 °C 水浴中加热 1 h，振摇，取出冷却后加水至刻度，混匀，静置。吸取 20 mL 上层清液于另一 250 mL 容量瓶中，摇匀后慢慢加入 5 mL 醋酸锌及 5 mL 亚铁氰化钾溶液，加水至刻度，混匀，静置 30 min。过滤，弃去粗滤液，收集滤液备用。

c. 酒精性饮料。吸取 100.0 mL 样品置于蒸发皿中，用氢氧化钠（40 g/L）溶液中和至中性，在水浴上蒸发至原体积的 1/4 后，移入 250 mL 容量瓶中，加水至刻度。

d. 汽水等含有二氧化碳的饮料。吸取 100.0 mL 样品置于蒸发皿中，在水浴上除去二氧化碳后，移入 250 mL 容量瓶中，并用水洗涤蒸发皿，洗液并入容量瓶中，加水至刻度，混匀后备用。

② 碱性酒石酸铜溶液的标定。

准确吸取碱性酒石酸铜甲液和乙液各 5.0 mL，置于 250 mL 锥形瓶中。加水 10 mL，加入玻璃珠 2 粒。从滴定管中滴加约 9 mL 葡萄糖标准溶液，加热使其在 2 min 内加热至沸，趁热以每 2 s 一滴的速度继续用葡萄糖标准溶液滴定，直至蓝色刚好褪去为终点。记录消耗葡萄糖标准溶液的体积。平行操作 3 次，取其平均值。

计算每 10 mL（甲液、乙液各 5 mL）碱性酒石酸铜溶液，相当于葡萄糖的质量：

$$A = Vc$$

式中　c——葡萄糖标准溶液的浓度，mg/mL；

V—标定时消耗葡萄糖标准溶液的总体积，mL；

A——10 mL 碱性酒石酸铜溶液相当于葡萄糖的质量，mg。

③ 样液的预测定。

准确吸取碱性酒石酸甲液和乙液各 5.0 mL，置于 250 mL 锥形瓶中。加水 10 mL，加入玻璃珠 2 粒，加热使其在 2 min 内加热至沸，趁沸以先快后慢的速度从滴定管中滴加样液，滴定时须始终保持溶液呈沸腾状态。待溶液颜色变浅时，以每 2 s 一滴的速度继续滴定，直至蓝色刚好退去为终点。记录消耗样液的体积。

④ 样液的测定。

准确吸取碱性酒石酸铜甲液和乙液各 5.0 mL，置于 250 mL 锥形瓶中。加水 10 mL，加入玻璃珠 2 粒，从滴定管中加入比预测定时少 1 mL 的样液，加热使其在 2 min 内加热至沸，趁沸以每 2 s 一滴的速度继续滴定，直至蓝色刚好褪去为终点。记录消耗样液的体积。同法平行操作 3 次，取其平均值。

（4）结果计算。

$$X=\frac{A}{m\times\frac{V}{250}\times1000}\times100$$

式中 X——还原糖（以葡萄糖计）含量，g/100 g；

m——样品质量，g；

V——测定时平均消耗样液的体积，mL；

A—10 mL 碱性酒石酸铜溶液相当于葡萄糖的质量，mg；

250——样液的总体积，mL。

2. 高锰酸钾滴定法

该法适用于各类食品中还原糖的测定，对于深色样液也同样适用。这种方法的主要特点是准确度高、重现性好，这两方面都优于直接滴定法。但操作复杂、费时，需查特制的高锰酸钾法糖类检索表。

（1）原理。

将还原糖与一定量过量的碱性酒石酸铜溶液反应，还原糖使二价铜还原成氧化亚铜。过滤得到氧化亚铜，加入过量的酸性硫酸铁溶液使其氧化溶解，而三价铁被定量地还原成亚铁盐，再用高锰酸钾溶液滴定所生成的亚铁盐，根据所消耗的高锰酸钾标准溶液的量计算出氧化亚铜的量。从检索表中查出与氧化亚铜量相当的还原糖的量，即可计算出样品中还原糖的含量。

（2）试剂。

① 碱性酒石酸铜甲液。称取 35.639 g 硫酸铜（$CuSO_4\cdot5H_2O$），加适量水溶解，加 0.5 mL 浓硫酸，再加水稀释至 500 mL，用精制石棉过滤。

② 碱性酒石酸铜乙液。称取 173 g 酒石酸钾钠和 50 g 氢氧化钠，加适量水配制成溶液，并稀释至 500 mL，用精制石棉过滤，储存于具塞的玻璃瓶内。

③ 精制石棉。取石棉，先用 3 mol/L 盐酸浸泡 2 ~ 3 h，用水洗净，再用 10 g/L 氢氧化钠溶液浸泡 2 ~ 3 h，倾去溶液，用碱性酒石酸铜乙液浸泡数小时用水洗净，再以 3 mol/L 盐酸浸泡数小时，水洗至不显酸性。然后加水振摇，使之成为微细的浆状纤维，用水浸泡并贮存于玻璃瓶中，即可作填充古氏坩埚用。

④ 高锰酸钾标准溶液：0.100 0 mol/L。（按 GB/T 601 配制与标定）

⑤ NaOH 溶液：1 mol/L。

⑥ 硫酸铁溶液：称取 50 g 硫酸铁，加入 200 mL 水溶解后，慢慢加入 100 mL 硫酸，冷却加水稀释至 1 000 mL。

⑦ 盐酸：3 mol/L。

（3）仪器。

25 mL 古氏坩埚或 G4 垂融坩埚、真空泵或水泵。

（4）测定方法。

① 样品处理。

a. 乳类、乳制品及含蛋白质的冷食类。称取 2.00 ~ 5.00 g 固体样品（液体样品吸取 25.00 ~ 50.00 mL）置于 250 mL 容量瓶中，加 50 mL 水，摇匀后加入 10 mL 碱性酒石酸铜甲液及 4 mL 1 mol/L 氢氧化钠溶液，加水至刻度，混匀。静置 30 min，过滤，弃去初滤液，滤液供测定用。

b. 酒精性饮料。吸取 100.0 mL 样品，置于蒸发皿中，用 1 mol/L 氢氧化钠溶液中和至中性，蒸发至原体积的 1/4 后，移入 250 mL 容量瓶中。加 50 mL 水，混匀。加入 10 mL 碱性酒石酸铜甲液及 4 mL 1 mol/L 氢氧化钠溶液，加水至刻度，混匀。静置 30 min，过滤，弃去初滤液，滤液供测定用。

c. 淀粉含量较高的食品。称取 10.00 ~ 20.00 g 样品，置于 250 mL 容量瓶中，加入 200 mL 水，于 45 °C 水浴中加热 1 h，并不断振摇，取出冷却后，加水至刻度，混匀，静置。吸取 200 mL 上层清液于另一个 250 mL 容量瓶中，加入 10 mL 碱性酒石酸铜甲液及 4 mL 1 mol/L 氢氧化钠溶液，加水至刻度，混匀。静置 30 min，过滤，弃去初滤液，滤液供测定用。

d. 汽水等含二氧化碳的饮料。吸取样品 100.0 mL 于蒸发皿中，在水浴上除去二氧化碳后，转移入 250 mL 容量瓶中，并用水洗涤蒸发皿，洗液并入容量瓶中，再加水至刻度，混匀备用。

② 测定。

吸取经处理后的样液 50.00 mL 于 400 mL 烧杯中，加入碱性酒石酸铜甲液、乙液各 25 mL。盖上表面皿，置于电炉上加热，使之在 4 min 内沸腾，再准确煮沸 2 min，趁热用铺好石棉的 G4 垂融坩埚或古氏坩埚抽滤，并用 60 °C 的热水洗涤烧杯及沉淀，至洗液不显碱性为止。将垂融坩埚或古氏坩埚放回原 400 mL 烧杯中，加硫酸铁溶液 25 mL 和水 25 mL，用玻璃棒搅拌使氧化亚铜全部溶解，以 0.100 0 mol/L 高锰酸钾标准溶液滴定至微红色为终点。记录高锰酸钾标准溶液消耗量。

另取水 50 mL 代替样液，按上述方法做空白试验。记录空白试验消耗高锰酸钾标准溶液的量。

（5）结果计算。

① 根据滴定时所消耗的高锰酸钾标准溶液的量，计算相当于样品中还原糖质量的氧化亚铜的质量：

$$X = (V - V_0)c \times 71.54$$

式中　X——相当于样品中还原糖质量的氧化亚铜的质量，mg；

V——测定样液所消耗高锰酸钾标准溶液的体积，mL；

V_0——试剂空白所消耗高锰酸钾标准溶液的体积，mL；

c——$\frac{1}{5}KMnO_4$标准溶液的浓度，mol/L；

71.54——1 mL 0.100 0 mol/L（$\frac{1}{5}KMnO_4$）溶液相当于氧化亚铜的质量，mg/mmol。

② 根据上式计算所得氧化亚铜质量查表（见 GB/T 5009.7—2003 表 1）得出相当于还原糖的量，再按下式计算样品中还原糖的含量：

$$X=\frac{m_1}{m_2\times\frac{V}{250}\times1\,000}\times100$$

式中　X——还原糖的含量，g/100 g；

m_1——由氧化亚铜的质量得出的还原糖的质量，mg；

m_2——样品质量，g；

V——测定用样品溶液的体积，mL；

250——样品处理后的总体积，mL。

任务实施

工作任务 5　饮料中还原糖的测定

一、任务依据

依据《食品安全国家标准　食品中还原糖的测定》（GB 5009.7—2016）制定检验流程。

二、任务准备

1. 仪　器

（1）分析天平：感量为 0.1 mg。

（2）水浴锅。

（3）可调温电炉。

（4）酸式滴定管：25 mL。

2. 试　剂

（1）碱性酒石酸铜甲、乙液。

（2）乙酸锌溶液（210 g/L）。

（3）亚铁氰化钾溶液（106 g/L）。

（4）氢氧化钠溶液（40 g/L）。
（5）葡萄糖标准溶液（1.0 mg/mL）。

三、任务流程

（1）试液的制备。

称取约 100 g 混匀后的样品（精确至 0.01 g）置于蒸发皿中，在水浴上微热搅拌除去二氧化碳后，移入 250 mL 容量瓶中，并用水洗涤蒸发皿，洗液并入容量瓶中，再加水至刻度，混匀后备用。

（2）碱性酒石酸铜溶液的标定。

准确吸取碱性酒石酸甲液和乙液各 5.0 mL，置于 250 mL 锥形瓶中。加水 10 mL，加入玻璃珠 2 粒，加热使其在 2 min 内加热至沸，趁沸腾，以先快后慢的速度从滴定管中滴加样液，滴定时须始终保持溶液呈沸腾状态。待溶液颜色变浅时，以每两秒一滴的速度继续滴定，直至蓝色刚好褪去为终点。记录消耗样液的体积。

（3）试样溶液预测。

准确吸取碱性酒石酸铜甲、乙液各 5.0 mL，放入 150 mL 锥形瓶中，加蒸馏水 10 mL，加入玻璃珠两粒，置电炉上加热至沸，保持沸腾，以先快后慢的速度，从滴定管滴加试样，并保持溶液微沸状态，待溶液颜色变浅时，以每两秒一滴的速度滴定，直至溶液蓝色刚好褪去为终点，记录样液消耗体积 V_0。

注：若样液中还原糖浓度过高，应适当稀释后再进行正式滴定，使每次滴定消耗样液体积控制在与标定酒石酸铜溶液时所消耗的还原糖标准溶液的体积相近，约 10 mL。

（4）试样溶液测定。

准确吸取碱性酒石酸铜甲、乙液各 5.0 mL，放入 150 mL 锥形瓶中，加蒸馏水 10 mL，从滴定管滴加比预测体积 V_0 少 1 mL 的试样溶液，置电炉上加热至沸，保持沸腾状态继续以每两秒一滴的速度滴定，直至溶液蓝色刚好褪去为终点，记录样液消耗的体积 V_1。同法平行操作 3 份。以 V_1 计算样品中原有还原糖含量。

四、原始数据记录与处理

原始数据记录____

1. 碱性酒石酸铜溶液的标定

滴定消耗葡萄糖标准溶液体积 V_0。

2. 样品中原有还原糖测定

表 4-11　样品中原有还原糖测定

预测时消耗试样溶液体积/mL			
正式滴定时消耗试样溶液体积/mL	V_1	V_2	V_3

计算公式：

① 碱性酒石酸铜溶液的标定：

$$X=(V-V_0)c\times 71.54$$

式中 X——相当于样品中还原糖质量的氧化亚铜的质量，mg；

V——测定样液所消耗高锰酸钾标准溶液的体积，mL；

V_0——试剂空白所消耗高锰酸钾标准溶液的体积，mL；

c——$\frac{1}{5}KMnO_4$标准溶液的浓度，mol/L；

71.54——1 mL 0.100 0 mol/L（$\frac{1}{5}KMnO_4$）溶液相当于氧化亚铜的质量，mg/mmol。

② 根据上式计算所得氧化亚铜质量查表（见 GB/T 5009.7—2003 表 1）得出相当于还原糖的量，再按下式计算样品中还原糖的含量：

$$X=\frac{m_1}{m_2\times\frac{V}{250}\times 1000}\times 100$$

式中 X——还原糖的含量，g/100 g；

m_1——由氧化亚铜的质量得出的还原糖的质量，mg；

m_2——样品质量，g；

V——测定用样品溶液的体积，mL；

250——样品处理后的总体积，mL。

检验结果：

测定结果精密度评定：

五、技能操作考核点

表 4-12 技能操作考核点

序号	考核项目	考核内容	技能操作要点
1	准备	着装	着工作服整洁
2	酸式滴定管的使用	滴定台搭建	滴定台搭建正确
		检漏	不漏水
		洗涤、润洗	蒸馏水冲洗，滴定溶液润洗，少量多次
		装液、排空气	方法正确
3	转化糖与样品制备	二氧化碳排除	方法正确
		蔗糖水解	温度与时间控制准确
		水解液滴定	滴定至中性

续表

序号	考核项目	考核内容	技能操作要点
4	滴定	加热时间预测	取共 29 mL 试剂、水及葡萄糖液，2 min 内沸腾
		滴定速度	2 s/滴，1 min 内滴完
		终点判断	溶液蓝色消失
		读数	滴定管垂直，准确到 0.01 mL
		平行性	两次滴定之间差异不超过 0.1 mL
		试样用量	10 mL 左右
		滴定过程	保持沸腾
5	结束工作	整理	废液处理，清洗、整理用具
		文明操作	无器皿破损、仪器损坏
		实验室安全	安全操作
6	实验结果	原始数据	原始数据记录准确、完整、美观
		计算	公式正确，计算过程正确
		有效数字	正确保留有效数字
		平行性	取两个平行不超过 0.1 mL
		准确性	测定结果的准确度达到规定要求

思考练习

一、选择题

1. （　　）测定是糖类定量的基础。
   A. 还原糖　　B. 非还原糖　　C. 葡萄糖　　D. 淀粉
2. 直接滴定法在滴定过程中（　　）。
   A. 边加热边振荡　　B. 加热沸腾后取下滴定
   C. 加热保持沸腾，无须振荡　　D. 无须加热沸腾即可滴定

二、简答题

说明直接滴定法测定还原糖的原理。为什么说还原糖的测定是糖类定量的基础？

任务六　蛋白质和氨基酸的测定

学习目标

（1）了解蛋白质、氨基酸的定义、组成及性质。

（2）了解食品中蛋白质的作用及测定意义。

（3）熟悉蛋白质的测定方法的适用范围及操作要点。

背景知识

蛋白质是食品中重要营养指标。各种不同的食品中蛋白质的含量各不相同，一般说来，动物性食品的蛋白质含量高于植物性食品，测定食品中蛋白质的含量，对于评价食品的营养价值、合理开发利用食品资源、指导生产、优化食品配方、提高产品质量具有重要的意义。

蛋白质测定最常用的方法是凯氏定氮法，它是测定总有机氮的最准确和操作较简便的方法之一，应用普遍。此外，双缩脲分光光度比色法、染料结合分光光度比色法等也常用于蛋白质含量测定，由于方法简便快速，多用于生产单位质量控制分析。近年来，国内外常采用红外检测仪对蛋白质进行快速定量分析。

鉴于食品中氨基酸成分的复杂性，对食品中氨基酸含量的测定在一般的常规检验中多测定样品中的氨基酸总量，通常采用酸碱滴定法来完成。这里主要介绍凯氏定氮法。

一、蛋白质的测定

（一）凯氏定氮法

新鲜食品中的含氮化合物大多以蛋白质为主体，所以检验食品中蛋白质时，往往测定总氮量，然后乘以蛋白质换算系数，即可得到蛋白质含量。凯氏定氮法可用于所有动物性、植物性食品的蛋白质含量测定，但因样品中常含有核酸、生物碱、含氮类脂、叶酸以及含氮色素等非蛋白质的含氮化合物，故通常将测定结果称为粗蛋白质含量。

凯氏定氮法经长期改进，迄今已演变成常量法、微量法、改良凯氏定氮法、自动定氮仪法、半微量法等多种方法。

1. 常量凯氏定氮法

（1）原理。

将样品与浓硫酸和催化剂一同加热消化，使蛋白质分解，其中碳和氢被氧化为二氧化碳和水逸出，而样品中的有机氮转化为氨，并与硫酸结合成硫酸铵，此过程称为消化。加碱将消化液碱化，使氨游离出来，再通过水蒸气蒸馏，使氨蒸出，用硼酸吸收形成硼酸铵，再以标准盐酸或硫酸溶液滴定，根据标准酸消耗量可计算出蛋白质的含量。

（2）适用范围。

此法可应用于各类食品中蛋白质含量的测定。

（3）主要仪器。

凯氏烧瓶（500 mL）定氮蒸馏装置，如图 4-5 所示。

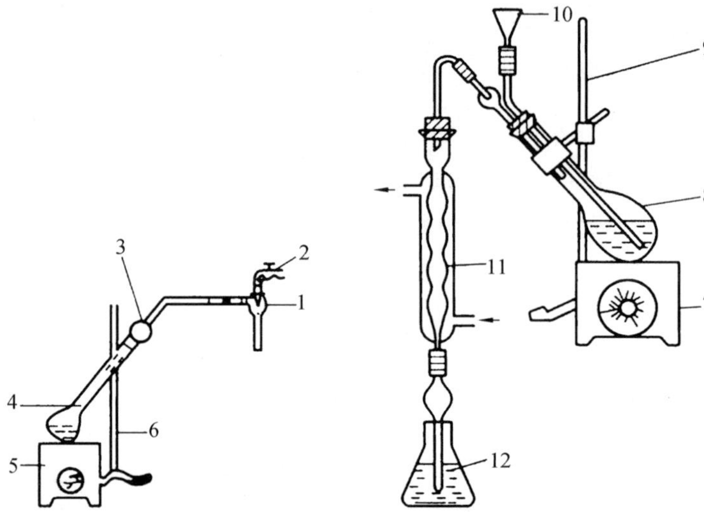

（a）消化装置　　　　（b）蒸馏装置

1—水力真空管；2—水龙头；3—倒置的干燥管；4—凯氏烧瓶；5，7—电炉；6，9—铁支架；8—蒸馏烧瓶；10—进样漏斗；11—冷凝管；12—吸收瓶。

图 4-5　凯氏定氮消化、蒸馏装置

（4）试剂。

① 浓硫酸。

② 硫酸铜。

③ 硫酸钾。

④ 氢氧化钠溶液：400 g/L。

⑤ 硼酸吸收液：40 g/L。称取 20 g 硼酸溶解于 500 mL 热水中，摇匀备用。

⑥ 甲基红-溴甲酚绿混合指示剂：5 份 2 g/L 溴甲酚绿 95%乙醇溶液与 1 份 2 g/L 甲基红乙醇溶液混合均匀。

⑦ HCl 标准溶液：0.100 0 mol/L。

（5）操作方法。

准确称取固体样品 0.20 ~ 2.00 g（半固体样品 2.00 ~ 5.00 g，液体样品 10.00 ~ 25.00 mL），小心移入干燥洁净的 500 mL 凯氏烧瓶中，加入研细的硫酸铜 0.2 g、硫酸钾 6 g 和浓硫酸 20 mL，轻轻摇匀，按图 4-5 安装消化装置，并将其以 45°斜支于有小孔的石棉网上。用电炉以小火加热，待内容物全部炭化，泡沫停止产生后，加大火力，保持瓶内液体微沸，至液体变蓝绿色透明后，再继续加热微沸 0.5 ~ 1 h。取下冷却，小心加入 20 mL 水，放冷后移入 100 mL 容量瓶中，并用少量水洗定氮瓶，洗液并入容量瓶中，再加水至刻度，混匀备用。同时做试剂空白试验。

将凯氏烧瓶按图 4-5 蒸馏装置方式连好，于水蒸气发生瓶内装水至 2/3 处，加入数粒玻璃珠，加甲基红指示液数滴及数毫升硫酸，以保持水呈酸性，用调压器控制，加热煮沸水蒸气发生瓶内的水。

塞紧瓶口，冷凝管下端插入吸收瓶液面下（瓶内预先装入 10 mL 20 g/L 硼酸溶液及混合指示剂 1 ~ 2 滴)。准确吸取 10 mL 样品处理液由小漏斗流入反应室，并以 10 mL 水洗涤小烧杯使其流入反应室内，塞紧玻璃塞。将 10 mL 400 g/L 氢氧化钠溶液倒入小玻璃杯，提起玻璃塞使其缓缓流入反应室，立即将玻璃塞塞紧，并加水于小玻璃杯以防漏气，夹紧螺旋夹，开始蒸馏。蒸馏 5 min，移动接收瓶，液面离开冷凝管下端，再蒸 1 min。然后用少量水冲洗冷凝管下端外部，取下接收瓶，以硫酸或盐酸标准溶液（0.05 mol/L）滴定至灰色或蓝紫色为终点。同时做一试剂空白。

结果计算

$$X=\frac{c(V_1-V_2)\times 0.0140}{m\times\frac{10}{100}}\times F\times 100$$

式中 X——蛋白质的含量，g/100 g；

c——硫酸或盐酸标准溶液的浓度，mol/L；

V_1——滴定样品吸收液时消耗盐酸标准溶液体积，mL；

V_2——滴定空白吸收液时消耗盐酸标准溶液体积，mL；

m——样品质量，g；

0.0140——1.0 mL 1.000 mol/L 硫酸（$\frac{1}{2}H_2SO_4$）或盐酸标准溶液相当的氮的质量，g/mmol；

F——氮换算为蛋白质的系数。

2. 微量凯氏定氮法

（1）原理同“常量凯氏定氮法”。

（2）主要仪器。

凯氏烧瓶（100 mL），微量凯氏定氮装置（见图 4-6）。

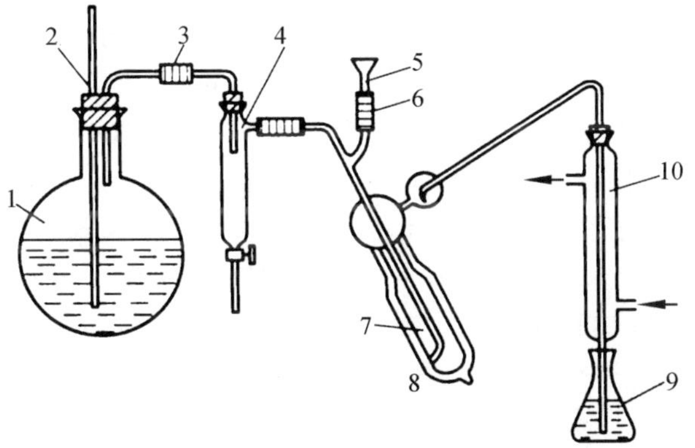

1—蒸汽发生器；2—安全管；3—导管；4—汽水分离器；5—进样口；6—玻璃珠；7—反应管；8—隔热套；9—吸收瓶；10—冷凝管。

图 4-6 微量凯氏定氮装置

（3）试剂。

0.01 000 mol/L 盐酸标准溶液，其他试剂同常量凯氏定氮法。

（4）操作方法。

样品消化步骤同常量法。

将消化完全的消化液冷却后，完全转入 100 mL 容量瓶中，加蒸馏水至刻度，摇匀。按图 4-6 装好微量定氮装置，准确量取消化稀释液 10 mL 于反应管内，经漏斗再加入 10 mL 400 g/L 氢氧化钠溶液使呈强碱性，用少量蒸馏水洗漏斗数次，夹好漏斗夹，进行水蒸气蒸馏。冷凝管下端预先插入盛有 10 mL 40 g/L（或 20 g/L）硼酸吸收液的液面下。蒸馏至吸收液中所加的混合指示剂变为绿色开始计时，继续蒸馏 10 min 后，将冷凝管尖端提离液面再蒸馏 1 min，用蒸馏水冲洗冷凝管尖端后停止蒸馏。

馏出液用 0.010 0 0 mol/L HCl 标准溶液滴定至微红色为终点。同时做一空白试验。

（5）结果计算同常量凯氏定氮法。

二、氨基酸态氮的测定

氨基酸含量一直是某些发酵产品如调味品的质量指标，也是目前许多保健食品的质量指标之一。与蛋白质不同，其含氮量可直接测定，故称氨基酸态氮。

常用的方法是电位滴定法，以下介绍此种方法：

（1）原理。

根据氨基酸的两性作用，加入甲醛以固定氨基的碱性，使羧基显示出酸性，将酸度计的玻璃电极及甘汞电极同时插入被测液中构成电池，用氢氧化钠标准溶液滴定，根据酸度计指示的 pH 判断和控制滴定终点。

（2）仪器。

酸度计，磁力搅拌器，微量滴定管（10 mL）。

（3）试剂。

20%中性甲醛溶液，0.05 mol/L NaOH 标准溶液。

（4）操作方法。

吸取含氨基酸约 20 mg 的样品溶液于 100 mL 容量瓶中，加水至标线，混匀后吸取 20.0 mL 置于 200 mL 烧杯中，加水 60 mL，开动磁力搅拌器，用 0.05 mol/L NaOH 标准溶液滴定至酸度计指示 pH = 8.2，记录消耗氢氧化钠标准溶液体积（mL），供计算总酸含量。

加入 10.0 mL 甲醛溶液混匀。再用上述氢氧化钠标准溶液继续滴定至 pH = 8.2，记录消耗氢氧化钠标准溶液体积（mL）。

同时取 80 mL 蒸馏水置于另一 200 mL 洁净烧杯中，先用氢氧化钠标准溶液调至 pH = 8.2（此时不计碱消耗量），再加入 10.0 mL 中性甲醛溶液，用 0.05 mol/L 氢氧化钠标准溶液滴定至 pH = 8.2，作为试剂空白试验。

（5）结果计算：

$$X = \frac{(V_2 - V_1)c \times 0.014}{m} \times 100$$

式中 X——氨基酸态氮的含量，g/100 g；

V_1——样品液加入甲醛后滴定至终点（pH = 8.2）消耗氢氧化钠标准溶液的体积，mL；

V_2——空白试验加入甲醛后滴定至终点所消耗氢氧化钠标准溶液的体积，mL；

c——NaOH 标准溶液的浓度，mol/L；

m——测定用样品溶液相当于样品的质量，g；

0.014——氮的毫摩尔质量，g/mmol。

任务实施

工作任务 6　面粉中蛋白质的测定

一、任务依据

依据《食品安全国家标准　食品中蛋白质的测定》（GB 5009.5—2010）制定检验流程。

二、任务准备

（1）硼酸溶液（20 g/L）称取 20 g 硼酸，加水溶解并稀释至 1 000 mL。

（2）氢氧化钠溶液（400 g/L）称取 40 g 氢氧化钠，加水溶解后放冷，并稀释至 100 mL。

（3）甲基红乙醇溶液（1 g/L）称取 0.1 g 甲基红，溶于 95%乙醇，用 95%乙醇稀释至 100 mL。

（4）亚甲基蓝乙醇溶液（1 g/L）称取 0.1 g 亚甲基蓝，溶于 95%乙醇，用 95%乙醇稀释至 100 mL。

（5）溴甲酚绿乙醇溶液（1 g/L）称取 0.1 g 溴甲酚绿，溶于 95%乙醇，用 95%乙醇稀释至 100 mL。

（6）混合指示液 2 份甲基红乙醇溶液（1 g/L）与 1 份亚甲基蓝乙醇溶液（1 g/L）临用时混合。也可用 1 份甲基红乙醇溶液（1 g/L）与 5 份溴甲酚绿乙醇溶液（1 g/L）临用时混合。

三、任务流程

（1）样品前处理（消化）。

① 称取充分混匀的固体试样 0.2 ~ 2 g、半固体试样 2 ~ 5 g 或液体试样 10 ~ 25 g（相当于 30 ~ 40 mg 氮），精确至 0.001 g，移入干燥的 100 mL 消化管中。

② 加入 0.2 g 硫酸铜、6 g 硫酸钾及 20 mL 硫酸，轻摇后于管口放一小漏斗，将消化管置于消煮炉的管架上。

③ 小心加热，待内容物全部炭化，泡沫完全停止后，加强火力，并保持瓶内液体微沸，至液体呈蓝绿色并澄清透明后，再继续加热 0.5 ~ 1 h。

④ 取下放冷，小心加入 20 mL 水。移入 100 mL 容量瓶中，并用少量水洗定氮瓶，洗液并入容量瓶中，再加水至刻度，混匀备用。

⑤ 同时做试剂空白试验。

（2）蒸馏。

① 凯氏定氮蒸馏装置。

a. 连接定氮蒸馏装置，向水蒸气发生器内装水至 2/3 处，加入数粒玻璃珠，加甲基红-乙醇溶液数滴及数毫升硫酸，以保持水呈酸性，加热煮沸水蒸气发生器内的水并保持沸腾。

b. 向接收瓶内加入 10.0 mL 硼酸溶液及 1 ~ 2 滴混合指示液，并使冷凝管的下端插入液面下，根据试样中氮含量，准确吸取 2.0 ~ 10.0 mL 试样处理液由小玻杯注入反应室，以 10 mL

水洗涤小玻杯并使之流入反应室内。随后塞紧棒状玻塞。

c. 将 10.0 mL 氢氧化钠溶液倒入小玻杯，提起玻塞使其缓缓流入反应室，立即将玻塞盖紧，并加水于小玻杯以防漏气。夹紧螺旋夹，开始蒸馏。

d. 蒸馏 10 min 后移动蒸馏液接收瓶，液面离开冷凝管下端，再蒸馏 1 min。然后用少量水冲洗冷凝管下端外部，取下蒸馏液接收瓶。

② 凯氏定氮仪蒸馏操作

a. 准确吸取定容液 20 mL 至消化管中。连接电源，打开自来水，在蒸馏装置的冷凝管末端放一个 150 mL 锥形瓶，滴入甲基红-溴甲酚绿混合指示剂 4 滴。

b. 仪器参数设定：按“复位”，设置硼酸的进样时间，一般为 5 s；按“转换”，设置氢氧化钠进样时间，一般为 7 s。

c. 在一空消化管中加蒸馏水，按“启动”，仪器开始蒸馏。完毕时仪器会提示，将消化管取下，将其中水倒掉，装上空白溶液，将锥形瓶中的水倒掉，洗净，滴 4 滴混合指示剂，按“启动”，进行蒸馏。完毕时，取下锥形瓶，马上进行滴定。

d. 样品操作同空白溶液。

蒸馏结束后，立即用盐酸标准滴定溶液滴定至终点，其中 2 份甲基红-乙醇溶液与 1 份亚甲基蓝-乙醇溶液指示剂，颜色由紫红色变成灰色，pH 为 5.4；1 份甲基红乙醇溶液与 5 份溴甲酚绿乙醇溶液指示剂，颜色由酒红色变成绿色，pH 为 5.1。同时做试剂空白。

四、原始数据记录与处理

表 4-13　原始数据记录

样品	V_1	V_2	V_3	m
样 1				
样 2				
样 3				

计算公式：

$$X=\frac{(V_1-V_2)\times c\times 0.0140}{m\times V_3/100}\times F\times 100$$

式中　X——试样中蛋白质的含量，g/100 g；

V_1——试液消耗硫酸或盐酸标准滴定液的体积，mL；

V_2——试剂空白消耗硫酸或盐酸标准滴定液的体积，mL；

V_3——吸取消化液的体积，mL；

c——硫酸或盐酸标准滴定溶液浓度，mol/L；

0.0140——盐酸[c(HCl) = 1.000 mol/L]标准滴定溶液相当的氮的质量，g；

m——试样的质量，g；

F——氮换算为蛋白质的系数。一般食物为 6.25；纯乳与纯乳制品为 6.38；面粉为 5.70；玉米、高粱为 6.24；花生为 5.46；大米为 5.95；大豆及其粗加工制品为 5.71，大豆蛋白制品为 6.25；肉与肉制品为 6.25；大麦、小米、燕麦、裸麦为 5.83；芝麻、向日葵为 5.30；复合配方食品为 6.25。

表 4-14　数据处理

测定次数	m	V_1	V_2	V_3	X
1					
2					
3					

测定结果精密度评定：检测范围、结果精密度、检测限。

注：在重复性条件下获得的两次独立测定结果的绝对差值不得超过算术平均值的 10%。

盐酸标准滴定溶液浓度：0.050 0 mol/L，乳制品中氮换算系数 F 为 6.38。

以重复性条件下获得的两次独立测定结果的算术平均值表示，当蛋白质含量 > 1g/100 g 时，结果保留三位有效数字；当蛋白质含量<1 g/100 g 时，结果保留两位有效数字。

实验结果：

五、技能操作考核点

表 4-15　技能操作考核点

序号	考核项目	考核内容	技能操作要点
1	准备	着装	着工作服，整洁
2	样品处理	称量、处理	样品前处理操作正确、熟练
3	试剂配制	配制准确	溶液配制方法正确、熟练
		配制安全	能够采取有效的安全措施
4	消化设备使用	设备安装	使用正确、操作熟练
		安全问题	能及时处理有关安全问题
5	消化操作	条件控制	有效防止泡沫的生成
		终点控制	能够准确判断消化终点
6	定氮设备使用	设备安装	能够熟练安装阵列柜装置
		安全问题	能及时处理有关安全问题
7	蒸馏操作	条件控制	操作正确、熟练
		终点控制	能够准确判断蒸馏终点

续表

序号	考核项目	考核内容	技能操作要点
8	滴定操作	指示剂	滴定前添加，添加量正确
		滴定操作	锥形瓶、滴定管操作正确、手法规范
		滴定速度	速度合理
		半滴操作	半滴操作正确
		终点判断	终点判断准确，保持 30 s 不褪色
		读数方法	读数方法正确
		补足滴定液	及时补足滴定液，均从零刻度附近开始滴定
9	结束工作	整理	废液处理，清洗、整理实验用仪器和台面
		文明操作	无器皿破损、仪器损坏
		实验室安全	安全操作
10	实验结果	原始数据	原始数据记录准确、完整、美观
		计算	公式正确，计算过程正确
		有效数字	正确保留有效数字
		平行性	取两个平行，相对极差<5%

工作任务 7　酱油中氨基酸态氮的测定

一、任务依据

依据《食品安全国家标准　食品中氨基酸态氮的测定》（GB 5009.235—2016）制定检验流程。

二、任务准备

1. 仪　器

酸度计、磁力搅拌器、10 mL 微量滴定管。

2. 试　剂

（1）甲醛溶液：36%。

（2）氢氧化钠标准溶液：0.05 mol/L。

三、任务流程

氨基酸含有羧基和氨基，利用氨基酸的两性作用，加入甲醛固定氨基的碱性，使羧基显示出酸性，用氢氧化钠标准溶液滴定后进行定量，以酸度计测定终点。

准确吸取酱油 5.0 mL，置于 100 mL 容量瓶中，加水至刻度混匀后吸取 20.0 mL，置于 200 mL 烧杯中，加水 60 mL，插入酸度计的指示电极和参比电极，开动磁力搅拌器，用 0.05 mol/L NaOH 标准溶液滴定至酸度计指示 pH = 8.2，记录用去氢氧化钠标准溶液的体积（mL）（按总酸计算公式，可以算出酱油的总酸含量）。

向上述溶液中，准确加入甲醛溶液 l0 mL，混匀。继续用 0.05 mol/L NaOH 标准溶液滴定至 pH = 9.2，记录用去氢氧化钠标准溶液的体积（mL），供计算氨基酸态氮含量用。

试剂空白试验：取水 80 mL，先用 0.05 mol/L 氢氧化钠标准溶液滴定至 pH = 8.2（记录用去氢氧化钠标准溶液的体积（mL），此为测总酸的试剂空白试验）；再加入 10 mL 甲醛溶液，继续用 0.05 mol/L NaOH 标准溶液滴定至酸度计指示 pH = 9.2。第二次所用氢氧化钠标准溶液体积（mL）为测定氨基酸态氮的试剂空白试验。

四、结果处理

1. 数据记录

表 4-16　数据记录

编号	加甲醛前消耗 NaOH 量/mL	加甲醛后消耗 NaOH 量/mL	NaOH 标准溶液浓度/（mol/L）
1			
2			
3			
平均			
空白滴定			

2. 结果计算

$$X=\frac{(V_1-V_2)c\times0.014}{5\times V_3/100}\times100$$

式中　X——样品中氨基酸态氮的含量，g/100 mL；

V_{11}——测定用的样品稀释液加入甲醛后消耗氢氧化钠标准溶液的体积，mL；

V_2——试剂空白试验加入甲醛后消耗氢氧化钠标准溶液的体积，mL；

V_3——样品稀释液取用量，mL；

c——NaOH 标准溶液的浓度，mol/L；

0.014——1 mL 1.000 mL 氢氧化钠标准溶液相当氮的质量，g/mmol。

思考练习

一、选择题

1. 蛋白质的换算系数一般常用 6.25，它是根据其平均含氮量为（　　）得来的。

A. 16%　　B. 16.7%　　C. 17.6%　　D. 15.8%

2. 凯氏定氮法测定蛋白质含量时，所用的消化剂是（　　）。

A. 硫酸钠-硫酸钾　　B. 硝酸钠-硫酸钾

C. 硫酸铜-硫酸钡　　D. 硫酸铜-硫酸钾

二、简答题

1. 简述凯氏定氮法测定蛋白质含量的原理并写出其反应方程式。

2. 蛋白质测定时，样品消化过程中有大量的泡沫冲到瓶颈，请分析一下原因，并说明该如何解决。

任务七　维生素的测定

学习目标

（1）了解常见维生素的种类和功能。

（2）学会2,4-二硝基苯肼比色法测定总抗坏血酸（维生素C）的原理及操作要点。

（3）了解可见-紫外分光光度计的工作原理，学会使用可见-紫外分光光度计。

背景知识

维生素是维持人体正常生理功能必需的一类天然有机化合物，其主要功用是通过作为辅酶的成分调节代谢。维生素一般在体内不能合成或合成数量较少，不能充分满足机体需要，必须经常由食物来供给。

维生素种类很多，可分为脂溶性维生素和水溶性维生素。脂溶性维生素有维生素A、维生素D、维生素E、维生素K等，水溶性维生素有维生素C和维生素B。在这些维生素中，人体比较容易缺乏而在营养上又较重要的维生素有：维生素A、维生素D、维生素E、维生素B_1、维生素B_2、烟酸、维生素B_6、维生素C。

维生素检验方法中，紫外可见分光光度法、荧光光度法是多种维生素的标准分析方法。它们灵敏、快速，有较好的选择性。另外，各种色谱法以其独特的高分离效能，在维生素分析方面占有越来越重要的地位。

维生素C又称抗坏血酸。广泛存在于植物组织中，新鲜的水果、蔬菜，特别是枣、辣椒、苦瓜、柿子叶、猕猴桃、柑橘等食品中含量尤为丰富。

测定抗坏血酸的方法有荧光法、2,4-二硝基苯肼光度法、靛酚滴定法及高效液相色谱法等。这里介绍荧光法。2,4-二硝基苯肼光度法参见工作任务8。

1. 测定原理

试样中还原型抗坏血酸经活性炭氧化为脱氢抗坏血酸后，与邻苯二胺（OPDA）反应生成有荧光的喹喔啉，其荧光强度与抗坏血酸的浓度在一定条件下成正比，以此测定食品中抗坏血酸和脱氢抗坏血酸的总量。

脱氢抗坏血酸与硼酸可形成复合物而不与OPDA反应，以此排除试样中荧光杂质产生的干扰。

2. 试剂

① 偏磷酸-乙酸液：称取15 g偏磷酸，加入40 mL冰乙酸及250 mL水，加温，搅拌，使之逐渐溶解，冷却后加水至500 mL。于4 °C冰箱可保存7 ~ 10 d。

② 硫酸：0.15 mol/L。

③ 偏磷酸-乙酸-硫酸液：称取15 g偏磷酸，加入40 mL冰乙酸及250 mL 0.15 mol/L硫酸液，加温，搅拌，使之逐渐溶解，冷却后加0.15 mol/L硫酸液至500 mL。

④ 乙酸钠溶液：500 g/L。

⑤ 硼酸-乙酸钠溶液：称取 3 g 硼酸，溶于 100 mL 乙酸钠溶液（500 g/L）中，临用前配制。

⑥ 邻苯二胺溶液：200 mg/L。称取 20 mg 邻苯二胺，临用前用水稀释至 100 mL。

⑦ 抗坏血酸标准溶液：1 mg/mL。准确称取 50 mg 抗坏血酸，用偏磷酸-乙酸溶液溶于 50 mL 容量瓶中，并稀释至刻度，临用前配制。

稀释至 100 mL，定容前试 pH，如其 pH>2.2 时，则应用偏磷酸-乙酸-硫酸溶液稀释。

⑧ 抗坏血酸标准使用液：100 μg/mL。取 10 mL 抗坏血酸标准液，用偏磷酸-乙酸溶液稀释至 100 mL，定容前试 pH，如其 pH>2.2 时，则应用偏磷酸-乙酸-硫酸溶液稀释。

⑨ 百里酚蓝指示剂溶液：0.04%。称取 0.1 g 百里酚蓝，加 0.02 mol/L 氢氧化钠溶液，在玻璃研钵中研磨至溶解，氢氧化钠的用量约为 10.75 mL，磨溶后用水稀释至 250 mL。变色范围：pH = 1.2 时为红色；pH = 2.8 时为黄色；pH>4 时为蓝色。

⑩ 活性炭的活化：加 200 g 炭粉于 1 L 盐酸（1 + 9）中，加热回流 1 ~ 2 h，过滤，用水洗至滤液中无铁离子为止，置于 110 ~ 120 °C 烘箱中干燥，备用。

3. 仪　器

荧光分光光度计或具有 350 nm 及 430 nm 波长的荧光计；捣碎机。

4. 操作步骤

① 试样的制备。称取 100 g 鲜样，加 100 mL 偏磷酸-乙酸溶液，倒入捣碎机内打成匀浆，用百里酚蓝指示剂调试匀浆酸碱度。如呈红色，即可用偏磷酸-乙酸溶液稀释，如呈黄色或蓝色，则用偏磷酸-乙酸-硫酸溶液稀释，使其 pH = 1.2。匀浆的取量需根据试样中抗坏血酸的含量而定。当试样液含量在 40 ~ 100 μg/mL，一般取 20 g 匀浆，用偏磷酸-乙酸溶液稀释至 100 mL，过滤，滤液备用。

② 测定。氧化处理：分别取上述试样滤液及抗坏血酸标准使用液（100 μg/mL）各 100 mL 于 200 mL 带盖锥形瓶中，加 2 g 活性炭，用力振摇 1 min，过滤，弃去最初数毫升滤液，分别收集其余全部滤液，即试样氧化液和标准氧化液，待测定。

各取 10 mL 标准氧化液于 2 个 100 mL 容量瓶中，分别标明“标准”及“标准空白”，各取 10 mL 试样氧化液于 2 个 100 mL 容量瓶中，分别标明“试样”及“试样空白”。

于“标准空白”及“试样空白”中各加 5 mL 硼酸-乙酸钠溶液，混合摇动 15 min，用水稀释至 100 mL，在 4 °C 冰箱中放置 2 ~ 3 h，即得“标准空白"溶液及“试样空白”溶液，取出备用。

于“试样”及“标准”中各加 5 mL 500 g/L 乙酸钠溶液，用水稀释至 100 mL，即得“试样”溶液及“标准”溶液，备用。

③ 标准曲线的制备。取上述“标准”溶液（抗坏血酸含量 10 μg/mL）0.5 mL、1.0 mL、1.5 mL 和 2.0 mL 标准系列，取双份分别置于 10 mL 带盖试管中，再用水补充至 2.0 mL。

取“标准空白”溶液、“试样空白”溶液及“试样”溶液各 2 mL，分别置于 10 mL 带盖试管中。在暗室迅速向各管中加入 5 mL 邻苯二胺溶液，振摇混合，在室温下反应 35 min，于激发光波长 338 nm、发射光波长 420 nm 处测定荧光强度。标准系列荧光强度分别减去标准空白荧光强度为纵坐标、对应的抗坏血酸含量为横坐标，绘制标准曲线或进行相关计算，其线性回归方程供计算使用。

（5）结果计算。

$$X=\frac{cV}{m}\times F\times\frac{100}{1\,000}$$

式中 X——试样中抗坏血酸及脱氢抗坏血酸总含量，mg/100 g；

c——由标准曲线查得或由回归方程算得试样溶液浓度，μg/mL；

m——试样的质量，g；

V——荧光反应所用试样体积，mL；

F——试样溶液的稀释倍数。

任务实施

工作任务 8　果汁饮料中维生素 C 的测定

一、任务依据

依据《食品安全国家标准维生素 C（抗坏血酸）》（GB 14754—2010）制定检验流程。

二、任务准备

1. 试　剂

（1）硫酸：4.5 mol/L。谨慎地加 250 mL 硫酸（相对密度 1.84）于 700 mL 水中，冷却后用水稀释至 1 000 mL。

（2）硫酸：85%。谨慎地加 900 mL 硫酸（相对密度 1.84）于 100 mL 水中。

（3）2,4-二硝基苯肼溶液：20 g/L。溶解 2 g 2,4-二硝基苯肼于 100 mL 4.5 mol/L 硫酸中，过滤。不用时存于冰箱内，每次用前必须过滤。

（4）草酸溶液：20 g/L。溶解 20 g 草酸（$H_2C_2O_4$）于 700 mL 水中，稀释至 1 000 mL。

（5）草酸溶液：10 g/L。稀释 500 mL 20 g/L 草酸溶液到 1 000 mL。

（6）硫脲溶液：10 g/L。溶解 5 g 硫脲于 500 mL 10 g/L 草酸溶液中。

（7）硫脲溶液：20 g/L。溶解 10 g 硫脲于 500 mL 10 g/L 草酸溶液中。

（8）盐酸：1 mol/L。取 100 mL 盐酸，加入水中，并稀释至 1 200 mL。

（9）抗坏血酸标准溶液：溶解 100 mg 纯抗坏血酸于 100 mL 10 g/L 草酸溶液中，此溶液每毫升相当于 1 mg 抗坏血酸。

（10）活性炭：将 100 g 活性炭加到 750 mL 1 mol/L 盐酸中，回流 1 ~ 2 h，过滤，用水洗数次，至滤液中无铁离子（Fe^{3+}）为止，然后置于 110 °C 烘箱中烘干。

（11）检验铁离子方法：利用普鲁士蓝反应。将 20 g/L 亚铁氰化钾与 1%盐酸等量混合，滴入上述洗出滤液，如有铁离子则产生蓝色沉淀。

2. 仪器和设备

恒温箱；可见-紫外分光光度计；捣碎机。

三、任务流程

（1）样品的制备。

量取 100 mL 果汁及吸取 100 mL 20 g/L 草酸溶液，倒入捣碎机中打成匀浆，取 10 ~ 40 g 匀浆（含 1 ~ 2 mg 抗坏血酸）倒入 100 mL 容量瓶中，用 10 g/L 草酸溶液稀释至刻度，混匀。

（2）氧化处理。

取 25 mL 上述滤液，加入 2 g 活性炭，振摇 1 min，过滤，弃去最初数毫升滤液。取 10 mL 此氧化提取液，加入 10 mL 20 g/L 硫脲溶液，混匀，此即为试样稀释液。

（3）呈色反应。

于三个试管中各加入 4 mL 经氧化的试样稀释液。一个试管作为空白，在其余试管中加入 1.0 mL 20 g/L 2,4-二硝基苯肼溶液，将所有试管放入（37 ± 0.5）°C 恒温箱或水浴中，保温 3 h。

3 h 后取出，除空白管外，将所有试管放入冰水中。空白管取出后使其冷到室温，然后加入 1.0 mL 20 g/L 2,4-二硝基苯肼溶液，在室温中放置 10 ~ 15 min 后放入冰水内。其余步骤同样品。

（4）85%硫酸处理。

当试管放入冰水后，向每一试管中加入 5 mL 85%硫酸，滴加时间至少需要 1 min，需边加边摇动试管。将试管自冰水中取出，在室温放置 30 min 后比色。

（5）比色。

用 1 cm 比色皿，以空白液调零点，于 500 nm 波长测吸光值。

（6）标准曲线绘制。

① 加 2 g 活性炭于 50 mL 标准溶液中，摇动 1 min，过滤。

② 取 10 mL 滤液放入 500 mL 容量瓶中，加 5.0 g 硫脲，用 10 g/L 草酸溶液稀释至刻度，抗坏血酸浓度 20 μg/mL。

③ 取 5 mL、10 mL、20 mL、25 mL、40 mL、50 mL、60 mL 稀释液，分别放入 7 个 100 mL 容量瓶中，用 10 g/L 硫脲溶液稀释至刻度，使最后稀释液中抗坏血酸的浓度分别为 1 μg/mL、2 μg/mL、4 μg/mL、5 μg/mL、8 μg/mL、10 μg/mL、12 μg/mL。

④ 按样品测定步骤形成脎并比色。

⑤ 以吸光值为纵坐标、抗坏血酸浓度（μg/mL）为横坐标绘制标准曲线。

四、结果计算

$$X = \frac{cV}{m} \times F \times \frac{100}{1\,000}$$

式中　X——试样中抗坏血酸及脱氢抗坏血酸总含量，mg/100 g；

c ——由标准曲线查得或由回归方程算得试样溶液浓度，μg/mL；
m ——试样的质量，g；
V ——荧光反应所用试样体积，mL；
F ——试样溶液的稀释倍数。

五、结果处理

（1）数据记录。

表 4-17　数据记录

抗坏血酸标准溶液/mL	5	10	20	25	40	50	60	试样溶液
含铁量/μg	1	2	4	5	8	10	12	Cx
吸光度/*A*								

（2）绘制标准曲线。

思考练习

一、填空题

1. 维生素是从营养观点归纳而成的一类有机化合物。维生素 C 又叫_______，属于_____溶性维生素。

2. 测维生素 C 通常采用草酸溶液直接提取，原因是：______________________。

二、简答题

测定水溶性维生素时，通常采用的样品预处理方法是什么？

项目五

食品添加剂的检测

为改善食品的品质及色、香、味，各类食品添加剂被广泛用于食品加工中。添加剂是出于技术目的而有意识加到食品中的物质。显然它不包括食品中的污染物。当前食品添加剂已经进入到粮油、肉禽、果蔬加工等各个领域，也是烹饪行业必备的配料，并已进入家庭的一日三餐。如方便面中的 BHA、BHT 等抗氧化剂；酱油中的防腐剂苯甲酸钠；饮料中的酸味剂如柠檬酸等。因此，食品中添加剂的测定已成为食品分析中的重要内容。

任务一　防腐剂的测定

学习目标

（1）掌握防腐剂的概念及防腐剂测定的意义。

（2）掌握食品添加剂和防腐剂的基本知识。

（3）掌握常见防腐剂的测定原理。

（4）掌握苯甲酸、山梨酸的测定方法。

背景知识

一、食品添加剂

2015 年 10 月 1 日起施行的《中华人民共和国食品安全法》，将食品添加剂定义为“为改善食品品质和色、香、味以及为防腐或根据食品加工工艺的需求而加入食品中的化学合成或者天然物质”。

根据 2015 年 5 月 24 日实施《食品安全国家标准　食品添加剂使用标准》（GB 2760—2014）附录 D 的分类，食品添加剂被分类为以下 22 类：

（1）酸度调节剂；（2）拮抗剂；（3）消泡剂；（4）抗氧化剂；（5）漂白剂；（6）膨松剂；（7）胶基糖果中的基础剂物质；（8）着色剂；（9）护色剂；（10）乳化剂；（11）酶制剂；（12）增味剂；（13）面粉处理剂；（14）被膜剂；（15）水分保持剂量；（16）防腐剂；

（17）稳定剂和凝固剂；（18）甜味剂；（19）增稠剂；（20）食品用香料；（21）食品工业用加工助剂；（22）其他。

这些食品添加剂在食品生产中起到的作用可以归类为以下 5 类：

（1）延长食品的储藏期限；

（2）提高食品的营养价值；

（3）改善食品的组织结构；

（4）增强食品的可接受性；

（5）方便食品的加工操作。

其中防腐剂所起到的作用为：防止食品腐败变质、延长食品储藏期限。常见的防腐剂包括有机酸及其盐类、有机酸酯类、脂肪酸酯类、微生物菌素类和其他类。我国常用防腐剂种类见表 5-1。

表 5-1　常用食品防腐剂

名称	使用范围（举例）	最大使用量/（g/kg）
苯甲酸 苯甲酸钠	酱油、食醋、果蔬汁（浆）饮料、果酱（不包括罐头）	1.0
	果酒	0.8
	碳酸饮料	0.2
	蜜饯凉果	0.5
	浓缩果蔬汁（浆）（仅限食品工业用）	2.0
山梨酸 山梨酸钾	酱油、食醋、果酱、乳酸菌饮料	1.0
	酱及酱制品、蜜饯凉果、冰棍类、饮料类（包装饮用水除外）	0.5
	果酒	0.6
	葡萄酒	0.2
	熟肉制品、预制水产品（半成品）	0.075
	浓缩果蔬汁（浆）（仅限食品工业用）	2.0
对羟基苯甲酸乙酯（又名尼泊金乙酯）	酱油、酱及酱制品、果酱（不包括罐头）、果汁（果味）型饮料	0.25
	食醋	0.25
	焙烤食品馅料及表面用挂浆（仅限糕点馅）糕点馅）	0.5（单一或混合用总量）
	经表面处理的鲜水果	0.012
	碳酸饮料	0.20
脱氢乙酸	发酵豆制品、腌渍食用菌和藻类	0.30
丙酸钙	调理肉制品（生肉添加调理料）	3.0
	熏、烧、烤肉类	

在食品添加剂的使用过程当中，其使用量应当受到严格的控制，必须按照标准规定的使用量进行使用，否则会对人体产生损害，严重的情况下可能危及生命。通过研究，我们发现食品添加剂对人体的影响有“剂量-效应”关系，即当我们的添加剂用量超过标准限值达到一定程度（浓度和剂量）时，才会表现出毒害作用，例如：长期摄入食用色素超标的食物，可能会诱发肝癌，

导致哮喘加重，引起儿童多动症等问题；亚硝酸盐作为肉制品发色剂使用不当就可能会和肉制品中的胺类物质发生反应，形成致癌性很强的亚硝基化合物；有的食品剂使用不当还有可能在人体中发生累积现象，引起慢性中毒，例如抗氧化剂定基羟基茴香醚（BHA）；一些的食品添加剂如果使用不当还会导致食品中的营养物质被破坏。因此对于食品添加剂的测定是十分有必要的，下面以食品中的防腐剂和护色剂两类食品添加剂作为例，学习食品添加剂的检测方法

二、苯甲酸及其盐类

我国食品工业当中使用最为广泛的是苯甲酸及其钠盐、山梨酸钾及其钾盐。

（一）苯甲酸

因最早在安息香胶内被发现，故又称安息香酸，是羧基直接与苯环碳原子相连接的最简单的芳香酸，分子学式为：$C_7H_6O_2$。其在自然界中广泛存在，以游离酸、酯或其衍生物等多种形态存在，在安息香胶中以游离酸和苄酯的形式存在，在某些香精中以甲酯或苄酯的形式存在，在某些植物的叶和茎中以游离酸的形式存在；在人体代谢中，以苯甲酸的衍生物马尿酸的形式被排出体外。苯甲酸是重要的化工原料及产品，在食品、医药、精细化工等行业有着广泛的应用。其结构式如图 5-1 所示。

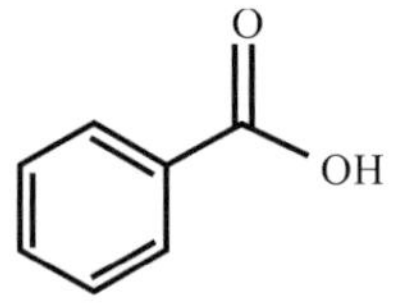

图 5-1　苯甲酸结构式

苯甲酸的防腐机理：苯甲酸具有很强的亲脂性，能够透过细胞膜进入细胞内，从而干扰细菌、霉菌等微生物的细胞膜通透性，抑制细胞膜对氨基酸的吸收。同时苯甲酸分子可以发生电离，产生氢原子，从而使得细胞内部酸化，中和掉微生物细胞内的碱性物质，同时还破坏了微生物细胞的酶活性，干扰乙酰辅酶 A 的缩合反应，从而抑制微生物的生长繁殖，从而达到延长食品保藏期的作用。

苯甲酸和苯甲酸钠均为酸性防腐剂，在碱性介质中，因酸碱中和作用将丧失防腐作用，pH 在 2.5 ~ 4.0 范围内具有最佳的防腐效果，当 pH 大于 5.0 时，防腐杀菌效果将大幅度下降。

（二）苯甲酸钠

苯甲酸钠也称安息香酸钠，是一种有机物，分子式为 $C_7H_5NaO_2$，是一种白色颗粒或晶体粉末，无臭或微带安息香气味，味微甜，有收敛味，相对分子质量为 144.12，在空气中稳定，易溶于水，其水溶液的 pH 值为 8，可溶于乙醇。其结构式如图 5-2 所示。

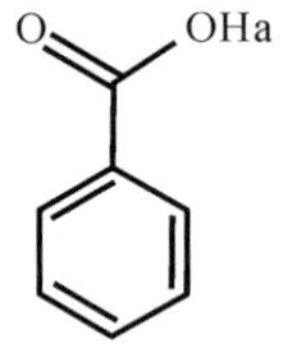

图 5-2　苯甲酸钠结构式

苯甲酸 25 °C 下，水中溶解度为 0.34 g/100 mL，微溶于水；苯甲酸钠 20 °C 下，溶解度约为 53 g/100 mL，易溶于水。因此当食品水分含量较高时，常使用苯甲酸钠。

苯甲酸钠防腐机理：苯甲酸具有较大的亲油性，摄入后苯甲酸钠能与胃酸发生反应，生成苯甲酸，防腐机理与苯甲酸一致。

（三）毒性

苯甲酸及其钠盐具有一定生物毒性，但毒性较小；苯甲酸钠毒性小于苯甲酸，其数据如下：

（1）苯甲酸：大鼠经口 LD_{50}：1 700 mg/kg（bw）。

（2）苯甲酸钠：大鼠经口 LD_{50}：6 300 mg/kg（bw）。

每日容许摄入量（ADI）：0 ~ 5 mg/kg（bw）（总量以苯甲酸计）（FAO/WHO，1994）。

危害性：每日口服 0.5 g 以下，对人体并无毒害，甚至用量不超过 4 g 对健康也无损害。在人体和动物组织中可与蛋白质成分的甘氨酸结合而解毒，形成马尿酸随尿排出。德国风险评估研究所（BfR）2005 年有研究发现，苯甲酸可能和某些饮料内的维生素 C 发生反应，形成少量的苯，苯是有毒的，因此苯甲酸具有不可忽视的潜在风险。同时过量的苯甲酸摄入也会对肝和肾造成不良影响。

三、山梨酸及其钾盐

（一）山梨酸

山梨酸又称为清凉茶酸、2,4-己二烯酸、2-丙烯基丙烯酸，分子式为 $C_6H_8O_2$，是国家法规规定允许使用的食品防腐剂，其外观为白色结晶性粉末，难溶于水，易溶于乙醇和其他有机溶剂，其微溶于水，溶于丙二醇，无水乙醇和甲醇等。除了作为食品防腐剂之外，山梨酸还广泛用于动物饲料、化妆品、药品、包装材料和橡胶助剂等领域。其结构式如图 5-3 所示。

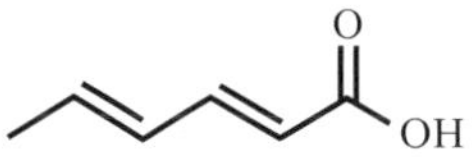

图 5-3　山梨酸结构式

山梨酸防腐机理：山梨酸能作用于微生物的脱氢酶系统，从而破坏微生物正常生理活动，达到抑制微生物繁殖的目的，其对细菌、霉菌、酵母菌均有抑制作用。山梨酸为酸性防腐剂，其适用范围 pH 4.5 ~ 6，过高的 pH 会导致山梨酸丧失防腐效力。

（二）山梨酸钾

山梨酸钾又名 2,4-己二烯酸钾，是山梨酸的钾盐，分子式为 $C_6H_7O_2K$，白色至浅黄色鳞片状结晶、晶体颗粒或晶体粉末，无臭或微有臭味，长期暴露在空气中易吸潮、被氧化分解而变色。易溶于水，溶于丙二醇和乙醇。其结构式如图 5-4 所示。

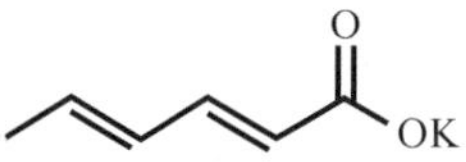

图 5-4　山梨酸钾结构式

因山梨酸难溶于水，在食品中使用不便，而山梨酸钾易溶于水，因此山梨酸钾替代山梨酸被广泛使用于食品工业中。

山梨酸钾的防腐原理与山梨酸一致，均为破坏微生物的脱氢氧化酶系统，从而达到抑制微生物繁殖的目的。

（三）毒性

山梨酸为低毒性；山梨酸钾是国际公认的低毒、高效的酸型食品防腐剂，与山梨酸具有相同的防腐效果。

（1）山梨酸：大鼠经口 LD_{50}：7360/kg（bw）。

（2）山梨酸钾：大白鼠经口 LD_{50}：4 920 mg/kg（bw）。

每日容许摄入量 ADI：0 ~ 25 mg/kg（bw）（包括山梨酸及其盐类，以山梨酸计）（FAO/WHO，2001）。

危害性：山梨酸在人体代谢系统内能迅速吸收分解成为二氧化碳和水，根据实验，其毒性为食盐的 1/2，苯甲酸钠的 1/40，被美国食药监局（FDA）列入 GRAS（Generally Recognized as Safe）名录。

项目实施

工作任务 1　雪碧中苯甲酸的测定

一、任务依据

依据《食品安全国家标准　食品中苯甲酸、山梨酸和糖精钠的测定》（GB 5009.28—2016）制定检验流程。

二、任务准备

1. 液相色谱法

（1）材料：水相微孔滤膜：0.22 μm、塑料离心管：50 mL。

（2）仪器设备：高效液相色谱仪：配紫外检测器。分析天平：感量为 0.001 g 和 0.000 1 g、涡旋振荡器、离心机：转速>8 000 r/min、匀浆机、恒温水浴锅、超声波发生器。

（3）试剂：氨水（$NH_3 \cdot H_2O$）、亚铁氰化钾[$K_4Fe(CN)_6 \cdot 3H_2O$]、乙酸锌[Zn(CH3COO)$_2$ · 2H2O]、无水乙醇（CH_3CH_2OH）、正己烷（C_6H_{14}）、甲醇（CH_3OH，色谱纯）、乙酸铵（CH_3COONH_4，色谱纯）、甲酸（HCOOH，色谱纯）。

（4）标准品：苯甲酸钠（C_6H_5COONa，CAS 号：532-32-1，纯度≥99.0%）；或苯甲酸（C_6H_5COOH，CAS 号：65-85-0，纯度≥99.0%），或经国家认证并授予标准物质证书的标准物质。

2. 气相色谱法

（1）材料：塑料离心管：50 mL。

（2）仪器设备：气相色谱仪：带氢火焰离子化检测器（FID）、分析天平：感量为 0.001 g 和 0.000 1 g、涡旋振荡器、离心机：转速>8 000 r/min、匀浆机、氮吹仪。

（3）试剂：乙醚（$C_2H_5OC_2H_5$）、乙醇（C_2H_5OH）、正己烷（C_6H_{14}）、乙酸乙酯（CH_3CO_2C2H$_5$，色谱纯）、盐酸（HCl）、氯化钠（NaCl）、无水硫酸钠（Na_2SO_4，500 °C 烘 8 h，于干燥器中冷却至室温后备用）。

（4）标准品：苯甲酸（C_6H_5COOH，CAS 号：65-85-0，纯度≥99.0%），或经国家认证并授予标准物质证书的标准物质。

三、任务流程

1. 液相色谱法

（1）试样制备。

取多个雪碧样品直接混合，取其中的 200 g 装入玻璃容器中，密封，液体试样于 4 °C 保存。准确称取约 2 g（精确到 0.001 g）试样于 50 mL 具塞离心管中，加水约 25 mL，涡旋混匀，于 50 °C 水浴超声 20 min，冷却至室温后加亚铁氰化钾溶液 2 mL 和乙酸锌溶液 2 mL，混匀，于 8 000 r/min 离心 5 min，将水相转移至 50 mL 容量瓶中，于残渣中加水 20 mL，涡旋混匀后超声 5 min，于 8 000 r/min 离心 5 min，将水相转移到同一 50 mL 容量瓶中，并用水定容至刻度，混匀。取适量上清液过 0.22 μm 滤膜，待液相色谱测定。

（2）试剂配制。

氨水溶液（1 + 99）：取氨水 1 mL，加到 99 mL 水中，混匀。

亚铁氰化钾溶液（92 g/L）：称取 106 g 亚铁氰化钾，加入适量水溶解，用水定容至 1 000 mL。

乙酸锌溶液（183 g/L）：称取 220 g 乙酸锌溶于少量水中，加入 30 mL 冰乙酸，用水定容至 1 000 mL。

乙酸铵溶液（20 mmol/L）：称取 1.54 g 乙酸铵，加入适量水溶解，用水定容至 1 000 mL，经 0.22 μm 水相微孔滤膜过滤后备用。

甲酸-乙酸铵溶液（2 mmol/L 甲酸 + 20 mmol/L 乙酸铵）：称取 1.54 g 乙酸铵，加入适量水溶解，再加入 75.2 μL 甲酸，用水定容至 1 000 mL，经 0.22 μm 水相微孔滤膜过滤后备用。

（3）标准溶液的配制。

苯甲酸标准储备溶液（1 000 mg/L）：分别准确称取苯甲酸钠 0.118 g（精确到 0.000 1 g），用水溶解并分别定容至 100 mL。于 4 °C 贮存，保存期为 6 个月。当使用苯甲酸和山梨酸标准品时，需要用甲醇溶解并定容。

苯甲酸混合标准中间溶液（200 mg/L）：分别准确吸取苯甲酸标准储备溶液各 10.0 mL 于 50 mL 容量瓶中，用水定容。于 4 °C 贮存，保存期为 3 个月。

苯甲酸混合标准系列工作溶液：分别准确吸取苯甲酸、中间溶液 0 mL、0.05 mL、0.25 mL、0.50 mL、1.00 mL、2.50 mL、5.00 mL 和 10.0 mL，用水定容至 10 mL，配制成质量浓度分别为 0 mg/L、1.00 mg/L、5.00 mg/L、10.0 mg/L、20.0 mg/L、50.0 mg/L、100 mg/L 和 200 mg/L 的混合标准系列工作溶液。临用现配。

（4）仪器参数设置（色谱条件）。

色谱柱：C18 柱，柱长 250 mm，内径 4.6 mm，粒径 5 μm，或等效色谱柱。

流动相：甲醇 + 乙酸铵溶液 = 5 + 95。

流速：1 mL/min。

检测波长：230 nm。

进样量：10 μL。

（5）标准曲线绘制。

将混合标准系列工作溶液分别注入液相色谱仪中，测定相应的峰面积，以混合标准系列工作溶液的质量浓度为横坐标，以峰面积为纵坐标，绘制标准曲线。

（6）试样溶液的测定。

将试样溶液注入液相色谱仪中，得到峰面积，根据标准曲线得到待测液中苯甲酸的质量浓度。

（7）结果计算。

试样中苯甲酸的含量按下式计算：

$$X = \frac{\rho V}{m \times 1\,000}$$

式中　X——试样中待测组分含量，g/kg；

ρ——由标准曲线得出的试样液中待测物的质量浓度，mg/L；

V——试样定容体积，mL；

m——试样质量，g；

1 000——由 mg/kg 转换为 g/kg 的换算因子。

结果保留 3 位数字。

2. 气相色谱法

（1）试样制备。

取多个预包装的样品，其中均匀样品直接混合，非均匀样品用组织匀浆机充分搅拌均匀，取其中的 200 g 装入洁净的玻璃容器中，密封，水溶液于 4 °C 保存，其他试样于 – 18 °C 保存。准确称取约 2.5 g（精确至 0.001 g）试样于 50 mL 离心管中，加 0.5 g 氯化钠、0.5 mL 盐酸溶液（1 + 1）和 0.5 mL 乙醇，用 15 mL 和 10 mL 乙醚提取两次，每次振摇 1 min，于 8 000 r/min 离心 3 min。每次均将上层乙醚提取液通过无水硫酸钠滤入 25 mL 容量瓶中。加乙醚清洗无水硫酸钠层并收集至约 25 mL 刻度，最后用乙醚定容，混匀。准确吸取 5 mL 乙醚提取液于 5 mL 具塞刻度试管中，于 35 °C 氮吹至干，加入 2 mL 正己烷-乙酸乙酯（1 + 1）混合溶液溶解残渣，待气相色谱测定。

（2）试剂配制。

盐酸溶液（1 + 1）：取 50 mL 盐酸，边搅拌边慢慢加入到 50 mL 水中，混匀。

氯化钠溶液（40 g/L）：称取 40 g 氯化钠，用适量水溶解，加盐酸溶液 2 mL，加水定容到 1 L。

正己烷-乙酸乙酯混合溶液（1 + 1）：取 100 mL 正己烷和 100 mL 乙酸乙酯，混匀。

（3）标准溶液的配制。

苯甲酸、山梨酸标准储备溶液（1 000 mg/L）：分别准确称取苯甲酸、山梨酸各 0.1 g（精确到 0.000 1 g），用甲醇溶解并分别定容至 100 mL。转移至密闭容器中，于 – 18 °C 贮存，保存期为 6 个月。

苯甲酸、山梨酸混合标准中间溶液（200 mg/L）：分别准确吸取苯甲酸、山梨酸标准储备溶液各 10.0 mL 于 50 mL 容量瓶中，用乙酸乙酯定容。转移至密闭容器中，于 – 18 °C 贮存，保存期为 3 个月。

苯甲酸、山梨酸混合标准系列工作溶液：分别准确吸取苯甲酸、山梨酸混合标准中间溶液 0 mL、0.05 mL、0.25 mL、0.50 mL、1.00 mL、2.50 mL、5.00 mL 和 10.0 mL，用正己烷-乙酸乙酯混合溶剂（1 + 1）定容至 10 mL，配制成质量浓度分别为 0 mg/L、1.00 mg/L、5.00 mg/L、10.0 mg/L、20.0 mg/L、50.0 mg/L、100 mg/L 和 200 mg/L 的混合标准系列工作溶液。临用现配。

（4）仪器参数设置（色谱条件）。

色谱柱；聚乙二醇毛细管气相色谱柱，内径 320 μm，长 30 m，膜厚度 0.25 μm，或等效色谱柱。

载气：氮气，流速 3 mL/min。

空气：400 L/min。

氢气：40 L/min。

进样口温度：250 °C。

检测器温度：250 °C。

柱温程序.初始温度 80 °C，保持 2 min，以 15 °C/min 的速率升温至 250 °C，保持 5 min。

进样量：2 只。

分流比：10 ∶ 1。

（5）标准曲线绘制。

将混合标准系列工作溶液分别注入气相色谱仪中，以质量浓度为横坐标，以峰面积为纵坐标，绘制标准曲线。

（6）试样溶液的测定。

将试样溶液注入气相色谱仪中，得到峰面积，根据标准曲线得到待测液中苯甲酸、山梨酸的质量浓度。

（7）结果计算。

试样中苯甲酸、山梨酸含量按下式计算：

$$X=\frac{\rho\times V\times 25}{m\times 5\times 100}$$

式中 X——试样中待测组分含量，g/kg；

p——由标准曲线得出的样液中待测物的质量浓度，mg/L；

V——加入正已烷-乙酸乙酯（1 + 1）混合溶剂的体积，mL；

25——试样乙醚提取液的总体积，mL；

m——试样的质量，g；

5——测定时吸取乙醚提取液的体积，mL；

1 000——由 mg/kg 转换为 g/kg 的换算因子。

结果保留 3 位有效数字。

四、数据记录及处理

表 5-2 酱油中苯甲酸和山梨酸测定数据记录

<table>
<tr><td rowspan="8">基本信息</td><td colspan="2">样品名称</td><td></td><td>检测依据</td><td></td></tr>
<tr><td colspan="2">检测项目</td><td></td><td>检测方法</td><td></td></tr>
<tr><td rowspan="6">气相色谱条件</td><td>色谱柱</td><td></td><td>载气</td><td></td></tr>
<tr><td>空气流速</td><td></td><td>氢气流速</td><td></td></tr>
<tr><td>进样口温度</td><td></td><td>检测器温度</td><td></td></tr>
<tr><td>柱温程序</td><td colspan="3"></td></tr>
<tr><td>进样量</td><td></td><td>分流比</td><td></td></tr>
</table>

续表

检测数据	样品编号	1	2
	称取试样质量/g		
	由标准曲线得出的样液中苯甲酸的质量分数/（mg/L）		
	样品中苯甲酸含量/（g/kg）		
	精密度/%		
	由标准曲线得出的样液中山梨酸的质量分数/（mg/L）		
	样品中山梨酸含量/（g/kg）		
	精密度/%		
检测结果计算			

四、注意事项

（1）样品处理时酸化，可使山梨酸钾/苯甲酸钠转变为山梨酸/苯甲酸。
（2）乙醚提取液应用无水硫酸钠充分脱水，否则进样溶液中含水会影响测定结果。

五、任务评价

表 5-3　任务评价

序号	任务步骤	任务内容	技能操作要点
1	准备工作	着装，仪器开机准备	着工作服，整洁，提前开机预热
2	试样的制备和提取	称量，提取，离心	正确称取样品
3	样品测定	设定色谱条件，标准溶液与试样溶液上机检测	色谱条件设置正确
4	结束工作	整理	废液处理，清洗、整理实验用仪器和台面
		文明操作	无器皿破损、仪器损坏
		实验室安全	安全操作
5	实验结果	苯甲酸和山梨酸的含量的计算	能正确读取数据，利用计算公式计算，能正确保留有效数字

思考练习

一、选择题

1. 下列物质具有防腐剂特性的是（　　）。

A. 苯甲酸钠　　B. 硫酸盐　　C. BHT　　D. HPDE

2 下列测定方法不能用于食品中苯甲酸的测定的是（　　）。

A. 气相色谱法　　B. 薄层色谱法

C. 高效液相色谱法　　D. 二硫腙光度法

3. 下列属于我国许可使用的防腐剂的一项是（　　）。

A. 苯乙酸和脱氢醋酸　　B. 苯甲酸钠和乙酸钙

C. 对羟基苯甲酸乙酯和苯甲酸　　D. 乙酸钙和乙酸钠

二、计算题

今有某一品牌果酒，为检测其中的山梨酸，准确量取 20.00 mL 样品，其相当的质量为 10.008 g，经处理后，用色谱法测定其中的山梨酸含量，当进样量为 5μL 时，测得山梨酸的峰高值为 100 mm，已知山梨酸标准溶液测得的 K 值为 0.01ng/mm，求样品中山梨酸的含量（以 mg/kg 表示）。

三、简答题

（1）什么是食品添加剂？中国允许使用的食品添加剂有几种？

（2）常用的防腐剂有哪些？如何用气相色谱法测苯甲酸的含量？

任务二　护色剂的测定

学习目标

（1）了解食品中使用护色剂和测定护色剂的意义。

（2）掌握常见护色剂的基本知识。

（3）掌握常见护色剂测定的基本原理。

（4）掌握火腿肠中亚硝酸盐的测定方法

背景知识

一、护色剂的作用

护色剂定义：食品护色剂是指本身不具有颜色，但能使食品产生颜色或使食品的色泽得到改善（如加强或保护）的食品添加剂，也叫发色剂或呈色剂。

那么使用护色剂的意义是什么呢？食品的可接受性（Acceptablity）是食品的一个重要属性，也是反映食品质量的重要指标，集中表现为食品的感官品质，这直接关系到食品被消费者接受的程度，直接表现为食品的颜色、滋味和香气。孔子曾经总结过饮食的基本原则："色恶，不食；嗅恶，不食；不得其酱，不食。"指的就是食品的色、香、味。

悦目的颜色对于食品是一种非常重要的属性，通过赏心悦目的颜色，人体的消化器官就会由准备状态进入工作状态，这是以一种条件反射。苏联生物学家巴浦洛夫把这种现象称为"反射相分泌"，所谓"望梅止渴"指的就是这样一种现象"。因此保证食物的良好色泽，既是人门的生理需求，也是人们的心理需求。

食品中颜色的来源多种多样，既有食品的天然色素带来的色泽，也有人工合成色素使用带来的颜色。其中的天然色素多不稳定，如果不加以保护，在食品运输储藏的过程当中就会出现褪色等不利于食品品质的现象，因此护色剂的使用是必须的。

二、亚硝酸盐

在食品中常用的护色剂有异抗坏血酸钠、三聚磷酸钠、亚硝酸盐等。对于肉制品来说最为常用的护色剂是亚硝酸盐类，其在肉制品中的护色原理是亚硝酸盐在酸性条件下会分解产生亚硝基（-NO），亚硝基会迅速与肉制品中的肌红蛋白发生反应，生成稳定而颜色靓丽鲜艳的亚硝基肌红蛋白，从而保证了肉制品颜色的鲜艳，特别是在午餐肉、火腿肠中有着广泛的应用。亚硝酸盐的食品添加剂国际编号（INS）为 250，因此有些视频上会使用 250 号添加剂作为代称。除此之外，亚硝酸盐还可以抑制细菌的增长，抑制微生物对于食品颜色的破坏作用。

毒性：亚硝酸盐类毒性较大，属于高毒的危化品，口服-大鼠 LD50：85 mg/kg（bw）。

危害性：亚硝酸盐代表性物质亚硝酸钠急性中毒症状为紫绀，症状体征有头痛、头晕、乏力、胸闷、气短、心悸、恶心、呕吐、腹痛、腹泻，口唇、指甲及全身皮肤、黏膜紫绀等；严重者意识模糊、烦躁不安、昏迷、呼吸衰竭直至死亡，这是因为亚硝酸盐能与血红蛋白作用，将血红蛋白中正常的二价铁离子氧化成为三价铁离子，形成高铁血红蛋白，高铁血红蛋白能抑制正常血红蛋白的携氧能力和释放氧气的功能，从而导致组织缺氧。并且亚硝酸盐具有致癌性，因其在烹调和消化过程中会形成致癌物亚硝胺类化合物。食品中的硝酸盐也会因亚硝基化菌的作用而还原成亚硝酸盐，导致食品中亚硝酸盐含量增高。

综上所述，亚硝酸盐在食品加工中的使用受到严格管理，按照《食品安全国家标准　食品添加剂使用标准》（GB 2760—2014）的要求，作为亚硝酸盐代表性物质亚硝酸钠、亚硝酸钾在食品中使用限量为小于 0.15 g/kg。需要强调的是，亚硝酸盐类虽然毒性较大，但作为食品添加剂，只要严格按照国家法律法规的要求使用，对人的健康是不会产生显著伤害的。

项目实施

工作任务 2　火腿肠中亚硝酸盐的测定

一、任务依据

依据《食品安全国家标准　食品中亚硝酸盐与硝酸盐测定》（GB 5009.33—2016）制定检验流程。

二、任务准备

采用格里斯试剂比色法（分光光度法）。

（1）原理。

样品经沉淀蛋白质、除去脂肪后，在弱酸条件下亚硝酸盐与对氨基苯磺酸重氮化，再与 N-1-萘基乙二胺偶合形成紫红色染料，与标准比较定量。

（2）仪器。

天平（感量为 0.1 mg 和 1 mg）、组织捣碎机、超声波清洗器、恒温干燥箱、分光光度计。

（3）试剂。

亚铁氰化钾溶液：称取 106.0 g 亚铁氰化钾，用水溶解，并稀释至 1 000 mL。

乙酸锌溶液：称取 220.0 g 乙酸锌，加 30 mL 冰乙酸溶于水，并稀释至 1 000 mL。

饱和硼砂溶液：称取 5.0 g 硼酸钠，溶于 100 mL 热水中，冷却后备用。

对氨基苯磺酸溶液：4 g/L。称取 0.4 g 对氨基苯磺酸，溶于 100 mL 20%盐酸中，置于棕色瓶中混匀，避光保存。

盐酸萘乙二胺溶液：2 g/L。称取 0.2 g 盐酸萘乙二胺，溶解于 100 mL 水中，混匀后，置棕色瓶中，避光保存。

亚硝酸钠标准溶液：准确称取 0.100 0 g 于硅胶干燥器中干燥 24 h 的亚硝酸钠，加水溶解移入 500 mL 容量瓶中，加水稀释至刻度，混匀。此溶液每毫升相当于 200/g 的亚硝酸钠。

亚硝酸钠标准使用液：临用前，吸取亚硝酸钠标准溶液 5.00 mL，置于 200 mL 容量瓶中，加水稀释至刻度。此溶液每毫升相当于 5.0 mg 的亚硝酸钠。

（4）标准品。

亚硝酸钠（$NaNO_2$，CAS 号：7632-00-0）：基准试剂，或采用具有标准物质证书的亚硝酸盐标准。

三、任务流程

（1）试样制备。

肉类、蛋、水产及其制品：用四分法取适量或取全部，用食物粉碎机制成匀浆备用。称取 5.0 g（精确到 0.001 g）样品，置于 50 mL 烧杯中，加 12.5 mL 饱和硼砂溶液，搅拌均匀，以 70 °C 左右的水约 300 mL 将试样溶入 500 mL 容量瓶中，于沸水浴中加热 15 min，取出后冷却至室温备用。

之后加入 5 mL 亚铁氰化钾溶液，摇匀后再加入 5 mL 乙酸锌溶液沉淀样品中蛋白质，随后加水至刻度线，摇匀后静置 30 min，去除上层脂肪，所得清液用滤纸过滤去除初滤液 30 mL，其余滤液备用。

（2）标准溶液配制。

亚硝酸钠标准溶液（200 μg/mL，以亚硝酸钠计）：准确称取 0.100 0 g 于 110 ~ 120 °C 干燥恒重的亚硝酸钠，加水溶解，移入 500 mL 容量瓶中，加水稀释至刻度，混匀。

亚硝酸钠标准使用液（5.0 μg/mL）：临用前，吸取 2.50 mL 亚硝酸钠标准溶液，置于 100 mL 容量瓶中，加水稀释至刻度。

（3）样品测定

吸取 40.0 mL 上述滤液于 50 mL 带塞比色管中，另吸取 0.00 mL、0.20 mL、0.40 mL、0.60 mL、0.80 mL、1.00 mL、1.50 mL、2.00 mL、2.50 mL 亚硝酸钠标准使用液（相当于 0.0 μg、1.0 μg、2.0 μg、3.0 μg、4.0 μg、5.0 μg、7.5 μg、10.0 μg、12.5 μg 亚硝酸钠），分别置于 50 mL 带塞比色管中。于标准管与试样管中分别加入 2 mL 4 g/L 浓度的对氨基苯磺酸溶液，混匀，静置 3 ~ 5 min 后各加入 1 mL 2 g/L 盐酸萘乙二胺溶液，加水至刻度，混匀，静置 15 min，用 1 cm 比色杯，以零管调节零点，于波长 538 nm 处测吸光度，绘制标准曲线比较。同时做试剂空白，随后根据测定的样品读数，通过标准曲线计算出实际的亚硝酸盐的含量。

（4）结果计算。

亚硝酸盐（以亚硝酸钠计）的含量按照下式进行计算：

$$X=\frac{m_1\times 1\,000}{m_2\times\left(\frac{V_1}{V_0}\right)\times 1\,000}$$

式中　X——试样中亚硝酸钠的含量，mg/kg；

m_1——测定用样液中亚硝酸钠的质量，μg；

1 000——转换系数；

m_2——试样质量，g；

V_1——测定用样液体积，mL；

V_0——试样处理液总体积，mL。

结果保留 2 位有效数字。

（5）精密度。

在重复性条件下获得的两次独立测定结果的绝对差值不得超过算术平均值的 10%。

四、数据记录及处理

表 5-4　火腿肠中亚硝酸盐测定数据记录

<table>
<tr><td rowspan="2">基本信息</td><td>样品名称</td><td colspan="4"></td><td colspan="4">检测依据</td><td colspan="3"></td></tr>
<tr><td>检测项目</td><td colspan="4"></td><td colspan="4">检测方法</td><td colspan="3"></td></tr>
<tr><td rowspan="5">检测数据</td><td>亚硝酸钠标准溶液的浓度/（μg/mL）</td><td colspan="11"></td></tr>
<tr><td>样品编号</td><td>1</td><td>2</td><td>3</td><td>4</td><td>5</td><td>6</td><td>7</td><td>8</td><td>9</td><td>样 1</td><td>样 2</td></tr>
<tr><td>标液用量/g</td><td></td><td></td><td></td><td></td><td></td><td></td><td></td><td></td><td></td><td></td><td></td></tr>
<tr><td>相当于亚硝酸钠质量/μg</td><td></td><td></td><td></td><td></td><td></td><td></td><td></td><td></td><td></td><td></td><td></td></tr>
<tr><td>吸光度</td><td></td><td></td><td></td><td></td><td></td><td></td><td></td><td></td><td></td><td></td><td></td></tr>
<tr><td>检测结果计算</td><td colspan="12"></td></tr>
</table>

四、注意事项

（1）亚硝酸盐容易氧化为硝酸盐。样品处理时，加热的时间与温度均要控制。

（2）配制标准溶液的固体亚硝酸钠可长期保存在硅胶干燥器中，若有必要，可在 80 °C 环境下烘去水分后称量。

（3）饱和硼砂溶液在实验过程中有两个作用：① 作为亚硝酸盐的提取剂；② 作为蛋白质沉淀剂。

（4）亚铁氰化钾溶液，乙酸锌溶液作为蛋白质沉淀剂，使产生的亚铁氰化锌沉淀与蛋白质产生共同沉淀，蛋白质沉淀剂也可采用硫酸锌溶液（30%）。

（5）每次使用比色皿前都应将比色皿用蒸馏水洗干净，再用所盛装的溶液润洗三次，才能进行比色，比色测定时，应从低浓度向高浓度测定以免高浓度给低浓度造成太大影响。

（6）当亚硝酸盐含量高时，过量的亚硝酸盐可以将偶氮化合物氧化变成黄色，而使红色消失，这时应将样品处理液稀释后再做，最好是样品的吸光度落在标准曲线的吸光度之内。

（7）盐酸萘乙二铵有致癌作用，使用时应注意安全。

五、任务评价

表 5-5　任务评价

序号	任务步骤	任务内容	技能操作要点
1	准备工作	着装，仪器开机准备	着工作服，整洁，提前开机预热
2	样品处理	将样品混匀并制备净化提取液	均匀试样的制备，提取液制备，提取液净化
3	标准曲线绘制	亚硝酸盐标准使用液的制备和标准曲线绘制	能正确制备亚硝酸盐标准使用液，能正确使用分光光度计，能正确绘制亚硝酸盐标准曲线
4	测定	样品液吸光度的测定	正确控制显色条件，能正确使用分光光度计
5	结束工作	整理	废液处理，清洗、整理实验用仪器和台面
		文明操作	无器皿破损、仪器损坏
		实验室安全	安全操作
6	实验结果	含量计算	能正确读取数据，利用计算公式计算，能正确保留有效数字

思考练习

一、填空题

（1）食品添加剂按其来源可分为天然食品添加剂和________________两大类。

（2）亚硝酸盐在食品加工中常用作_______，与食盐并用可增加抑菌作用，对有特殊的抑制作用。

（3）亚硝酸盐的定性鉴定方法是在试样中加盐酸、加热，如有__________颜色的气体产生，则试样中就有亚硝酸盐。

（4）硝酸盐和亚硝酸盐加在肉制品中后转化为亚硝酸，亚硝酸易分解出亚硝基（-NO），生成的亚硝基会很快与__________反应生成亮红色的亚硝基肌红蛋白，使肉制品呈现__________。

（5）亚硝酸盐与仲胺反应生成具有__________的亚硝胺。

（6）分光光度法测定亚硝酸盐的原理是，在__________条件下，亚硝酸盐与重氮化后，再与__________偶合，形成__________的染料。

（7）用比色法测定食品中硝酸钠含量.应先用镉柱将 $NaNO_3$ 还原为__________再进行测定。镉柱使用前，应先用__________洗涤，不用时用__________封盖，并保持在镉层之上。检验镉柱符合要求的条件是__________。

二、选择题

1. 以亚硝酸钠含量转化为硝酸钠含量的计算系数为（　　）。

   A. 0.232　　B. 1.0　　C. 6.25　　D. 1.232

2. 在测定亚硝酸盐含量时，在样品液中加入饱和硼砂溶液的作用是（　　）。

   A. 提取亚硝酸盐　　B. 稀释　　C. 便于过滤　　D. 还原硝酸盐

3. 在测定火腿肠中亚硝酸盐含量时，加入（　　）做蛋白质沉淀剂。

   A. 硫酸钠　　B. 硫酸铜　　C. 亚铁氰化钾和乙酸锌　　D. 乙酸铅

三、简答题

1. 亚硝酸盐和硝酸盐在食品中有何应用？有何危害？其测定意义是什么？
2. 简述硝酸盐和亚硝酸盐的护色机理是什么。
3. 亚硝酸盐测定中饱和硼砂溶液起什么作用？亚铁氰化钾和乙酸锌溶液起什么作用？
4. 测定亚硝酸盐含量时，试样溶液的酸度对测定结果是否有影响？为什么？
5. 镉柱法测定硝酸盐时.如何防止镉柱被氧化？

任务三　漂白剂的测定

学习目标

（1）了解漂白剂的概念、分类。
（2）熟悉亚硫酸盐类的测定方法。
（3）掌握蒸馏法测定亚硫酸盐类的原理及操作要点。

背景知识

一、概　述

在食品生产加工过程中，为使食品保持其特有的色泽，常加入漂白剂。漂白剂是破坏或抑制食品的发色因素使食品褪色或使之免于褐变的物质。食品中常用的漂白剂大都属于亚硫酸及其盐类，通过其所产生的二氧化硫的还原作用使之褪色，同时还有抑菌及抗氧化等作用，广泛应用于食品的漂白与保藏。

根据食品添加剂的使用标准，漂白剂的使用不应对食品的品质、营养价值及保存期产生不良影响。二氧化硫和亚硫酸盐本身无营养价值，也不是食品的必需成分，而且还有一定的腐蚀性，少量摄取时，经体内代谢成硫酸盐，从尿排出体外，一天摄取 4 ~ 6 g 可损害肠胃，造成激烈腹泻，因此对其使用量有严格的限制。如国家标准规定：残留量以 SO_2 计，竹笋、蘑菇残留量不得超过 25 mg/kg；饼干、食糖、罐头不得超过 50 mg/kg；赤砂糖及其他不得超过 100 mg/kg。

二、硫酸盐和二氧化硫的测定

测定二氧化硫和亚硫酸盐的方法有盐酸副玫瑰苯胺光度法、中和滴定法、蒸馏法、高效液相色谱法和极谱法等。

1. 盐酸副玫瑰苯胺光度法

（1）测定原理亚硫酸盐与四氯汞钠反应生成稳定的配合物，再与甲醛及盐酸副玫瑰苯胺作用生成紫红色配合物，与标准系列比较定量。

（2）试剂。

① 四氯汞钠吸收液：称取 13.6 g 氯化高汞及 6.0 g 氯化钠，溶于水中并稀释至 1 000 mL，放置过夜，过滤后备用。

② 氨基磺酸铵溶液：12 g/L。称取 1.2 g 氨基磺酸铵于 50 mL 烧杯中，用水转入 100 mL 容量瓶中，定容。

③ 甲醛溶液：2 g/L。吸取 0.55 mL 无聚合沉淀的甲醛（36%），加水定容至 100 mL，混匀。

④ 淀粉指示液：称取 1 g 可溶性淀粉，用少许水调成糊状，缓缓倾入 100 mL 沸水中，随加随搅拌，煮沸，放冷备用。该指示液临时现配。

⑤ 亚铁氰化钾溶液：称取 10.6 g 亚铁氰化钾［$K_4Fe(CN)_6 \cdot 3H_2O$］，加水溶解并稀释至 100 mL。

⑥ 乙酸锌溶液：称取 22 g 乙酸锌［$Zn(CH3COO)_2 \cdot 2H_2O$］溶于少量水中，加入 3 mL 冰乙酸，加水稀释至 100 mL。

⑦ 盐酸副玫瑰苯胺溶液：称取 0.1 g 盐酸副玫瑰苯胺（$C_{19}H_{18}N_3Cl \cdot 4H_2O$）于研钵中，加少量水研磨使溶解并稀释至 100 mL，取出 20 mL，置于 100 mL 容量瓶中，加盐酸（1 + 1），充分摇匀后使溶液由红变黄，如不变黄再滴加少量盐酸至出现黄色，再加水稀释至刻度，混匀备用（如无盐酸副玫瑰苯胺可用盐酸品红代替）。

盐酸副玫瑰苯胺的精制方法如下：

称取 20 g 盐酸副玫瑰苯胺于 400 mL 水中，用 50 mL 盐酸（1 + 5）酸化，徐徐搅拌，加 4 ~ 5 g 活性炭，加热煮沸 2 min。将混合物倒入大漏斗中，过滤（用保温漏斗趁热过滤）。滤液放置过夜，出现结晶，然后再用布氏漏斗抽滤，将结晶再悬浮于 1 000 mL 乙醚-乙醇（10∶1）的混合液中，振摇 3 ~ 5 min，以布氏漏斗抽滤，再用乙醚反复洗涤至醚层不带色为止，于硫酸干燥器中干燥，研细后储于棕色瓶中保存。

⑧ 碘溶液：$c\left(\frac{1}{2}I_2\right) = 0.100$ mol/L。称取 12.7 g 碘用水定容至 100 mL，混匀。

⑨ 硫代硫酸钠标准溶液：0.100 0 mol/L。

⑩ 二氧化硫标准溶液。

a. 配制。称取 0.5 g 亚硫酸氢钠，溶于 200 mL 四氯汞钠吸收液中，放置过夜，上清液用定量滤纸过滤备用。

b. 标定。吸取 10.0 mL 亚硫酸氢钠-四氯汞钠溶液于 250 mL 碘量瓶中，加 100 mL 水，准确加入 20.00 mL 碘溶液（0.05 mol/L）、5 mL 冰醋酸，摇匀，放置于暗处 2 min 后迅速以 0.100 0 mol/L 硫代硫酸钠标准溶液滴定至淡黄色，加 0.5 mL 淀粉指示液，继续滴定至无色。另取 100 mL 水，准确加入 0.05 mol/L 碘溶液 20.0 mL、5 mL 冰醋酸，按同一方法做试剂空白试验。按下式计算二氧化硫标准溶液浓度：

$$V = \frac{(V_2 - V_1)c \times 32.03}{10}$$

式中 X——二氧化硫标准溶液浓度，mg/mL；

V_1——测定用亚硫酸氢钠-四氯汞钠溶液消耗硫代硫酸钠标准溶液体积，mL；

V_2——试剂空白消耗硫代硫酸钠标准溶液体积，mL；

c——硫代硫酸钠标准溶液的摩尔浓度，mol/L；

32.03——1 mL 硫代硫酸钠（0.100 0 mol/L）标准溶液相当的二氧化硫的质量，mg/mmol。

⑪ 二氧化硫使用液：临用前将二氧化硫标准溶液以四氯汞钠吸收液稀释成每毫升相当于 2 μg 二氧化硫。

⑫ 氢氧化钠溶液：20 g/L。

⑬ 硫酸：1 + 71。

（3）仪器。

分光光度计。

（4）操作方法。

① 样品处理。

a. 水溶性固体。样品如白砂糖等，可称取约 10.00 g 均匀样品（样品量可视二氧化硫含量而定），以少量水溶解，置于 100 mL 容量瓶中，加入 4 mL 氢氧化钠溶液（20 g/L），5 min 后加入 4 mL 硫酸（1 + 71），然后加入 20 mL 四氯汞钠吸收液，以水稀释至刻度。

b. 其他固体样品。如饼干、粉丝等，可称取 5.0 ~ 10.0 g 研磨均匀的样品，以少量水湿润并移入 100 mL 容量瓶中，然后加入 20 mL 四氯汞钠吸收液浸泡 4 h 以上，若上层溶液不澄清可加入亚铁氰化钾溶液及乙酸锌溶液各 2.5 mL，最后用水稀释至 100 mL 刻度，过滤后备用。

c. 液体样品。如葡萄酒等，可直接吸取 5.0 ~ 10.0 mL 样品，置于 100 mL 容量瓶中，以少量水稀释，加 20 mL 四氯汞钠吸收液摇匀，最后加水至刻度混匀，必要时过滤备用。

② 测定。

吸取 0.5 ~ 5.0 mL 上述样品处理液于 25 mL 带塞比色管中。另吸取 0.00 mL、0.20 mL、0.40 mL、0.60 mL、0.80 mL、1.00 mL、1.50 mL、2.00 mL 二氧化硫标准使用液（相当于 0.0 μg、0.4 μg、0.8 μg、1.2 μg、1.6 μg、2.0 μg、3.0 μg、4.0 μg 二氧化硫）分别置于 25 mL 带塞比色管中。于样品及标准管中各加入四氯汞钠吸收液至 10 mL，然后再加入 1 mL 氨基磺酸铵溶液（12 g/L）、1 mL 甲醛溶液（2 g/L）及 1 mL 盐酸副玫瑰苯胺溶液摇匀，放置 20 min。用 1 cm 比色杯，以零管调节零点，于波长 550 nm 处测吸光度，绘制标准曲线比较。

（5）结果计算：

$$X = \frac{A_1 \times 1\,000}{m_1 \times \frac{V}{100} \times 1\,000 \times 1\,000}$$

式中 X——样品中二氧化硫的含量，g/kg；

A_1——测定用样液中二氧化硫的含量，μg；

m_1——样品质量，g；

V——测定用样液的体积，mL。

2. 蒸馏法

（1）测定原理。

在密闭容器中对样品进行酸化并加热蒸馏，释放出其中的二氧化硫，释放物用乙酸铅溶液吸收。吸收后用浓盐酸酸化，再以碘标准溶液滴定，由消耗的碘标准溶液的量计算样品中二氧化硫含量。

（2）试剂。

① 盐酸：1 + 1。浓盐酸用水稀释 1 倍。

② 乙酸铅溶液：20 g/L。称取 2 g 乙酸铅，溶于少量水中并稀释至 100 mL。

③ 碘标准溶液。

④ 淀粉指示液：10 g/L。称取 1 g 可溶性淀粉，用少许水调成糊状，缓缓倾入 100 mL 沸水中，随加随搅拌，煮沸 2 min，放冷，备用。此溶液应临用时配制。

（3）仪器。

全玻璃蒸馏器；碘量瓶；酸式滴定管。

（4）操作方法。

① 样品处理。

固体样品用刀切或剪刀剪成碎末后混匀，称取约 5.00 g 均匀样品（样品量可视含量高低而定）。液体样品可直接吸取 5.0 ~ 10.0 mL 样品，置于 500 mL 圆底蒸馏烧瓶中。

② 测定。

a. 蒸馏。将称好的样品置入圆底烧瓶中，加入 250 mL 水，装入冷凝装置，冷凝管下端应插入碘量瓶中的 25 mL 乙酸铅（20 g/L）吸收液中，然后，在蒸馏瓶中加入 10 mL 盐酸（1 + 1），立即盖塞加热蒸馏。当蒸馏液约 200 mL 时，使冷凝管下端离开液面，再蒸馏 1 min。用少量蒸馏水冲洗插入乙酸铅溶液中的装置部分。在检测样品的同时要做空白试验。

b. 滴定。在取下的碘量瓶中依次加入 10 mL 浓盐酸、1 mL 淀粉指示液（10 g/L）。摇匀之后用碘标准滴定溶液（0.005 mol/L）滴定至变蓝且在 30 s 内不褪色为止。

（5）结果计算：

$$X = \frac{(V_2 - V_1) \times 0.01 \times 0.032 \times 1\,000}{m}$$

式中 X——样品中二氧化硫总含量，g/kg；

V_1——滴定样品所用碘标准滴定溶液（0.01 mol/L）的体积，mL；

V_2——滴定试剂空白所用碘标准滴定溶液（0.01 mol/L）的体积，mL；

m——样品质量，g；

0.032——1 mL 碘标准溶液相当的二氧化硫的质量，g/mmol；

0.01——碘标准溶液浓度，mol/L。

项目实施

工作任务 3　葡萄酒中二氧化硫含量的测定

一、任务依据

依据《食品安全国家标准　食品中二氧化硫的测定》（GB 5009.34—2022）制定检验流程。

二、原　理

采用充氮蒸馏法处理试样，试样酸化后在加热条件下亚硫酸盐等系列物质释放二氧化硫，用过氧化氢溶液吸收蒸馏物，二氧化硫溶于吸收液被氧化生成硫酸，采用氢氧化钠标准溶液滴定，根据氢氧化钠标准溶液消耗量计算试样中二氧化硫的含量。

三、任务准备

1. 试　剂

（1）过氧化氢（H_2O_2）：30%。

（2）无水乙醇（C_2H_5OH）。

（3）氢氧化钠（NaOH）。

（4）甲基红（$C_{15}H_{15}N_3O_2$）。

（5）盐酸（HCl）（ρ_{20} = 1.19 g/mL）。

（6）氮气（纯度 > 99.9%）。

2. 试剂配制

（1）过氧化氢溶液（3%）：量取质量分数为 30%的过氧化氢 100 mL，加水稀释至 1 000 mL。临用时现配。

（2）盐酸溶液（6 mol/L）：量取盐酸（ρ_{20} = 1.19 g/mL）50 mL，缓缓倾入 50 mL 水中，边加边搅拌。

（3）甲基红乙醇溶液指示剂（2.5 g/L）：称取甲基红指示剂 0.25 g，溶于 100 mL 无水乙醇中。

3. 标准溶液配制

氢氧化钠标准溶液（0.1 mol/L）。

氢氧化钠标准溶液（0.01 mol/L）：移取氢氧化钠标准溶液（0.1 mol/L）10.0 mL 于 100 mL 容量瓶中，加无二氧化碳的水稀释至刻度。

4. 仪器和设备

（1）玻璃充氮蒸馏器：500 mL 或 1 000 mL，另配电热套、氮气源及气体流量计，或等效的蒸馏设备，装置原理图见图 5-5。

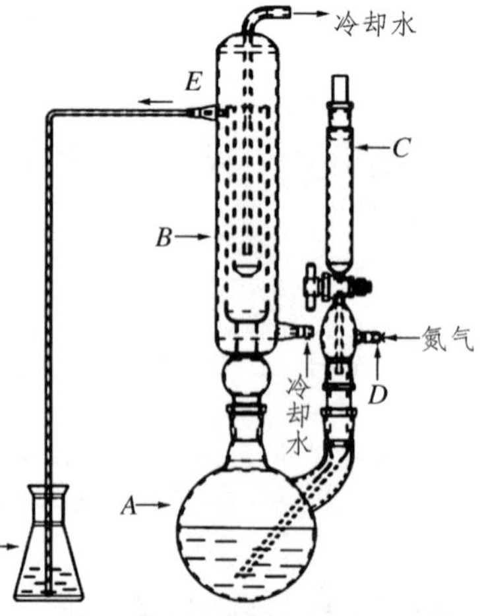

图 5-5　酸碱滴定法蒸馏仪器装置原理图

说明 A——圆底烧瓶；

B——竖式回流冷凝管；

C——（带刻度）分液漏斗；

D——连接氮气流入口；

E——SO_2 导气口；

F——接收瓶。

（2）电子天平。

（3）10 mL 半微量滴定管和 25 mL 滴定管。

（4）粉碎机。

（5）组织捣碎机。

四、任务流程

1. 分析步骤

（1）试样前处理。

液体试样：取啤酒、葡萄酒、果酒、其他发酵酒、配制酒、饮料类试样，采样量应大于 1 L，对于袋装、瓶装等包装试样需至少采集 3 个包装（同一批次或号），将所有液体在一个容器中混合均匀后，密闭并标识，供检测用。

（2）试样测定。

取固体或半流体试样 20 ~ 100 g（精确至 0.01 g，取样量可视含量高低而定）；取液体试样 20 ~ 200 mL（g），将称量好的试样置于图 5-5 中圆底烧瓶，加水 200 ~ 500 mL。安装好装置后，打开回流冷凝管开关给水（冷凝水温度<15 °C），将冷凝管的上端 E 口处连接的玻璃导管置于 100 mL 锥形瓶底部。锥形瓶内加入 3%过氧化氢溶液 50 mL 作为吸收液（玻璃导管的末端应在吸收液液面以下）。在吸收液中加入 3 滴 2.5 g/L 甲基红乙醇溶液指示剂，并用氢氧化钠标准溶液（0.01 mol/L）滴定至黄色即终点（如果超过终点，则应舍弃该吸收溶液）。开通氮气，调节气体流量计至 1.0 ~ 2.0 L/min；打开分液漏斗 C 的活塞，使 6 mol/L 盐酸溶液 10 mL 快速流入蒸馏瓶，立刻加热烧瓶内的溶液至沸，并保持微沸 1.5 h，停止加热。将吸收液放冷后摇匀，用氢氧化钠标准溶液（0.01 mol/L）滴定至黄色且 20 s 不褪，并同时进行空白试验。

五、结果分析

试样中二氧化硫的含量按下式计算：

$$X=\frac{(V-V_0)\times c\times 0.032\times 1\,000\times 1\,000}{m}$$

式中 X——试样中二氧化硫含量（以 SO_2 计），mg/kg 或 mg/L；

V——试样溶液消耗氢氧化钠标准溶液的体积，mL；

V_0——空白溶液消耗氢氧化钠标准溶液的体积，mL；

c——氢氧化钠滴定液的摩尔浓度，mol/L；

0.032——1 mL 氢氧化钠标准溶液（1 mol/L）相当的二氧化硫的质量（g），g/mmoL；

m——试样的质量或体积，g 或 mL。计算结果保留三位有效数字。

六、数据记录及处理

表 5-6 葡萄酒中二氧化硫测定数据记录

<table>
<tr><td rowspan="2">基本信息</td><td>样品名称</td><td colspan="2"></td><td>检测依据</td><td></td></tr>
<tr><td>检测项目</td><td colspan="2"></td><td>检测方法</td><td></td></tr>
<tr><td rowspan="5">检测数据</td><td colspan="2">样品编号</td><td colspan="2">1</td><td>2</td></tr>
<tr><td colspan="2">氢氧化钠标准溶液/（mol/L）</td><td colspan="2"></td><td></td></tr>
<tr><td colspan="2">样品消耗氢氧化钠标准溶液的体积/mL</td><td colspan="2"></td><td></td></tr>
<tr><td colspan="2">空白消耗氢氧化钠标准溶液的体积/mL</td><td colspan="2"></td><td></td></tr>
<tr><td colspan="2">二氧化硫的含量/（mg/L）</td><td colspan="2"></td><td></td></tr>
<tr><td>计算结果</td><td colspan="5"></td></tr>
</table>

四、注意事项

（1）试样要尽量避免与空气接触，以免二氧化硫逸出或被氧化。

（2）滴定温度应保持在 20 °C 以下。在高温季节，可先向试液中加入数块冰块，然后再加硫酸酸化。

（3）滴定终点时，溶液开始变暗。继而转变为蓝色。滴定红葡萄酒时，为使终点易于观察，可在确量瓶旁放一强的黄光源，让黄光透过溶液进行观察。

七、任务评价

表 5-7 任务评价

<table>
<tr><td>序号</td><td>任务步骤</td><td>任务内容</td><td>技能操作要点</td></tr>
<tr><td>1</td><td>准备工作</td><td>着装</td><td>着工作服，整洁</td></tr>
<tr><td>2</td><td>样品处理</td><td>取样</td><td>加样方式正确</td></tr>
<tr><td>3</td><td>样品测定</td><td>碱化，滴定做空白试验</td><td>正确使用移液管、滴定管，按要求做空白试验</td></tr>
<tr><td rowspan="3">4</td><td rowspan="3">结束工作</td><td>整理</td><td>废液处理，清洗、整理实验用仪器和台面</td></tr>
<tr><td>文明操作</td><td>无器皿破损、仪器损坏</td></tr>
<tr><td>实验室安全</td><td>安全操作</td></tr>
<tr><td>5</td><td>实验结果</td><td>含量的计算</td><td>能正确读取数据，利用计算公式计算，能正确保留有效数字</td></tr>
</table>

思考练习

1. 我国经常使用的食品漂白剂有哪几种？
2. 二氧化硫在食品中以何种方式存在？如何使食品中的二氧化硫释放出来？
3. 简述漂白剂在食品工业中的作用，食品中残留过量的漂白剂对人体健康有哪些危害？
4. 如何标定碘标准溶液浓度，标定时应注意什么？

任务四　食用色素的测定

学习目标

（1）了解食用色素的概念、分类及食用卫生标准。
（2）熟悉食用色素的测定方法。
（3）掌握高效液相色谱法测定食用色素的原理及操作要点。

背景知识

一、概　述

食用色素是使食品着色和改善食品色泽的物质，或称着色剂。食用色素按其来源可分为食用天然色素和食用合成色素两大类：

1. 食用天然色素

食用天然色素是从有色的动、植物体内提取，经进一步分离精制而成，但其有效成分含量低，且因原料来源困难，故价格很高。目前，国内外使用的食用色素绝大多数都是食用合成色素。

2. 食用合成色素

合成色素因其着色力强，易于调色，在食品加工过程中稳定性能好，价格低廉，在食用色素中占主要地位。合成色素多以煤焦油为起始原料，且在合成过程中可能受铅、砷等有害物质所污染，因此在使用的安全性上，对其的争论要比其他类的食品添加剂更为突出和尖锐。各国对合成色素的研究、开发和使用都极为谨慎。中国许可使用的合成色素有 9 种：苋菜红、胭脂红、诱惑红、新红、柠檬黄、日落黄、靛蓝、亮蓝、赤藓红。前 6 种为偶氮类化合物，使用中占绝大多数。表 5-8 列举了几种常用的食品着色剂。

表 5-8　常用食品着色剂的使用卫生标准

名称	使用范围	最大使用量/（g/kg）
苋菜红	果汁（味）饮料类、碳酸饮料、配制酒、糖果、糕点上彩装、青梅、山楂制品、渍制小菜	0.05
	豆奶饮料	0.025
	红肠肠衣	0.025
胭脂红	虾（味）片	0.05
	糖果包衣	0.10
	冰激凌	0.025

续表

名称	使用范围	最大使用量/（g/kg）
赤藓红	调味酱	0.05
新红	果汁（味）饮料类、碳酸饮料、配制酒、糖果、糕点上彩装、青梅	0.05
柠檬黄	果汁（味）饮料类、碳酸饮料、配制酒、糖果、糕点上彩装、西瓜酱罐头、青梅、虾（味）片、渍制小菜、红绿丝	0.10
日落黄	果汁（味）饮料类、碳酸饮料、配制酒、糖果、糕点上彩装、西瓜酱罐头、青梅、乳酸菌饮料、植物蛋白饮料、虾（味）片	0.10
亮蓝	果汁（味）饮料类、碳酸饮料、配制酒、糖果、糕点上彩装、染色樱桃罐头（系装饰用）、青梅、虾（味）片、冰激凌	0.025
靛蓝	渍制小菜	0.01
红花黄	果汁（味）饮料类、碳酸饮料、配制酒、糖果、糕点上彩装、红绿丝、罐头、青梅、冰激凌、冰棍、果冻、蜜饯	0.20
紫胶红（虫胶红）	果蔬汁饮料类、碳酸饮料、配制酒、糖果、果酱、调味酱	0.50
中绿素铜钠盐	配制酒、糖果、青豌豆罐头、果冻、冰棍、冰激凌、糕点上彩装、雪糕、饼干	0.50
越橘红	果汁（味）饮料类、冰激凌	正常生产需要

二、食用合成色素的测定——高效液相色谱法

（1）原理。

食品中人工合成色素用聚酰胺吸附法或液-液分配法提取，制成水溶液，注入高效液相色谱仪，经反相色谱分离，根据保留时间定性，与峰面积比较进行定量。

（2）试剂。

① 正己烷。

② 盐酸。

③ 甲酸。

④ 甲醇：色谱纯，经滤膜（0.5 μm）过滤。

⑤ 聚酰胺粉（尼龙 6）：过 200 目筛。

⑥ 乙酸铵溶液：0.02 mol/L。称取 1.54 g 乙酸铵，加水至 1 000 mL 溶解，经滤膜（0.45 μm）过滤。

⑦ 氨水：取 2 mL 氨水，加水至 100 mL 混匀。

⑧ 甲醇-甲酸溶液：6 + 4。取甲醇 60 mL，甲酸 40 mL 混匀。

⑨ 柠檬酸溶液：取 20 g 柠檬酸。加水至 100 mL，溶解混匀。

⑩ 无水乙醇-氨水-水溶液：7 + 2 + 1。取无水乙醇 70 mL、氨水 20 mL、水 10 mL 混匀。

⑪ 三正辛胺-正丁醇溶液：5%。取三正辛胺 5 mL，加正丁醇至 100 mL 混匀。

⑫ 饱和硫酸钠溶液。

⑬ pH = 6 的水：水加柠檬酸溶液调 pH = 6。

⑭ pH = 4 的水：水加柠檬酸溶液调 pH = 4。

⑮ 合成色素标准溶液。准确称取按其纯度折算为 100%质量的柠檬黄、日落黄、苋菜红、胭脂红、新红、赤藓红、亮蓝各 0.1 g，置于 100 mL 容量瓶中，加 pH = 6 的水到刻度，配成水溶液（1.00 mg/mL）。

⑯ 合成色素标准使用液。临用时上述溶液加水稀释 20 倍，经 0.45 μm 滤膜过滤。配成每毫升相当 50.0 μg 的合成着色剂。

（3）仪器。

高效液相色谱仪。

（4）操作方法.

① 样品处理。

a. 果汁饮料及果汁、果味碳酸饮料等。称取 20.0 ~ 40.0 g 放入 100 mL 烧杯中。含二氧化碳样品加热驱除二氧化碳。

b. 配制酒类。称取 20.0 ~ 40.0 g 放入 100 mL 烧杯中，加入小碎瓷片数片，加热驱除乙醇。

c. 硬糖、蜜饯类、淀粉软糖等。称取 5.00 ~ 10.00 g，粉碎样品，放入 100 mL 小烧杯中，加水 30 mL，温热溶解，若样品溶液 pH 较高，用柠檬酸溶液调 pH 至 6 左右。

d. 巧克力豆及着色糖衣制品。称取 5.00 ~ 10.00 g，放入 100 mL 小烧杯中，用水反复洗涤色素，至巧克力豆无色素为止，合并色素漂洗液为样品溶液。

② 色素提取。

a. 聚酰胺吸附法。样品溶液加柠檬酸溶液调 pH = 6，加热至 60 °C，将 1 g 聚酰胺粉加少许水调成粥状，倒入样品溶液中，搅拌片刻，以 G3 垂熔漏斗抽滤，用 60 °C pH = 4 的水洗涤 3 ~ 5 次，然后用甲醇-甲酸混合溶液洗涤 3 ~ 5 次（含赤藓红的样品用 b 法处理），再用水洗至中性，用乙醇-氨水-水混合溶液解吸 3 ~ 5 次，直至色素完全解吸，收集解吸液，加乙酸中和，蒸发至近干，加水溶解，定容至 5 mL。经滤膜（0.45 μm）过滤，进高效液相色谱仪分析。

b. 液-液分配法（适用于含赤藓红的样品）。将制备好的样品溶液放入分液漏斗中，加 2 mL 盐酸、三正辛胺-正丁醇溶液（5%）10 ~ 20 mL，振摇提取，分取有机相，重复提取，直到有机相无色，合并有机相，用饱和硫酸钠溶液洗 2 次，每次 10 mL，分取有机相，放蒸发皿中，水浴加热浓缩至 10 mL，转移至分液漏斗中，加 60 mL 正己烷，混匀，加氨水提取 2 ~ 3 次，每次 5 mL，合并氨水溶液层（含水溶性酸性色素），用正己烷洗 2 次，氨水层加乙酸调成中性，水浴加热蒸发至近干，加水定容至 5 mL。经滤膜（0.45 μm）过滤，进高效液相色谱仪分析。

③ 高效液相色谱参考条件：

色谱柱：C_{18} 柱，4.6 mm × 250 mm，5 μm。

流动相：甲醇-0.02 mol/L 乙酸铵溶液（pH = 4）。

流速：1 mL/min。

检测器：二极管阵列检测器波长范围：400 ~ 800 nm，或紫外检测器检测波长：254 nm。

进样量：10 μL。

柱温：35 °C。

表 5-9 梯度洗脱表

时间/min	流速/（mL/min）	0.02 mol/L 乙酸铵溶液/%	甲醇/%
0	1.0	95	5
3	1.0	65	35
7	1.0	0	100
10	1.0	0	100
10.1	1.0	95	5
21	1.0	95	5

（4）测定。

取相同体积样液和合成色素剂标准使用液分别注入高效液相色谱仪，根据保留时间定性，外标峰面积法定量。

（5）结果计算。

$$X=\frac{c\times V\times 1\,000}{m\times 1\,000\times 1\,000}$$

式中 X——样品中合成色素的含量，g/kg；

c——样液中合成色素的浓度，μg/mL；

V——样品稀释总体积，mL；

m——样品质量，g。

（6）方法检出限。

柠檬黄、新红、苋菜红、胭脂红、日落黄均为 0.5 mg/kg，亮蓝、赤藓红均为 0.2 mg/kg（检测波长 254 nm 时，亮蓝检出限为 1.0 mg/kg，赤藓红检出限为 0.5 mg/kg）。

任务实施

工作任务 4 饮料中合成食用色素的测定

一、任务依据

依据《食品安全国家标准 食品中合成着色剂的测定》（GB 5009.35—2016）制定检验流程。

二、任务准备

（1）高效液相色谱仪、紫外检测器。

（2）聚酰胺粉、柠檬酸、甲醇-甲酸溶液、无水乙醇-氨水-水溶液。

（3）合成色素标准使用液。

三、任务流程

（1）样品处理。

称取 20.0 g 饮料样品。含二氧化碳样品加热驱除

（2）色素提取。

样品溶液加柠檬酸溶液调 pH = 6→加热至 60 °C→1 g 聚酰胺粉加少许水调成粥状，倒入样品溶液→搅拌，抽滤→60 °C pH = 4 的水洗涤 3 ~ 5 次→甲醇-甲酸混合溶液洗涤 3 ~ 5 次→水洗至中性→乙醇-氨水-水混合溶液解吸 3 ~ 5 次→收集后加乙酸中和，蒸发至近干→加水溶解，定容至 5 mL，滤膜过滤→进样。

（3）测定。

设置好仪器条件→样液和合成色素剂标准使用液进样

四、数据记录及处理

表 5-10　饮料中合成色素测定数据记录

基本信息	样品名称		检测依据	
	检测项目		检测方法	
检测数据	合成色素的浓度/（μg/mL）	样品稀释总体积/mL		样品质量/g
合成色素的含量/（g/kg）				

四、注意事项

（1）聚酰胺粉吸附要求预先活化，并要求在一定的温度、pH 和一定的作用时间下进行，操作时要注意。聚酰胺在酸性条件下吸附色素牢固，用水洗涤聚酰胺粉以除去可溶性物质，要求水偏酸性（pH = 4），防止聚酰胺上色素在洗涤过程中脱落下来。

（2）样品的前处理和提纯过程很重要，要充分去除杂质（油脂、蛋白质、淀粉、糖）以免影响吸附效果。

（3）聚酰胺粉可回收使用。使用过的聚酰胺收集于干净的烧杯中，用 0.5%NaOH 溶液浸泡 24 h 之后水泵抽干，倒回烧杯，加 HCl 泡 30 min，然后再用水泵抽干，用水洗至中性，置 60 °C 烘箱烘干备用。

（4）漏斗用完后要洗净，先用浓 HCl 20 mL 少量多次洗，然后用水多次冲洗，否则影响下一个样品的吸附或解吸作用。

五、任务评价

表 5-11　任务评价

序号	任务步骤	任务内容	技能操作要点
1	准备工作	着装，准备流动相，高效液相色谱仪开机准备	着工作服，整洁，高效液相色谱仪基线平整
2	采样	将样品混匀	样品混合均匀，有二氧化碳除去
3	色素提取	将样品溶液中色素提取并定容	能正确提取色素，温度测量方法正确
4	样品测定	样液和合成色素剂标准使用液进样	仪器使用方法正确
5	结束工作	整理	废液处理，清洗、整理实验用仪器和台面
		文明操作	无器皿破损、仪器损坏
		实验室安全	安全操作
6	实验结果	合成色素的含量的计算	能正确读取数据，利用计算公式计算，能正确保留有效数字

思考练习

1. 常用的色素有哪些？
2. 如何用高效液相色谱法完成合成色素的测定？

项目六
食品矿物质元素检测

一、食品中矿物质元素的分类及作用

食品中所包含的金属和非金属元素大约有 80 种，它们可分为两类：一类是组成人体生命主要、必需的，食品中含量很高的常量元素，如碳、氢、氧等；另一类为营养必需的微量元素。目前已被确证是动物或人类生理所必需的微量元素有 14 种，它们是铁、碘、铜、锌、锰、钴、钼、硒、铬、镍、锡、硅、氟和钒等。其他一些元素尚未证实其生理功能。

正常情况下，人体仅需要极少量或只能耐受极小剂量的微量元素，否则将出现毒性作用。为了保障人体健康、确保饮食安全，对食品中微量元素进行监测是十分必要的。

二、食品中微量元素测定的方法

1. 食品中微量元素的分离与浓缩

食品中的微量元素常与有机物质结合在一起，在测定其含量之前，必须先采用灰化、消化等办法破坏有机物质，释放出被测组分及其他共存元素。一方面，这些共存元素常常干扰测定；另一方面，待测的微量元素含量通常很低。因此，在样品分析中，进行分离和浓缩，以除去干扰元素、富集待测元素是非常必要的。通常采用离子交换及螯合溶剂萃取的方法进行分离和浓缩。

离子交换法是利用离子交换树脂与溶液中的离子之间所发生的交换反应来进行分离的方法，适用于带相反电荷的离子之间和带相同电荷或性质相近的离子之间的分离，在食品分析中，可对微量元素进行富集和纯化。

螯合溶剂萃取法是将金属离子先与螯合剂生成金属螯合物，然后利用与水不相溶的有机溶剂同试液一起振荡，金属螯合物进入有机相，另一些组分仍留在水相中，从而达到分离、浓缩的目的。

2. 食品中微量元素测定的方法

食品中微量元素的测定方法，主要有可见分光光度法、原子吸收分光光度法、极谱法、离子选择电极法和荧光分光光度法等。

可见分光光度法因设备简单、价廉、灵敏度较高而得到广泛应用。

原子吸收分光光度法由于选择性好、灵敏度高、测定简便快速，可同时测定多种元素，因而得到了迅速发展和推广应用，现可分析 70 种以上元素。

凡在滴汞电极上可起氧化还原反应的物质，包括金属离子、金属配合物、阴离子和有机化合物，都可用极谱法测定。某些不起氧化还原反应的物质，也可设法应用间接法测定，因而极谱法的应用范围很广。该法最适宜的测定浓度是 10^{-2} ~ 10^{-4} mol/L，相对误差一般为 ±2%，可同时测定 4 ~ 5 种物质（如 Cu，Cd，Ni，Zn，Mn 等），分析所需样品量也很少。

离子选择性电极对微量元素进行测定的优点是简便快速。因为电极对欲测离子有一定选择性，一般常可避免烦琐的分离步骤。对有颜色液体、混浊液和黏稠液，也可直接进行测量。电极响应快，测定所需试样量少。与其他仪器分析比较起来，所需仪器设备较为简单。对于一些用其他方法难以测定的某些离子，如氟离子等，用此法可以得到满意的结果。

原子荧光光谱分析是 20 世纪 60 年代提出并发展起来的新型光谱分析技术。它具有原子吸收和原子发射光谱两种技术的优势，并克服了它们某些方面的缺点，具有分析灵敏度高、干扰少、线性范围宽、可多元素同时分析等特点，是一种优良的痕量分析技术。

任务一　营养元素的测定

学习目标

（1）了解食品中营养元素的分类；

（2）熟悉食品中钙、铁等营养元素的检测方法和基本操作要点。

背景知识

一、钙的测定

1. EDTA 滴定法

（1）原理。

在适当的 pH 范围内，钙与 EDTA（乙二胺四乙酸二钠）形成金属络合物。以 EDTA 滴定，在达到当量点时，溶液呈现游离指示剂的颜色。根据 EDTA 用量，计算钙的含量。

（2）试剂。

① 氢氧化钾溶液（1.25 mol/L）：称取 70.13 g 氢氧化钾，用水稀释至 1 000 mL，混匀。

② 硫化钠溶液（10 g/L）：称取 1 g 硫化钠，用水稀释至 100 mL，混匀。

③ 柠檬酸钠溶液（0.05 mol/L）：称取 14.7 g 柠檬酸钠，用水稀释至 1 000 mL，混匀。

④ EDTA 溶液：称取 4.5 gEDTA，用水稀释至 1 000 mL，混匀，贮存于聚乙烯瓶中，4 °C 保存。使用时稀释 10 倍即可。

⑤ 钙红指示剂：称取 0.1 g 钙红指示剂，用水稀释至 100 mL，混匀。

⑥ 盐酸溶液（1 + 1）：量取 500 mL 盐酸，与 500 mL 水混合均匀。

⑦ 钙标准储备液（100.0 mg/L）：准确称取 0.249 6 g（精确至 0.000 1 g）碳酸钙，，加盐酸溶液（1 + 1）溶解，移入 1 000 mL 容量瓶中，加水定容至刻度，混匀。

（3）测定方法

① 样品处理准确称取固体试样 0.5 ~ 5 g（精确至 0.001 g）或准确移取液体试样 0.500 ~ 10.0 mL 于坩埚中，小火加热，炭化至无烟，转移至马弗炉中，于 550 °C 灰化 3 ~ 4 h。冷却，取出。对于灰化不彻底的试样，加数滴硝酸，小火加热，小心蒸干，再转入 550 °C 马弗炉中，继续灰化 1 ~ 2 h，至试样呈白灰状，冷却，取出，用适量硝酸溶液（1 + 1）溶解转移至刻度管中，用水定容至 25 mL。根据实际测定需要稀释，并在稀释液中加入一定体积的镧溶液，使其在最终稀释液中的浓度为 1 g/L，混匀备用，此为试样待测液。同时做试剂空白试验。

② 滴定度的测定。吸取 0.500 mL 钙标准储备液（100.0 mg/L）于试管中，加 1 滴硫化钠溶液（10 g/L）和 0.1 mL 柠檬酸钠溶液（0.05 mol/L），加 1.5 mL 氢氧化钾溶液（1.25 mol/L），加 3 滴钙红指示剂，立即以稀释 10 倍的 EDTA 溶液滴定，至指示剂由紫红色变蓝色为止，记录所消耗的稀释 10 倍的 EDTA 溶液的体积。根据滴定结果计算出每毫升稀释 10 倍的 EDTA 溶液相当于钙的毫克数，即滴定度（T）。

③ 试样及空白滴定。分别吸取 0.100 ~ 1.00 mL（根据钙的含量而定）试样消化液及空白液于试管中，加 1 滴硫化钠溶液（10 g/L）和 0.1 mL 柠檬酸钠溶液（0.05 mol/L），加 1.5 mL 氢氧化钾溶液（1.25 mol/L），加 3 滴钙红指示剂，立即以稀释 10 倍的 EDTA 溶液滴定，至指示剂由紫红色变蓝色为止，记录所消耗的稀释 10 倍的 EDTA 溶液的体积。

（4）结果计算。

$$X=\frac{T\times(V_1-V_0)\times V_2\times 1\,000}{m\times V_3}$$

式中 X——试样中钙的含量，mg/kg 或 mg/L；

T——EDTA 滴定度，mg/mL；

V_1——滴定试样溶液时所消耗的稀释 10 倍的 EDTA 溶液的体积，mL；

V_0——滴定空白溶液时所消耗的稀释 10 倍的 EDTA 溶液的体积，mL；

V_2——试样消化液的定容体积，mL；

1000——换算系数；

m——样质量或移取体积，g 或 mL；

V_3——滴定用试样待测液的体积，mL。

二、铁的测定

1. 分光光度法（邻二氮菲法）

（1）原理。

在 pH 为 2 ~ 9 的溶液中，二价铁离子能与邻二氮菲生成稳定的橙红色配合物，在 510 nm 处有最大吸收，其吸光度与铁的含量成正比，故可比色测定。

（2）试剂。

① 盐酸羟胺（$NH_2OH \cdot HCl$）溶液：10%。

② 邻二氮菲水溶液（新鲜配制）：0.12%。

③ 醋酸钠溶液：10%。

④ 盐酸：1 mol/L。

⑤ 铁标准溶液：准确称取 0.497 9 g 硫酸亚铁（$FeSO_4 \cdot 7H_2O$）溶于 100 mL 水中，加入 5 mL 浓硫酸微热，溶解即滴加 2%高锰酸钾溶液，至最后一滴红色不褪色为止，用水定容至 1 000 mL，摇匀，得标准储备液，此液每毫升含 Fe^{3+} 100 μg：取铁标准贮备液 10 mL 于 100 mL 容量瓶中，加水至刻度，混匀，得标准使用液，此液每毫升含 Fe^{3+} 10 μg。

（3）测定方法。

① 样品处理。称取均匀样品 10.0 g，干法灰化后，加入 2 mL 1∶1 盐酸，在水浴上蒸干，再加入 5 mL 蒸馏水，加热煮沸后移入 100 mL 容量瓶中，以水定容，混匀。

② 标准曲线绘制。吸取 10 μg/mL 铁标准溶液（标准溶液吸取量可根据样品含铁量高低来确定）0.0 mL、1.0 mL，2.0 mL、3.0 mL、4.0 mL、5.0 mL，分别置于 50 mL 容量瓶中，加入 1 mol/L 盐酸溶液 1 mL、10%盐酸羟胺 1 mL、0.12%邻二氮菲 1 mL。然后加入 10%醋酸钠 5 mL，用水稀释至刻度，摇匀，以不加铁的试剂空白溶液作参比液，在 510 nm 波长处用 1 cm 比色皿测吸光度，绘制标准曲线。

③ 样品测定。准确吸取样液 5 ~ 10 mL（视含铁量高低而定）于 50 mL 容量瓶中，以下按标准曲线绘制操作，测定吸光度，在标准曲线上查出相对应的含铁量（μg）。

（4）结果计算。

$$\text{Fe 含量（μg/100 g）}=\frac{A}{m\times\frac{V_1}{V_2}}\times 100$$

式中 A——从标准曲线上查得测定用样液相当的铁含量，μg；

V_1——测定用样液体积，mL；

V_2——样液总体积，mL；

m——样品质量，g。

2. 原子吸收光谱法

（1）原理。

样品经消化后，导入原子吸收分光光度计中，经火焰原子化后，吸收波长 248.3 nm 的共振线，其吸收量与铁含量成正比，与标准系列比较定量。

（2）试剂。

① 混合酸：硝酸 + 高氯酸（4 + 1）。

② 硝酸：0.5 mol/L。

③ 铁标准贮备液。精确称取 1.000 g 金属铁（纯度大于 99.99%）或含 1.000 g 铁相对应的氧化物，加硝酸使之溶解，移入 1 000 mL 容量瓶中，用 0.5 mol/L 硝酸定容至刻度，储存于聚乙烯瓶内，冰箱内保存。此溶液每毫升相当于 1 mg 铁。

④ 铁标准使用液。吸取铁标准贮备液 10.0 mL 置于 100 mL 的容量瓶中，用 0.5 mol/L 硝酸溶液稀释至刻度，该溶液每毫升相当于 100 μg 铁。贮存于聚乙烯瓶内，4 °C 保存。

（3）仪器。

① 原子吸收分光光度计，铁空心阴极灯。

② 电热板或电砂浴。

（4）操作步骤。

① 样品湿法消化。精确称取均匀样品适量（按样品含铁量定，如干样 1.0 g，湿样 3.0 g，液体样品 5 ~ 10 g）于 150 mL 锥形瓶中，放入几粒玻璃珠，加入混合酸 20 ~ 30 mL，盖一玻璃片，放置过夜。次日于电热板上逐渐升温加热，溶液变成棕红色，应注意防止炭化。如发现消化液颜色变深，再滴加浓硝酸，继续加热消化至冒白色烟雾，取下冷却后，加入约 10 mL 水继续加热赶酸至冒白烟为止。放冷后用去离子水洗至 25 mL 的刻度试管中。同时做试剂空白。

② 标准曲线制备。吸取 0.5 mL、1.0 mL、2.0 mL，3.0 mL、4.0 mL 铁标准使用液，分别置于 100 mL 容量瓶中，以硝酸（0.5 mol/L）稀释至刻度，混匀，此标准系列含锌分别为 0.5 μg、1.0 μg、2.0 μg、3.0 μg、4.0 μg 的铁。

③ 仪器条件。波长 248.3 nm，灯电流、狭缝、空气乙炔流量及灯头高度均按仪器说明调至最佳状态。

④ 样品测定。将处理好的样品溶液、试剂空白液和铁标准溶液分别导入火焰原子化器进行测定。记录其相应的吸光度值，与标准曲线比较定量。

（5）结果计算。

$$X = \frac{(A_1 - A_2)V \times 1\,000}{m \times 1\,000}$$

式中 X——样品中铁的含量，mg/kg；
A_1——测定用样品液中铁的含量，μg/mL；
A_2——试剂空白液中铁的含量，μg/mL；
V——从样品处理液的总体积，mL；
m——样品质量，g。

项目实施

工作任务 1　乳粉中钙含量的测定

一、任务依据

依据《食品安全国家标准　食品中钙的测定》（GB/T 5009.92—2016）制定检验流程。

二、任务准备

马弗炉、电热板、分析天平、滴定管。

三、任务流程

本实验采用 EDTA 滴定法测定乳粉中钙含量，其流程如下：

准确称取乳粉 1 g 于洁净坩埚中→炭化至无烟，置于马弗炉中→灰化 3～4 h，冷却取出。

吸取钙标准储备液于试管中→加 1 滴硫化钠溶液和 0.1 mL 柠檬酸钠溶液，加 1.5 mL 氢氧化钾溶液，加 3 滴钙红指示剂→EDTA 溶液滴定，至指示剂由紫红色变蓝色为止。

分别吸取 0.5 mL 试样消化液及空白液于试管→加 1 滴硫化钠溶液和 0.1 mL 柠檬酸钠溶液，加 1.5 mL 氢氧化钾溶液，加 3 滴钙红指示剂→EDTA 溶液滴定，至指示剂由紫红色变蓝色为止。

四、数据记录及处理

1. 数据记录

表 6-1　原始数据记录

测定次数	1	2	空白
样品质量/g			
配制样品溶液体积/mL			
吸取样品溶液体积/mL			
滴定管初读数/mL			
滴定管终读数/mL			
消耗 EDTA 标准溶液的体积/mL			
样品中钙的质量分数			
样品中钙质量分数的平均值			

2. 计算公式

$$X = \frac{T\times(V_1 - V_0)\times V_2 \times 1\,000}{m\times V_3}$$

式中　X——试样中钙的含量，mg/kg 或 mg/L；

T——EDTA 滴定度，mg/mL；

V_1——滴定试样溶液时所消耗的稀释 10 倍的 EDTA 溶液的体积，mL；

V_0——滴定空白溶液时所消耗的稀释 10 倍的 EDTA 溶液的体积，mL；

V_2——试样消化液的定容体积，mL；

m——样质量或移取体积，g 或 mL；

V_3——滴定用试样待测液的体积，mL。

五、任务评价

表 6-2　任务评价

序号	任务步骤	任务内容	技能操作要点
1	准备工作	着装	着工作服，整洁
2	样品的制备	试样的称取及溶解	样品混合均匀、称取量合理
3	酸度的测定	滴定	滴定操作正确能正确读数
4	结束工作	整理	废液处理，清洗、整理实验用仪器和台面
		文明操作	无器皿破损、仪器损坏
		实验室安全	安全操作
5	实验结果	数据记录、处理	能正确计算，能正确保留有效数字

思考练习

一、填空题

1. 食品中的矿物质元素，从营养学的角度，可分为_______、_________、_________三类；从人体需要量的角度，可分为_______、_______。

2. 食品中矿物质元素的测定方法有_______、_______等方法。

3. 测定食品中矿物质元素时，样品的处理方法主要有_______、_______、_______、等。

4. 用原子吸收分光光度法测定食品中微量元素时，对试验用水应为_______、，使用的玻璃器皿要_______、，标准溶液配制后应保存_________。

二、简答题

1. 为什么食品中矿物质元素的测定前要进行分离与浓缩，怎样进行？

2. 简述 EDTA 滴定法测定乳粉中钙的原理和操作要点。

任务二　有害元素的测定

学习目标

（1）了解食品中常见的有害元素。

（2）熟悉食品中铅等有害元素的检测方法和基本操作要点。

背景知识

一、铅的测定

1. 原子吸收光谱法

（1）原理。

样品经消化后，导入原子吸收分光光度计中，经火焰原子化后，吸收波长 283.3 nm 的共振线，其吸收量与铅含量成正比，与标准系列比较定量。

（2）试剂。

① 混合酸：硝酸 + 高氯酸（5 + 1）。

② 硝酸：0.5 mol/L。

③ 铅标准贮备液。精确称取 1.000 g 金属铅（纯度大于 99.99%）或 1.598 g 的硝酸铅（优级纯），加适量硝酸（1 + 1）使之溶解，移入 1 000 mL 容量瓶中，用 0.5 mol/L 盐酸定容至刻度，贮存于聚乙烯瓶内，冰箱内保存。此溶液每毫升相当于 1 mg 铅。

④ 铅标准使用液。吸取铅标准贮备液 10.0 mL 置于 100 mL 的容量瓶中，用 0.5 mol/L 硝酸溶液稀释至刻度。该溶液每毫升相当于 100 μg 铅。

（3）仪器。

原子吸收分光光度计，带铅空心阴极灯。

（4）操作步骤。

① 样品湿法消化。

a. 固体样品。如前所述。

b. 液体样品。吸取均匀样品 10 ~ 20 mL 于 150 mL 的锥形瓶中，放入几粒玻璃珠。酒类和碳酸类饮品先于电热板上小火加热除去酒精和二氧化碳，然后加入 20 mL 的混合酸，于电热板上加热至颜色由深变浅，至无色透明冒白烟时取下，放冷后加入 10 mL 水继续加热赶酸至冒白烟为止。冷却后用去离子水洗至 25 mL 的刻度试管中。同时做试剂空白。

② 样品干法灰化。

③ 标准曲线制备。吸取 0.0 mL、0.5 mL、1.0 mL，2.5 mL、5.0 mL 铅标准使用液，分别置于 50 mL 容量瓶中，以硝酸（0.5 mol/L）稀释至刻度，混匀，此标准系列每毫升含铅分别为 0.0 μg、1.0 μg、2.0 μg、5.0 μg、10.0 μg 的锌。

④ 仪器条件。波长 283.3 nm，灯电流、狭缝、空气乙炔流量及灯头高度均按仪器说明调至最佳状态。

⑤ 样品测定。将铅标准溶液、试剂空白液和处理好的样品溶液分别导入火焰原子化器进行测定。记录其对应的吸光度值，与标准曲线比较定量。

（5）结果计算。

$$X=\frac{(A_1-A_2)V\times 1\,000}{m\times 1\,000}$$

式中 X——样品中铅的含量，mg/kg；

A_1——测定用样品液中铅的含量，μg/mL；

A_2——试剂空白液中铅的含量，μg/mL；

V——样品处理液的总体积，mL；

m——样品质量，g。

2. 分光光度法（二硫腙比色法）

（1）原理。

样品经消化后，在 pH 为 8.5 ~ 9.0 时，铅离子与二硫腙生成红色配合物，溶于三氯甲烷。加入柠檬酸铵、氰化钾和盐酸羟胺等，防止铜、铁、锌等离子干扰，与标准系列比较定量。

（2）试剂。

① 氨水：1 + 1。

② 盐酸：1 + 1。

③ 酚红指示液：1 g/L。

④ 盐酸羟胺溶液：200 g/L。称取 20 g 盐酸羟胺，加水溶解至 50 mL，加 2 滴酚红指示液，加氨水（1 + 1），调 pH 为 8.5 ~ 9.0（由黄变红，再多加 2 滴），用二硫腙-三氯甲烷溶液提取至三氯甲烷层绿色不变为止，再用三氯甲烷洗两次，弃去三氯甲烷层，水层加盐酸（1 + 1）呈酸性，加水至 100 mL。

⑤ 柠檬酸铵溶液：200 g/L。称取 50 g 柠檬酸铵，溶于 100 mL 水中，加 2 滴酚红指示液，加氨水（1 + 1），调 pH 为 8.5 ~ 9.0，用二硫腙-三氯甲烷溶液提取数次，每次 10 ~ 20 mL，至三氯甲烷层绿色不变为止，弃去三氯甲烷层，再用三氯甲烷洗两次，每次 5 mL，弃去三氯甲烷层，加水稀释至 250 mL。

⑥ 氰化钾溶液：100 g/L。

⑦ 三氯甲烷：不应含氧化物。

⑧ 淀粉指示液。称取 0.5 g 可溶性淀粉，加 5 mL 水摇匀后，慢慢倒入 100 mL 沸水中，随倒随搅拌，煮沸，放冷备用。临用时配制。

⑨ 硝酸：1 + 99。

⑩ 二硫腙、三氯甲烷溶液：0.5 g/L。称取精制过的二硫腙 0.5 g，加 1 L 三氯甲烷溶解，保存于冰箱中。

二硫腙使用液。吸取 1.0 mL 二硫腙溶液，加三氯甲烷至 10 mL 混匀。用 1 cm 比色杯，以三氯甲烷调节零点，于波长 510 nm 处测吸光度（A），用下式算出配制 100 mL 二硫腙使用液（70%透光度）所需二硫腙溶液的体积（V）：

$$V=\frac{10\times(2-\lg 70)}{A}=\frac{1.55}{A}$$

硝酸-硫酸混合液：4 + 1。

铅标准溶液。精密称取 0.159 8 g 硝酸铅，加 10 mL 硝酸（1 + 99），全部溶解后，移入 100 mL 容量瓶中，加水稀释至刻度。此溶液每毫升相当于 1.0 mg 铅。

铅标准使用液。吸取 1.0 mL 铅标准溶液，置于 100 mL 容量瓶中，加水稀释至刻度。此溶液每毫升相当于 10.0 μg 铅。

（3）仪器.

分光光度计。

（4）分析步骤.

① 样品预处理。

在采样和制备过程中，应注意不使样品污染。

粮食、豆类去杂物后，磨碎，过 20 目筛，贮于塑料瓶中，保存备用。

蔬菜、水果、鱼类、肉类及蛋类等水分含量高的鲜样，用食品加工机或匀浆机打成匀浆，贮于塑料瓶中，保存备用。

② 样品消化（灰化法）。

a. 粮食及其他含水分少的食品。称取 5.00 g 样品，置于石英或瓷坩埚中；加热至炭化，然后移入马弗炉中，500 °C 灰化 3 h，放冷，取出坩埚，加硝酸（1 + 1）；润湿灰分，用小火蒸干，在 500 °C 灼烧 1 h，放冷，取出坩埚。加 1 mL 硝酸（1 + 1），加热，使灰分溶解，移入 50 mL 容量瓶中，用水洗涤坩埚，洗液并入容量瓶中，加水至刻度，混匀备用。

b. 含水分多的食品或液体样品。称取 5.0 g 或吸取 5.00 mL 样品，置于蒸发皿中，先在水浴上蒸干，再按步骤 a 自“加热至炭化”起依法操作。

③ 测定。

吸取 10.0 mL 消化后的定容溶液和同量的试剂空白液，分别置于 125 mL 分液漏斗中，各加水至 20 mL。

吸取 0.00 mL、0.10 mL、0.20 mL、0.30 mL、0.40 mL、0.50 mL 铅标准使用液（相当于 0 μg、1 μg、2 μg、3 μg、4 μg、5 μg 铅），分别置于 125 mL 分液漏斗中，各加硝酸（1 + 95）至 20 mL。

于样品消化液、试剂空白液和铅标准液中各加 2 mL 柠檬酸铵溶液（20 g/L），1 mL 盐酸羟胺溶液（200 g/L）和 2 滴酚红指示液，用氨水（1 + 1）调至红色，再各加 2 mL 氰化钾溶液（100 g/L），混匀。各加 5.0 mL 二硫腙使用液，剧烈振摇 1 min，静置分层后，三氯甲烷层经脱脂棉滤入 lcm 比色杯中，以三氯甲烷调节零点，于波长 510 nm 处测吸光度，各点减去零管吸收值后，绘制标准曲线或计算一元回归方程，样品与曲线比较。

（5）结果计算。

$$X=\frac{(m_1-m_2)\times 1\,000}{m\times\frac{V_2}{V_1}\times 1\,000}$$

式中　X——样品中铅的含量，mg/kg 或 mg/L；

V_1——样品消化液总体积，mL；

V_2——测定用样品消化液体积，mL；

m——样品的质量（体积），g 或 mL；

m_1——测定用样品消化液中铅的质量，μg；

m_2——试剂空白液中铅的质量，μg。

二、铜的测定

1. 原子吸收光谱法

（1）原理。

样品经消化后，导入原子吸收分光光度计中，经火焰原子化后，吸收波长 324.8 nm 的共振线，其吸收量与铜含量成正比，与标准系列比较定量。

（2）试剂。

① 混合酸：硝酸 + 高氯酸（5 + 1）。

② 硝酸：0.5 mol/L。

③ 铜标准储备液。精确称取 1.000 g 金属铜（纯度大于 99.99%），加适量硝酸（1 + 1）使之溶解，移入 1 000 mL 容量瓶中，用去离子水定容至刻度，贮存于聚乙烯瓶内，冰箱内保存。此溶液每毫升相当于 1 mg 铜。

④ 铜标准使用液。吸取铜标准贮备液 10.0 mL 置于 100 mL 的容量瓶中，用 0.5 mol/L 硝酸溶液稀释至刻度，该溶液每毫升相当于 100 μg 铜。如此再继续稀释至每毫升含 10 μg 铜。

（3）仪器。

原子吸收分光光度计。

（4）操作步骤。

① 样品湿法消化。

a. 固体样品。

b. 液体样品。

② 样品干法灰化。

称取制备好的均匀样品 2.0 ~ 5.0 g 置于 50 mL 瓷坩埚中，加 5 mL 硝酸，放置 0.5 h 后，于电炉上小火蒸干，继续炭化至无烟后移入马弗炉中，500 °C 灰化约 1 h 后取出，放冷后再加入 1 mL 硝酸湿润灰分小火蒸干。再移入马弗炉 500 °C 灰化约 0.5 h 冷却后取出，加 0.5 mol/L 的硝酸，溶解残渣并移入 25 mL 的刻度试管中，用 0.5 mol/L 的硝酸反复洗涤坩埚，洗液并入容量瓶中，并稀释至刻度，混匀备用。同时做试剂空白。

③ 标准曲线制备。

吸取 0.0 mL、0.5 mL、1.0 mL、2.0 mL、3.0 mL、4.0 mL、5.0 mL 铜标准使用液，分别置于 50 mL 容量瓶中，以硝酸（0.5 mol/L）稀释至刻度，混匀，此标准系列含铜分别为 0.00 μg/mL、0.10 μg/mL、0.20 μg/mL、0.40 μg/mL，0.60 μg/mL、0.80 μg/mL，1.00 μg/mL。

④ 仪器条件。

波长 324.8 nm，灯电流、狭缝、空气乙炔流量及灯头高度均按仪器说明调至最佳状态。

⑤ 样品测定。

将铜标准溶液、试剂空白液和处理好的样品溶液分别导入火焰原子化器进行测定。记录其对应的吸光度值，与标准曲线比较定量。

（5）结果计算。

$$X=\frac{(A_1-A_2)V\times 1\,000}{m\times 1\,000}$$

式中 X——样品中铜的含量，mg/kg；

A_1——测定用样品液中铜的含量，μg/mL；

A_2——试剂空白液中铜的含量，μg/mL；

V——样品处理液的总体积，mL；

m——样品质量，g。

2. 分光光度法

（1）原理。

样品经消化后，在碱性溶液中铜离子与二乙基二硫代氨基甲酸钠生成棕黄色配合物，溶于四氯化碳，与标准系列比较定量。

（2）试剂。

① 四氯化碳。

② 柠檬酸铵-乙二胺四乙酸二钠溶液：称取 20 g 柠檬酸铵及 5 g 乙二胺四乙酸二钠溶于水中，加水稀释至 100 mL。

③ 硫酸：1 + 17。

④ 氨水：1 + 1。

⑤ 酚红指示液：1 g/L。称取 0.1 g 酚红，用乙醇溶解至 100 mL。

⑥ 铜试剂溶液：二乙基二硫代氨基甲酸钠［$(C_2H_5)_2NOS_2Na\cdot 3H_2O$］溶液（1 g/L）。必要时可过滤，贮存于冰箱中。

⑦ 硝酸：3 + 8。

⑧ 铜标准溶液。准确称取 1.000 0 g 金属铜（99.99%），分次加入硝酸（4 + 6）溶解，总量不超过 37 mL，移入 1 000 mL 容量瓶中，用水稀释至刻度。此溶液每毫升相当于 1.0 mg 铜。

⑨ 铜标准使用液。吸取 10.0 mL 铜标准溶液，置于 100 mL 容量瓶中，用 0.5%硝酸溶液稀释至刻度，摇匀，如此多次稀释至每毫升相当于 1.0 μg 铜。

（3）仪器。

分光光度计。

（4）分析步骤。

① 样品消化。

放冷后加入 5 mL 碘化钾-抗坏血酸溶液，用水洗至 50 mL 的刻度试管中。同时做试剂空白。

② 测定。

吸取定容后的 10.0 mL 溶液和同量的试剂空白液，分别置于 125 mL 分液漏斗中，加水稀释至 20 mL。

吸取 0.00 mL、0.50 mL、1.00 mL、1.50 mL、2.00 mL、2.50 mL 铜标准使用液（相当于 0.0 μg、5.0 μg、10.0 μg、15.0 μg、20.0 μg、25.0 μg 铜），分别置于 125 mL 分液漏斗中，各加硫酸（1 + 17）至 20 mL。

于样品消化液、试剂空白液及标准液中，各加 5 mL 柠檬酸铵、乙二胺四乙酸二钠溶液和 3 滴酚红指示液，混匀，用氨水（1 + 1）调至红色。各加 2 mL 铜试剂溶液和 10.0 mL 四氯化碳，剧烈振摇 2 min，静置分层后，四氯化碳层经脱脂棉滤入 2 cm 比色杯中。以四氯化碳调节零点，在波长 440 nm 处测吸光度，标准各点吸光度减去零管吸光度后，绘制标准曲线或计算直线回归方程，样品吸光度与曲线比较，或代入方程求得含量。

（5）结果计算：

$$X=\frac{(m_1-m_2)V_1\times 1\,000}{m\times\dfrac{V_2}{V_1}\times 1\,000}$$

式中 X——样品中铜的含量，mg/kg 或 mg/L；

V_1——样品消化液总体积，mL；

V_2——测定用样品消化液体积，mL；

m——样品的质量（或体积），g 或 mL；

m_1——测定用样品消化液中铜的质量，μg；

m_2——试剂空白液中铜的质量，μg。

任务实施

工作任务 2　茶叶中铅的测定

一、任务依据

依据《食品安全国家标准食品中铅的测定——火焰原子吸收光谱法》（GB 5009.12—2017）制定检验流程。

二、任务准备

原子吸收分光光度计、分液漏斗、硫酸铵、柠檬酸铵、溴百里酚蓝、二乙基二硫代氨基甲酸钠（DDTC）、氨水（1 + 1）、4-甲基-2-戊酮（MIBK）、铅标准液。

三、任务流程

（1）分别吸取样品 1 号样品消解液、2 号样品消解液、3 号样品消解液 10.00 mL 及试剂空白液 10.00 mL，分别置于 125 mL 分液漏斗中，补加水至 60 mL。

（2）加 2.00 mL 柠檬铵溶液，溴百里酚蓝水溶液 3 ~ 5 滴，用氨水调 pH 至溶液由黄变蓝，加硫酸铵溶液 10.00 mL，DDTC 溶液 10.00 mL，摇匀。

（3）放置 5 min 左右，加入 10.00 mL MIBK，剧烈震摇提取 1 min，静置分层后，弃去水层，将 MIBK 层放入 10 mL 带塞刻度管中，备用。

（4）将铅标准储备液（100 μg/mL）稀释到 10 μg/mL。

（5）分别吸取铅标准使用液（10 μg/mL）0.00 mL，1.00 mL，2.00 mL，3.00 mL，4.00 mL，5.00 mL（相当于 0.0 μg，10.0 μg，20.0 μg，30.0 μg，40.0 μg，50.0 μg 铅）于 125 mL 分液漏斗中。与试样相同方法萃取

（6）上机测定。选择检测使用灯进行样品检测参数和样品设置。

（7）结果计算：

$$X_{\mathrm{i}} = (m_1 - m_0)/m_2$$

式中 X_i——试样中铅的含量，mg/kg 或 mg/L；

m_1——测定样液中铅的含量，μg；

m_0——空白溶液中铅的含量，μg；

m_2——试样质量或体积，g 或 mL。

四、数据记录及处理

表 6-3　铅测定数据记录

<table>
<tr><td rowspan="2">基本信息</td><td>样品名称</td><td colspan="2"></td><td>检测依据</td><td></td></tr>
<tr><td>检测项目</td><td colspan="2"></td><td>检测方法</td><td></td></tr>
<tr><td rowspan="7">检测数据</td><td colspan="2">样品编号</td><td>1</td><td>2</td><td>空白</td></tr>
<tr><td colspan="2">试样称样量 m_2/g</td><td></td><td></td><td></td></tr>
<tr><td colspan="2">试样溶液中铅的质量 m_1/μg</td><td></td><td></td><td></td></tr>
<tr><td colspan="2">空白溶液中铅的含量 m_2/μg</td><td></td><td></td><td></td></tr>
<tr><td colspan="2">试样中铅的含量 X/（mg/kg）</td><td></td><td></td><td></td></tr>
<tr><td colspan="2">精密度</td><td></td><td></td><td></td></tr>
<tr><td colspan="2">试样中铅含量平均值</td><td></td><td></td><td></td></tr>
<tr><td>总灰分计算</td><td colspan="5">（计算公式）</td></tr>
<tr><td>结果讨论</td><td colspan="5">（根据所检茶叶查阅标准）</td></tr>
</table>

五、注意事项

（1）所有玻璃器皿均需用硝酸（1 + 5）浸泡过夜，用自来水反复冲洗，最后用水冲洗干净。

（2）在采样和试样制备过程中，应避免试样受污染。

（3）试样消化过程中，加硝酸的时机要把握好，如果消化液未变黑就补加硝酸，则不起作用：如果变黑过久再加硝酸，则析出的炭粒会烧结成块，不易氧化。

六、任务评价

表 6-4　任务评价

序号	任务步骤	任务内容	技能操作要点
1	准备工作	着装，查阅标准，制订方案查	着工作服，整洁，方案制订合理
2	试样前处理	湿法消解	正确进行样品消解，硝酸量适当
3	标准系列制备	铅标准溶液的制备	标样稀释正确，能正确制备铅标液
4	萃取分离	加试剂、萃取、静置分层、分离	加料顺序正确，PH 调节准确，分液漏斗操作正确
5	上机检测	标准系列溶液、试样液和空白溶液吸光度的测定	参数设置正确，仪器正确操作，正确测量
6	结束工作	整理	废液处理，清洗、整理实验用仪器和台面
		文明操作	无器皿破损、仪器损坏
		实验室安全	安全操作
			记录准确、完整
7	结果分析	数据记录和处理	公式选用正确，计算过程正确
			正确保留有效数字

思考练习

一、填空题

1. 用二硫腙比色法测定铅，溶液的 pH 对其影响较大，应控制 pH 在 8.5 ~ 9.0。二硫腙可与多种金属离子作用生成络合物。在 pH = 8.5 ~ 9.0 时，加入氰化钾可以掩蔽 __________等离子的干扰，加入盐酸羟胺可排除__________的干扰：加入柠檬酸铵可排除__________的干扰。

2. 样品经灰化或酸消解后，样液注入原子吸收分光光度计石墨炉中原子化，铅原子吸收__________nm 共振线，在一定浓度范围，其吸收值与铅含量成正比。

3. 火焰原子化器由__________、__________、__________三部分组成。

二、选择题

1. 下列元素不属于有毒元素的是（　　）。

A. 砷　　B. 硅　　C. 硫　　D. 铬

2. 下列测定方法中不能用于食品中铅的测定的是（　　）。

A. 石墨炉原子吸收光谱法　　B. 火焰原子吸收光谱法

C. EDTA 滴定法　　D. 二硫腙比色法

3. 原子吸收法测定铅的分析线为（　　）。

A. 324.8 nm　　B. 248.3 nm　　C. 285.0 nm　　D. 283.3 nm

4. 原子吸收光谱分析中，乙炔是（　　）。

A. 燃气-助燃气　　B. 载气　　C. 燃气　　D. 助燃气

三、简答题

1. 食品中铅的主要来源有哪些？对人体有何危害？
2. 用火焰原子吸收光谱法测定铅时，样品如何消解？
3. 二硫腙比色法测定铅的过程中会有哪些干扰？如何消除？
4. 简述火焰原子吸收光谱法测定食品中铅含量的原理及操作步骤。
5. 试比较原子吸收分光光度法与紫外可见分光光度法的异同点。
6. 对于糖、淀粉、蛋白质含量较高的样品，为防止其发泡溢出、炭化前应做何处理？

项目七 食品农药残留和兽药残留检测

根据《农药管理条例》第二条，农药是指用于预防、控制危害农业、林业的病、虫、草、鼠和其他有害生物以及有目的地调节植物、昆虫生长的化学合成或者来源于生物、其他天然物质的一种物质或者几种物质的混合物及其制剂。

根据《兽药管理条例》第七十二条，兽药是指用于预防、治疗、诊断动物疾病或者有目的地调节动物生理机能的物质。

根据上述行政法规规定，兽药和农药均是按照产品的功能用途、使用场所、保护对象来区分界定的。因此，测定食品中农药残留和兽药残留对于食品安全有着非常重要的意义。

任务一　农药残留的测定

学习目标

（1）了解食品中常见农药的种类和农药残留的概念。

（2）熟悉食品中常见农药残留常用的检测方法和操作要点。

（3）掌握气相色谱法测定食品中有机磷农药的原理及操作要点。

背景知识

在农业生产中使用的各种药剂统称为农药。农药在防治农作物病虫害、提高农作物产量等方面起着重要作用。另一方面，大量广泛地使用农药也会造成食品的污染，从而危害人畜健康。

食品中普遍存在农药残留，其种类很多，常见的有有机氯农药和有机磷农药两类。此外，在食品中拟除虫菊酯类、氨基甲酸酯类、沙蚕毒素类农药残留也占有一定的比例。

农药对食品的污染有直接污染和间接污染两种途径：直接污染是在农田施用农药时，直接污染农作物；间接污染有多种形式，例如，因水质污染而污染水产品、土壤沉积的农药污染、大气飘浮的农药污染、饲料残留农药的污染等。

由于农药的毒性都很大，有些甚至可以在人体内蓄积，严重危害人体健康。因此为提高食品的卫生质量，保证食品的安全及人类的健康，应该对食品中的农药残留进行准确测定。目前许多国家和组织对食品中农药残留的允许量都有了相关的规定，我国对有机氯农药六六六、滴滴涕（DDT）及有机磷农药等在食品中的允许残留量都作出了相关规定。

食品中农药残留量的分析，早期曾使用比色法、分光光度法和电化学分析法进行测定，但由于这些方法的灵敏度很低且选择性不强，所以现在已经很少使用这些方法。后来，色谱法（尤其是气相色谱法）被广泛地用于测定食品中农药残留量，这大大地提高了测定的灵敏度和专一性。而高效液相色谱法对非挥发性或热不稳定性农药残留有很好的分析效果。

一、有机磷农药残留的测定

有机磷农药种类很多，按照其结构可分为磷酸酯和硫化磷酸酯两大类，常见的有机磷农药有：内吸磷（又名 1059）、对硫磷（又名 1605）、甲拌磷（又名 3911）、敌敌畏（DDVP）、敌百虫、乐果、马拉硫磷（又名 4049）、倍硫磷、杀螟硫磷（又名杀螟松）、稻瘟净（又名 EBP）等，此外还有毒性很高的甲基对硫磷、乙基对硫磷（1605）、甲胺磷等。

有机磷农药残留的测定常采用气相色谱法、薄层色谱-酶抑制法等。

1. 气相色谱法

该法是将食品中含有残留有机磷农药的样品经提取、净化、浓缩后，注入气相色谱仪，气化后于色谱柱内分离，其中的有机磷在火焰光度检测器中的富氢焰上燃烧，以 HPO 碎片的形式放射出波长 526 nm 的特征辐射，通过滤光片选择后，由光电倍增管接收，转换成电信号，经微电流放大器放大后记录下色谱流出曲线。通过比较样品与标准品的峰面积或峰高，计算出样品中有机磷农药残留量。该法的最低检出量为 0.1 ~ 0.25 ng。

取粮食样品先经粉碎机粉碎，过 20 目筛制成粮食试样；对于水果、蔬菜样品应先洗净、晾干、去掉非可食部分后制成待分析试样。然后称取一定质量的试样，置于烧杯中，加入一定体积的水和丙酮，用组织捣碎机提取 1 ~ 2 min。匀浆液经铺有两层滤纸和 Celite 545 的布氏漏斗减压抽滤。从滤液中取出一定体积移至分液漏斗中。

向样品提取的滤液中加入一定量的氯化钠使溶液处于饱和状态，猛烈振摇 2 ~ 3 min，静置 10 min，使丙酮从水相中盐析出来，水相用二氯甲烷振摇 2 min，再静置分层。

将丙酮与二氯甲烷提取液合并经装有无水硫酸钠的玻璃漏斗脱水滤入圆底烧瓶中，再以一定体积的二氯甲烷分数次洗涤容器和无水硫酸钠。洗涤液也并入烧瓶中，用旋转蒸发器浓缩后，样液定量转移至容量瓶中，以二氯甲烷定容。

吸取 2 ~ 5 mL 标准溶液及样品净化液注入气相色谱仪中，以保留时间定性，以试样的峰高或峰面积与标准品谱图比较定量。

气相色谱测定时的参考条件：

色谱柱：①玻璃柱 2.6 mm × 3 mm，装填涂有 4.5% DC-200 + 2.5% OV-17 的 Chromosorb W AW DMCS（80 ~ 100 目）的担体；②玻璃柱 2.6 mm × 3 mm，装填涂有 1.5% DCOE-1 的 Chromosorb W AW DMCS（60 ~ 80 目）的担体。

气流速度：载气为氮气 50 mL/min；空气 50 mL/min；氢气 100 mL/min（氮气和空气、氢气之比按各仪器型号不同选择各自的最佳比例条件）。

温度：柱箱 240 °C，气化室 260 °C，检测器 270 °C。

按下式计算组分中有机磷农药的含量：

$$X_i = \frac{A_i V_1 V_3 E_{si}}{A_{si} V_2 V_4 m}$$

式中 X_i——组分中有机磷农药的含量，μg/kg；

A_i——试样中 i 组分的峰面积，积分单位；

A_{si}——混合标准液中 i 组分的峰面积，积分单位；

V_1——试样提取液的总体积，mL；

V_2——净化用提取液的总体积，mL；

V_3——浓缩后定容的体积，mL；

V_4——进样体积，mL；

E_{si}——注入色谱仪中 i 标准组分的质量，ng；

m——样品的质量，g。

2. 应用实例——柑橘中水胺硫磷残留量的测定

（1）原理。

柑橘样品经硅藻土 545（Celite 545）、丙酮和活性炭捣碎提取，过滤，滤液用二氯甲烷萃取，浓缩，进入带有 526 nm 滤光片和火焰光度检测器的气相色谱仪中测定。

本法利用含有机磷的样品在富氢焰上燃烧，以 HPO 碎片的形式放射出波长 526 nm 的特征光。这种特征光通过滤光片选择后，由光电倍增管接收，转换成电信号，经微电流放大器放大后，被记录下来，样品的峰高与标准品的峰高相比，计算出样品相当的含量。

（2）试剂。

① 丙酮：分析纯。

② 二氯甲烷：分析纯。

③ 无水硫酸钠：分析纯。

④ 助滤剂 Celite 545：分析纯。

⑤ 氯化钠：分析纯。

⑥ 酸性活性炭：300 g 活性炭，用 1 L 1 mol/L 盐酸煮沸 4 h 后，用水洗至洗涤水中无氯离子，烘干备用。

⑦ 弗罗里硅土：60 ~ 100 目，在 650 °C 下烘干 3 h，加 5%水混匀，贮于干燥器中，用前在 130 °C 下烘 2 h。

⑧ 水胺硫磷标准品：纯度为 99%。

（3）仪器。

① 气相色谱仪，附火焰光度检测器（FPD）和 526 nm 滤光片。

② 组织捣碎机。

③ 旋转蒸发仪。

④ K-D 浓缩器。

⑤ 真空泵：30 L/min。

⑥ 分液漏斗：250 mL。

⑦ 内径 0.5 cm 的微型色谱柱。

（4）操作。

① 样品的提取。

取有代表性的柑橘样品切碎后充分混匀，称取 50.0 g 于组织捣碎机中，加 5 g Celite 545 和 100 mL 丙酮。捣碎 30 s 后，转移至布氏漏斗抽滤，然后用丙酮洗涤残渣和滤器 2 次，每次 20 mL，合并滤液和洗涤液。

② 液-液萃取。

取上述滤液 1/2 于 250 mL 分液漏斗中，加氯化钠 5 g，充分振摇使其溶解，然后用 30 mL、15 mL 二氯甲烷分别振荡萃取，静置分层后，收集有机相。合并两次有机相萃取液于 100 mL 具塞锥形瓶中，加 10 g 无水硫酸钠振荡脱水，然后再经 Φ8 mm × 120 mm 无水硫酸钠色谱柱进一步脱水，最后用旋转蒸发仪在 60 °C 水浴浓缩至 2 mL 待净化使用。

③ 净化。

用 Φ8 mm × 120 mm 色谱柱，由下至上紧密均匀地装填玻璃棉少许、1 cm 无水硫酸钠、3.5 cm 弗罗里硅土、2.5 cm 酸洗活性炭、1 cm 无水硫酸钠。用少量二氯甲烷预淋色谱柱后，将 2 mL 样品浓缩液倒入柱内，待液面进入无水硫酸钠层，用二氯甲烷少量多次洗涤浓缩瓶，并倒入色谱柱内，收集 10 mL 洗脱液，用 K-D 浓缩器浓缩至 2 ~ 5 mL，供气相色谱测定用。

④ 气相色谱测定。

A. 色谱条件。

a. 色谱柱。

柱 1：3 mm（内径）× 1 100 mm 玻璃柱，装填键合固定相-D（固定相 DEGS 键合于 410 担体 60 ~ 80 目）。

柱 2：3 mm（内径）× 1 600 mm 玻璃柱，装填 1.5% OV-17 + 1.98% QF-1 涂渍于 Chromosorb W AW OMCS 80 ~ 100 目。

b. 气体速度。

柱 1：载气（氮气）85 mL/min；氢气 60 mL/min；空气 60 mL/min。

柱 2：载气（氮气）60 mL/min；氢气 60 mL/min；空气 60 mL/min。

c. 温度。

柱 1：气化室与检测器温度 275 °C；柱温 225 °C。

柱 2：气化室与检测器温度 280 °C；柱温 230 °C。

B. 测定：采用外标法定性定量。

（5）结果计算。

$$X = \frac{A}{m \times 1\,000}$$

式中 X——样品中水胺硫磷的含量，mg/kg；

A——进样体积中水胺硫磷的质量，ng；

m——进样体积（μL）相当于样品的质量，g。

二、有机氯农药残留的测定

有机氯农药是农药中一类有机氯化合物，一般分为两类：一类为 DDT（氯化苯及其衍生物），包括滴滴涕和六六六等；另一类为氯化亚甲基萘类，如七氯、氯丹、艾氏剂、狄氏剂与异狄氏剂、毒杀酚等。滴滴涕、六六六和氯丹均为高毒农药，目前已停止生产和使用。

1. 气相色谱法

应用实例：气相色谱法测定食品中六六六、滴滴涕（DDT）残留量（GB/T 5009.19—2008）。

（1）原理。

试样中有机氯农药组分经有机溶剂提取、凝胶色谱层析净化，用毛细管柱气相色谱分离，电子捕获检测器检测，以保留时间定性，外标法定量。

（2）试剂。

丙酮（CH_3COCH_3）：分析纯，重蒸。

石油醚：沸程 30 °C ~ 60 °C，分析纯，重蒸。

乙酸乙酯（$CH_3COOC_2H_5$）：分析纯，重蒸。

环已烷（C_6H_{12}）：分析纯，重蒸。

正已烷（n-C_6H_{14}）：分析纯，重。

氯化钠（NaCl）：分析纯。

无水硫酸钠（Na_2SO_4）：分析纯，将无水硫酸钠置干燥箱中，于 120 °C 干燥 4 h，冷却后，密闭保存。

聚苯乙烯凝胶：200 ~ 400 目，或同类产品。

标准溶液的配制：分别准确称取或量取上述农药标准品适量，用少量苯溶解，再用正已烷稀释成一定浓度的标准储备溶液。量取适量标准储备溶液，用正已烷稀释为系列混合标准溶液。

（3）仪器。

气相色谱仪（GC）：配有电子捕获检测器（ECD）。

凝胶净化柱：长 30 cm，内径 2.3 ~ 2.5 cm 具活塞玻璃层析柱，柱底垫少许玻璃棉。用洗脱剂乙酸乙酯-环已烷（1 + 1）浸泡的凝胶，以湿法装入柱中，柱床高约 26 cm，凝胶始终保持在洗脱剂中。

全自动凝胶色谱系统：带有固定波长（254 nm）紫外检测器，供选择使用。

旋转蒸发仪。

组织匀浆器。

振荡器。

氮气浓缩器。

（4）操作。

① 提取。

蛋类：称取试样 20 g（精确到 0.01 g）于 200 mL 具塞三角瓶中，加水 5 mL（视试样水分含量加水，使总水量约为 20 g。通常鲜蛋水分含量约 75%，加水 5 mL 即可），再加入 40 mL 丙酮，振摇 30 min 后，加入氯化钠 6 g，充分摇匀，再加入 30 mL 石油醚，振摇 30 min。静置分层后，将有机相全部转移至 100 mL 具塞三角瓶中经无水硫酸钠干燥，并量取 35 mL 于旋转蒸发瓶中，浓缩至约 1 mL，加入 2 mL 乙酸乙酯-环己烷（1 + 1）溶液再浓缩，如此重复 3 次，浓缩至约 1 mL，供凝胶色谱层析净化使用，或将浓缩液转移至全自动凝胶渗透色谱系统配套的进样试管中，用乙酸乙酯-环己烷（1 + 1）溶液洗涤旋转蒸发瓶数次，将洗涤液合并至试管中，定容至 10 mL。

肉类：称取试样 20 g（精确到 0.01 g），加水 15 mL（视试样水分含量加水，使总水量约 20 g）。加 40 mL 丙酮，振摇 30 min，以下按照蛋类试样的提取、分配步骤处理。

乳类：称取试样 20 g（精确到 0.01 g），鲜乳不需加水，直接加丙酮提取。以下按照蛋类试样的提取、分配步骤处理。

大豆油：称取试样 1 g（精确到 0.01 g），直接加入 30 mL 石油醚，振摇 30 min 后，将有机相全部转移至旋转蒸发瓶中，浓缩至约 1 mL，加 2 mL 乙酸乙酯-环己烷（1 + 1）溶液再浓缩，如此重复 3 次，浓缩至约 1 mL，供凝胶色谱层析净化使用，或将浓缩液转移至全自动凝胶渗透色谱系统配套的进样试管中，用乙酸乙酯-环己烷（1 + 1）溶液洗涤旋转蒸发瓶数次，将洗涤液合并至试管中，定容至 10 mL。

植物类：称取试样匀浆 20 g，加水 5 mL（视其水分含量加水，使总水量约 20 mL），加丙酮 40 mL，振荡 30 min，加氯化钠 6 g，摇匀。加石油醚 30 mL，再振荡 30 min，以下按照蛋类试样的提取、分配步骤处理。

② 净化。

选择手动或全自动净化方法的任何一种进行。

手动凝胶色谱柱净化：将试样浓缩液经凝胶柱以乙酸乙酯-环己烷（1 + 1）溶液洗脱，弃去 0 ~ 35 mL 流分，收集 35 ~ 70 mL 流分。将其旋转蒸发浓缩至约 1 mL，再经凝胶柱净化收集 35 ~ 70 mL 流分，蒸发浓缩，用氮气吹除溶剂，用正己烷定容至 1 mL，留待 GC 分析。

全自动凝胶渗透色谱系统净化：试样由 5 mL 试样环注入凝胶渗透色谱（GPC）柱，泵流速 5.0 mL/min，以乙酸乙酯-环己烷（1 + 1）溶液洗脱，弃去 0 ~ 7.5 min 流分，收集 7.5 ~ 15 min 流分，15 ~ 20 min 冲洗 GPC 柱。将收集的流分旋转蒸发浓缩至约 1 mL，用氮气吹至近干，用正己烷定容至 1 mL，留待 GC 分析。

③ 色谱条件。

色谱柱：DM-5 石英弹性毛细管柱，长 30 m、内径 0.32 mm、膜厚 0.25 μm；或等效柱。

柱温：程序升温

进样口温度：280 °C。不分流进样，进样量 1pL。

检测器：电子捕获检测器（ECD），温度 300 °C。

载气流速：氮气（N），流速 1 mL/min；尾吹，25 mL/min。

柱前压：0.5 MPa。

④ 测定。

分别吸取 1 μL 混合标准液及试样净化液注入气相色谱仪中，记录色谱图，以保留时间定性，以试样和标准的峰高或峰面积比较定量。

（5）结果计算六六六、滴滴涕及其异构体或代谢物含量按下式计算：

$$X = \frac{m_1 \times V_1 \times f \times 1\,000}{m \times V_2 \times 1\,000}$$

式中　X——试样中各农药的含量，mg/kg；

m_1——被测样液中各农药的含量，ng；

V_1——样液进样体积，pL；

f——稀释因子；

m——试样质量，g；

V_2——样液最后定容体积，mL。

计算结果保留两位有效数字。

三、氨基甲酸酯类农药残留的测定

氨基甲酸酯农药在六六六禁用之后已成为我国大量使用的一类农药。目前在我国登记的87 种农药品种中，氨基甲酸酯农药占 11 种之多，且产量较大。氨基甲酸酯农药主要用于杀虫、杀蛾、杀线虫、杀菌、除草等方面。

此类农药主要包括 N-甲基氨基甲酸酯类和 N,N-二甲基氨基甲酸酯类，其中杀虫作用以前者为强。按照氨基甲酰部分连接的基团不同，N-甲基氨基甲酸酯类又可分为芳基氨基甲酸酯和肟基 N-甲基氨基甲酸酯两类，前者主要有甲萘威（西维因）、速灭威、残杀威等，后者有涕灭威等。

氨基甲酸酯农药的毒性一般选择性很强，多数品种对高等动物毒性较低，除克百威（呋喃丹）、涕灭威属高毒，甲萘威、异丙威（叶蝉散）、速灭威属中等毒性外，其余常用品种均属低毒。其毒性作用表现为抑制乙酰胆碱酯酶，其中毒症状同有机磷中毒相同，但较有机磷中毒恢复为快，因为此类毒素在生物体和环境中易降解，其抑制作用具有可逆性。

目前，气相色谱法是检测此类农药的主要手段，但由于此类化合物中大多数在高温条件下不稳定，因而这种方法并不理想。此法一般选用高灵敏的氮磷检测器直接测定，选用低极性固定液如 SE-30、DC-200、OV-101、OV-17 等，柱子应尽可能短，工作温度 140 ~ 190 °C。在很多情况下，都是先将其衍生为适用于 ECD 的衍生物后再进行测定。此外，高效液相色谱法和比色法也可用于多种此类农药残留的测定。

下面介绍两种主要氨基甲酸酯类农药残留的测定方法。

1. 食品中甲萘威残留量的测定——高效液相色谱法

本法先将含有甲萘威的样品提取、以弗罗里硅土净化后浓缩，定容，作为被测溶液。取一定量注入高效液相色谱仪，用紫外检测器检测，与标准系列比较定量。

（1）操作。

① 提取。称取 20.00 g 经粉碎过 20 目筛的粮食试样于 250 mL 具塞锥形瓶中，准确加入 50 mL 苯，浸泡过夜，次日振荡提取 1 h，提取液过滤。取滤液作下一步净化。

② 净化。取直径 1.5 cm 色谱柱，先装脱脂棉少许（柱两头装 2 cm 高无水硫酸钠，中间装 6 g 弗罗里硅土），装好的柱先用 20 mL 二氯甲烷预淋，弃去预淋液。然后将 5 ~ 10 mL 样品提取液倒入色谱柱，用 70 mL 二氯甲烷少量多次淋洗，收集全部淋洗液，用 K-D 浓缩器进行浓缩至近干（水浴温度 30 °C），然后用甲醇溶解残余物，并定容至 5 mL。然后用 0.5 μm 滤纸借助于注射器过滤，取 10 μL 滤液注入高效液相色谱仪分离，测定。

③ 测定。吸取 10 μL 标准使用液及样品注入色谱仪，以保留时间定性，标准曲线法定量。

色谱参考条件：

色谱柱：μbondapak C_{18} 3.9 mm × 30 cm。

检测器：紫外检测器。

流动相：乙腈 + 水（55 + 45）。

流速：1 mL/min。

波长：280 nm。

（2）结果计算。

$$X=\frac{m_1\times 1\,000}{m_2\times\dfrac{V_2}{V_1}\times 1\,000}$$

式中 X——粮食中甲萘威的含量，mg/kg；

m_1——从标准曲线求出样液中甲萘威的质量，μg；

m_2——样品的质量，g；

V_1——样品溶液定容体积，mL；

V_2——注入色谱仪的体积，mL。

2. 食品中克百威残留量的测定——气相色谱法

克百威又称呋喃丹。据中国农药毒性分级标准，克百威属高毒杀虫剂，对鱼类毒性较高，对蜜蜂无毒害，但对鸟类有毒。克百威的毒理机制为抑制胆碱酯酶，但与其他氨基甲酸酯类杀虫剂不同的是，它与胆碱酯酶的结合反应不可逆，因此毒性高。

食品中克百威的测定常采用气相色谱法，本法是将样品提取、净化、浓缩后，在一定色谱条件下，采用对氮磷有特殊响应的火焰热离子检测器进行气相色谱测定的一种方法。

（1）操作。

① 对于粮食样品应先粉碎，再称取 40 g，然后在 250 mL 具塞锥形瓶中依样品的含水量，加入 20 ~ 40 g 的无水硫酸钠和 100 mL 无水甲醇，摇匀后于电动振荡器上振荡 30 min，然后过滤于量筒中，收集 50 mL 滤液（提取溶剂甲醇用量的一半）于 250 mL 分液漏斗中。量筒用 50 mL 50 g/L 氯化钠溶液洗涤后一并加入分液漏斗中。

净化时先在盛有样品提取液的分液漏斗中加入 50 mL 石油醚，振摇 lmin 后，静置分层，将下层的甲醇氯化钠溶液放入另一 250 mL 分液漏斗中，再加 25 mL 甲醇氯化钠溶液于原分液漏斗中，振摇 30 s，静置分层后，将下层溶液一并放入另一分液漏斗中，得到净化液。

然后进行净化液的浓缩。在上述盛有净化液的分液漏斗中用一定体积的二氯甲烷提取三次（每次体积为 50 mL、25 mL、25 mL），振摇 1 min，静置分层后，将三氯甲烷层经过铺有无水硫酸钠（由玻璃棉支撑）的三角漏斗（以三氯甲烷预洗）过滤于 250 mL 蒸馏瓶中。然后在 50 °C 水浴上于旋转蒸发器减压浓缩至 1 mL 左右，将残余物移入 10 mL 刻度离心管中，吹入氮气，除尽二氯甲烷溶剂，用丙酮溶解残渣，定容至 2.0 mL，进行色谱分析。

蔬菜样品粉碎后，称取 20 g 于具塞锥形瓶中，加入 40 mL 无水甲醇，摇匀后于电动振荡器上振荡 30 min，然后由布氏漏斗抽滤于 250 mL 抽滤瓶中，用 50 mL 无水甲醇反复洗涤提取瓶及过滤器。将滤液转入 500 mL 分液漏斗中，用 100 mL 50 g/L 的氯化钠水溶液反复洗涤滤器，并入分液漏斗。向此分液漏斗中加入 50 mL 石油醚，振摇 1 min，静置分层后，将下层溶液放入另一 500 mL 分液漏斗中，再加 50 mL 石油醚，振摇 1 min，静置分层后，将下层溶液放入第三个 500 mL 分液漏斗。然后用 25 mL 甲醇氯化钠溶液依次反复洗涤第一、第二分液漏斗中的石油醚层，每次振摇 30 s。最后将甲醇氯化钠溶液并入第三个分液漏斗中，得到净化液。下面按照粮食样品的浓缩方法浓缩、测定。

② 利用气相色谱法测定时的色谱条件如下：氮气 65 mL/min，空气 150 mL/min，氢气 3.2 mL/min；柱温 190 °C；进样口和检测器温度 240 °C。

色谱柱：玻璃柱，2.1 m × 3.2 mm，内装涂有 2% OV-101 + 6% OV-201 混合固定液的 Chromosorb W（HP）（80—100 目）担体。

（2）结果计算。

$$X=\frac{E_i\times\dfrac{A_i}{A_{\mathrm{E}}}\times 2.0\times 1\,000}{m\times 1\,000}$$

式中 X——被测样品中克百威的含量，mg/kg，

A_i——被测试样中克百威的峰面积或峰高；

A_{E}——标准样品中克百威的峰面积或峰高；

E_i——标准样品中克百威的质量，μg；

m——样品质量，g（粮食样品和蔬菜样品均为 20 g）；

2.0——进样液的定容体积为 2.0 mL。

四、拟除虫菊酯类农药残留的测定

拟除虫菊酯农药由于具有高效、低毒、适用范围广等特点，目前在我国已广泛使用。据统计，在已登记的 87 种杀虫剂中拟除虫菊酯农药有 19 种之多。这类农药都具有一定毒性，尤其对鱼类毒性很高，且有一定的蓄积性。其主要中毒症状表现为对神经系统及皮肤的刺激作用。

食品中拟除虫菊酯农药主要包括溴氰菊酯、氰戊菊酯、二氯苯醚菊酯三类。我国和世界食品卫生组织对拟除虫菊酯农药残留的允许量都作出了相关规定。

目前用于检测此类农药的方法有薄层色谱法和气相色谱法。气相色谱法常用电子捕获检测器或火焰离子化检测器。

任务实施

工作任务 1　黄瓜中有机磷农药残留的检测

一、任务依据

依据《蔬菜和水果有机磷、有机氯、拟除虫菊酯和氨基甲酸酯类农药多残留的测定》（NYT 761—2008）制定检验流程。

二、任务准备

（1）仪器。

① 气相色谱仪，带有双火焰光度检测器（FPD 磷滤光片），双自动进样器，双分流/不分流进样口。

② 食品加工器。

③ 旋涡混合器。

④ 匀浆机。

⑤ 氮吹仪。

（2）试剂。

① 乙腈。

② 丙酮，重蒸。

③ 氯化钠，140 °C 烘烤 4 h。

④ 滤膜，0.2 μm，有机溶剂膜。

⑤ 铝箔。

⑥ 单一农药标准溶液：准确称取一定量（精确至 0.1 mg）某农药标准品，用丙酮做溶剂，逐一配制成 1 000 mg/L 的单一农药标准储备液，储存在 – 18 °C 以下冰箱中。

农药混合标准溶液：根据各农药在仪器上的响应值，逐一准确吸取一定体积的同组别的单个农药储备液分别注入同一容量瓶中，用丙酮稀释至刻度。

三、任务流程

（一）试样制备

抽取黄瓜样品，去皮，取可食部分，切碎后放入食品加工器中打浆，制成待测样。

（二）提　取

准确称取 25.0 g 试样放入匀浆机中，加入 50.0 mL 乙腈，在匀浆机中高速匀浆 2 min 后用滤纸过滤，滤液收集到装有 5 ~ 7 g 氯化钠的 100 mL 具塞量筒中，收集滤液 40 ~ 50 mL，盖上塞子，剧烈振荡 1 min，在室温下静置 30 min，使乙腈相和水相分层。

（三）净　化

从具塞量筒中吸取 10.00 mL 乙腈溶液，放入 150 mL 烧杯中，将烧杯放在 80 °C 水浴锅上加热，杯内缓缓通入氮气或空气流，蒸发近干，加入 2.0 mL 丙酮，盖上铝箱，备用。将上述备用液完全转移至 15 mL 刻度离心管中，再用约 3 mL 丙酮分 3 次冲洗烧杯，并转移至离心管，最后定容至 5.0 mL，在旋涡混合器上混匀，分别移人 2 个 2 mL 自动进样器样品瓶中，供色谱测定。

（四）测　定

1. 色谱条件

（1）色谱柱。

预柱：1.0 m，0.53 mm 内径，脱活石英毛细管柱。

两根色谱柱，分别为：

A 柱：50%聚苯基甲基硅氧烷（DB-17 或 HP-50＋）柱，30 m × 0.53 mm × 1.0 μm，或相当者；

B 柱：100%聚甲基硅氧烷（DB-1 或 HP-1）1 柱，30 m × 0.53 mm × 1.50 μm，或相当者。

（2）温度。

进样口温度：220 °C。

检测器温度：250 °C。

柱温：150 °C（保持 2 min）$\xrightarrow{8\ ^\circ\mathrm{C/min}}$ 250 °C（保持 12 min）。

（3）气体及流量。

载气：氮气，纯度≥99.999%；流速为 10 mL/min。

燃气：氢气，纯度≥99.999%；流速为 75 mL/min。

助燃气：空气，流速为 100 mL/min。

（4）进样方式。

不分流进样。样品溶液一式 2 份，由双自动进样器同时进样。

2. 测定

由自动进样器分别吸取 1.0 μL 标准混合溶液和净化后的样品溶液注入色谱仪中，以双柱保留时间定性，以 A 柱获得的样品溶液峰面积与标准溶液峰面积比较定量。

3. 结果计算和表述

试样中被测农药残留量以质量分数ω计，单位以毫克每千克（mg/kg）表示，按下式计算。

$$\omega = \frac{V_1 A V_3}{V_2 A_s m} \times \rho$$

式中　ρ——标准溶液中农药的质量浓度，mg/L；

A——样品溶液中被测农药的峰面积；

A_s——农药标准溶液中被测农药的峰面积；

V_1——提取溶剂总体积，mL；

V_2——吸取出用于检测的提取溶液的体积，mL；

V_3——样品溶液定容体积，mL；

m——试样的质量，g。

计算结果保留两位有效数字，当结果大于 1 mg/kg 时保留三位有效数字。

四、数据记录及处理

表 7-1　黄瓜中有机磷农药残留的数据记录

<table>
<tr><td rowspan="2">基本信息</td><td>样品名称</td><td></td><td>检测依据</td><td></td></tr>
<tr><td>检测项目</td><td></td><td>检测方法</td><td></td></tr>
<tr><td rowspan="10">检测数据</td><td colspan="2">检测编号</td><td>1</td><td>2</td></tr>
<tr><td colspan="2">标准溶液中农药的质量浓度ρ/（mg/L）</td><td></td><td></td></tr>
<tr><td colspan="2">农药标准溶液中被测农药的峰面积 A_s</td><td></td><td></td></tr>
<tr><td colspan="2">试样的质量 m/g</td><td></td><td></td></tr>
<tr><td colspan="2">提取溶剂总体积 V_1/mL</td><td></td><td></td></tr>
<tr><td colspan="2">吸取出用于检测的提取溶液的体积 V_2/mL</td><td></td><td></td></tr>
<tr><td colspan="2">样品溶液定容体积 V_3/mL</td><td></td><td></td></tr>
<tr><td colspan="2">样品溶液中被测农药的峰面积 A</td><td></td><td></td></tr>
<tr><td colspan="2">被测农药残留量以质量分数ω</td><td></td><td></td></tr>
<tr><td colspan="4" style="display:none"></td></tr>
<tr><td>结果讨论</td><td colspan="4"></td></tr>
</table>

五、注意事项

（1）国际上多用乙腈作为有机磷农药的提取试剂及分配净化试剂，但要注意乙腈毒性大，污染环境。

（2）分析测定有机磷农药时，由于农药的性质不同，故应注意载体与固定液的选择，一般原则是：若被分离的农药是极性化合物，则选择极性固定液若被分离的农药是非极性化合物，则选择非极性固定液。若选择前者，各农药的出峰顺序一般为极性小的农药先出峰，极性大的农药后出峰：若选择后者，则按沸点高低出峰，低沸点的化合物先出峰。

（3）有些热稳定性差的有机磷农药（如敌敌畏），在用气相色谱仪测定时比较困难，主要原因是易被担体吸附，同时因对热不稳定而引起分解。故可采用缩短色谱柱至 1 ~ 1.3 m，或减小固定液涂渍的厚度和降低操作温度（如本法）等措施来克服上述困难。

六、任务评价

表 7-2　任务评价

序号	任务步骤	任务内容	技能操作要点
1	准备工作	着装，旋光仪校正	着工作服，整洁，洗净旋光管，用蒸馏水进行校正
2	试样处理	试样制备、称量、提取	试样制备正确，无交叉污染，正确使用旋涡混合器，正确进行脱色操作，研洗定容操作正确
3	净化	试样净化	能正确使用氮吹仪，能正确使用滤膜过滤
4	上机检测	气相色谱仪测定	按要求设定气相色谱条件，正确加注试样液 能正确分析保留时间和峰面积
5	结束工作	整理	废液处理，清洗、整理实验用仪器和台面
		文明操作	无器皿破损、仪器损坏
		实验室安全	安全操作
6	实验结果	数据记录、处理	能代入公式正确计算，能正确保留有效数字

思考练习

一、填空题

1. 根据毒性大小。可将有机磷农药划分为________、________、________三类。

2.《食品中有机磷农药残留量的测定》（GB/T 5009.20—2003）中有机磷农药标准配制用________作为溶剂。

3. 分析测定有机磷农药时，固定液选择的一般原则是，被分离的农药是极性化合物，选择________固定液；反之，则选择________固定液。

二、简答题

1. 试述农药的概念及分类。
2. 试述农药残留及最大残留限量的概念。
3. 有机磷农药有哪几种？有何特点？
4. 气相色谱仪测定有机磷农药的原理是什么？
5. 简述气相色谱法测定有机磷农药的样品的提取和净化过程。
6. 简述气相色谱法检测食品中农药残留的基本流程。

任务二　兽药残留的测定

学习目标

（1）理解兽药的种类、兽药残留的概念及在动物性食品中的最高残留限量。
（2）了解食品中兽药残留常用的检测方法和操作要点。
（3）能正确处理和准备样品。
（4）能用高效液相色谱法对食品中兽药残留进行检测。

背景知识

一、概　述

兽药残留是指给动物使用药物后蓄积和贮存在细胞、组织和器官内的药物原形、代谢产物和药物杂质。兽药残留包括兽药在生态环境中的残留和兽药在动物性食品中的残留。动物性食品是指肉（包括肝、肾等内脏）、蛋和乳及其制品的总称。随着经济的发展、动物性食品在人们食物总量中的比重越来越大，其卫生安全也备受关注。

残留毒理学意义较重的兽药，按其用途分类主要包括：抗生素类、化学合成抗生素类、抗寄生虫药、生长促进剂和杀虫剂。抗生素和化学合成抗生素统称抗微生物药物，是最主要的兽药添加剂和兽药残留，约占药物添加剂的60%。

兽药残留超标的原因主要是不遵守休药期的规定、非法使用违禁药物、不合理用药等。休药期是指从停止给药到允许动物或其产品上市的间隔时间。据美国食品药品管理局（FDA）调查，未能正确遵守休药期是兽药残留超标的主要原因。非法使用违禁药物是指：受经济利益驱使，为使畜禽增重、增加瘦肉率而使用兴奋剂如盐酸克伦特罗等，即“瘦肉精”；为促进畜禽生长的活动而使用性激素类同化激素；为减少畜禽的活动，达到增重的目的而使用安眠镇静类药物等。不合理用药是指滥用药物及兽药添加剂；一旦出现症状，在未确诊的情况下，重复、超量使用兽药，制剂无效就直接使用原料药；不管什么药，都作为药物添加剂而长期使用；随意改变兽药的给药途径和给药对象等。以上是兽药的主要来源和途径。

兽药（包括兽药添加剂）在畜牧业中的广泛使用，对降低牲畜发病率与死亡率、提高饲料利用率、促生长和改善产品品质方面起到十分显著的作用，已成为现代畜牧业不可缺少的物质基础。但是，由于科学知识的缺乏和经济利益的驱使，畜牧业中滥用兽药和超标使用兽药的现象普遍存在。其后果，一方面是导致动物性食品中兽药残留，摄入人体后影响人类的健康；另一方面，各种养殖场大量排泄物（包括粪便、尿等）向周围环境排放，兽药又成为环境污染物，给生态环境带来不利影响。兽药残留的危害体现在以下几方面：

1. 引起急性中毒

β_2-肾上腺素受体激动剂（β-兴奋剂），俗称“瘦肉精”，其中克伦特罗、马布特罗应用较多。β-兴奋剂在肝、肺和眼部组织中残留较高，浓度达到 100～500 ng/g，人一次食用 100～200 g 这样的组织就可能出现中毒反应。在国内外已有多起食用含 β-兴奋剂残留的动物肝脏和肺组织发生中毒的报道，出现头痛、心动过速、狂躁不安、血压下降。如 1997 年发生在我国香港的数人吃了含有盐酸克伦特罗的猪肺而发生急性中毒的事件。

2. 引起慢性中毒

兽药残留的浓度通常很低，发生急性中毒的可能性较小，但是长期食用常会引起慢性中毒和蓄积毒性。例如，氯霉素在组织中的残留浓度达到 1 mg/kg 以上，能导致严重的再生障碍性贫血，对食用者威胁很大。人体对氯霉素较动物更敏感，婴幼儿的代谢和排泄机能尚不完善，对氯霉素很敏感，会出现致命的“灰婴综合征”。据报道，已有儿童因服用 1 mg 氯霉素和老年妇女使用氯霉素眼膏后死亡。所以，氯霉素已禁止用于食品动物。

又如，四环素类药物能够与骨骼中的钙结合，抑制骨骼和牙齿的发育。大环内酯类的红霉素、庆大霉素和卡那霉素主要损害前庭和耳蜗神经，导致眩晕和听力减退。磺胺类药物能够破坏人体造血机能。长期借助有这些药物残留的动物性食品，可能有害健康，引起慢性中毒。

3. 引起致癌、致畸、致突变的“三致”作用

例如，苯丙咪唑类药物，本身是一种广谱抗寄生虫药物，通过抑制细胞活性，可杀灭蠕虫及虫卵。这类药物干扰细胞的有丝分裂，具有明显的致畸作用和潜在的致癌、致突变效应。又如，雌激素、砷制剂、喹喔啉类、硝基呋喃类和硝基咪唑类药物等都已证明有“三致”作用，许多国家都禁止用于食品动物，一般要求在食品中不得检出。再如，磺胺二甲嘧啶等一些磺胺类药物在连续给药中能够诱发啮齿动物甲状腺增生，并具有致肿瘤倾向。链霉素具有潜在的致畸作用。这些药物的残留超标，将严重影响人类的健康。

4. 变态反应

一些抗菌药物如青霉素、磺胺类、氨基糖苷类和四环素类能引起变态反应。青霉素药物使用广泛，其代谢和降解产物具有很强的致敏作用。喹诺酮类药物也可引起变态反应和光敏反应。轻度的变态反应仅引起荨麻疹、皮炎、发热等，严重的导致休克，甚至危及生命。

5. 对胃肠道微生物的影响

在正常情况下，人体的胃肠道存在大量菌群，且互相拮抗、制约而平衡。如果长期接触有抗微生物药物残留的动物性食品，部分敏感菌群受到抑制或杀死，耐药菌或条件性致病菌大量繁殖，微生物平衡遭到破坏，引起疾病的发生，损害人类健康。

近年来，兽药残留在国内外已经成为社会关注的公共卫生问题，与人类的健康息息相关。中国加入世界贸易组织（WTO）后，国际贸易中的非贸易性技术堡垒现象，使中国畜禽产品的出口面临更加激烈的竞争环境。如不能很好地控制兽药残留，将直接影响畜禽产品的出口贸易。

由此可见，药物（兽药）残留的测定具有特殊重要的意义。食品中兽药残留主要分抗生素残留、硝基呋喃类药物残留、生长促进剂残留 3 种。

二、抗生素残留量的测定

1. 牛奶中抗生素残留量的测定

牛奶中抗生素残留的主要来源是在牛饲料中掺入饲料添加剂而引入的。牛奶中若含有抗生素，会发生过敏反应，还会影响奶制品的品质。其测定方法有微生物检测法、理化检测法、免疫法等。

（1）微生物法。

微生物法是基于抗生素对微生物的生理机能、代谢的抑制作用，进行测定的一类方法。包括 PD 法和 TTC 法。

① PD 法，即纸片法，是利用特定的菌种（枯草杆菌或嗜热脂肪杆菌）来检测牛奶中的β-内酰胺类抗生素。其操作过程基本相同，将一吸满受检乳样的滤纸圆片放入一接种枯草杆菌的琼脂平皿上，并放入一含有标准抗生素的阳性对照圆片。将培养皿在 32 °C 下培养 17 ~ 24 h，然后观察有无抑菌圈。若要判定结果是否为真阳性，则需将乳样在 82 °C 下加热 2 ~ 3 min，冷却，再重复试验。该方法对奶样中青霉素残留的检测限可达 0.01IU/mL。而嗜热脂肪杆菌纸片检测法不但可用于检测奶样中 β-内酰胺类抗生素，并能暗示是否还存在其他抑菌物质，检测限可达 0.008 IU/mL 以下。一般在 4 h 内即可获得有关乳中是否还存在 β-内酰胺抗生素残留的结果。

② TTC 法，即氯化三苯基四氮唑法，是目前我国食品卫生标准中规定的检查牛乳中抗生素残留的检测方法（GB 5409—1985）。如果牛乳中有抗生素存在，当乳中加入菌种（嗜热链球菌）经培养后，菌种不增殖，此时加入的 TTC 指示剂不发生还原反应，所以仍呈无色状态；如果没有抗生素存在，则加入菌种即行增殖，TTC 还原变成红色，使样品染成红色。

微生物检测法的测定时间长且结果误差较大。目前趋向灵敏、准确、简便、快速的微生物检测方法研究，如酶标抗体检测法等。

（2）理化检测法。

该方法是利用抗生素分子中的基团所具有的特殊反应或性质来测定其含量的，如高效液相色谱法、气相色谱法、比色法、荧光分光光度法等。该法能进行定性、定量和药物鉴定，敏感性较高，但有的检测程序较复杂，有的检测费用较高。

① 高效液相色谱法。

该法是目前应用最为广泛的一种理化检测方法。该法分离速度快、效率高且操作自动化。测定中先对样品进行提取、脱蛋白、离心、色谱柱净化、衍生化等处理过程，再进行残留药物的分离和检测。

样品的提取一般使用水和酸化有机溶剂，两者可以同时达到脱蛋白和萃取残留的目的。另外也可使用钨酸钠、硫酸和水从组织中提取青霉素并脱掉蛋白质。这种方法对牛奶中的青霉素效果非常好。样品经提取后要进行蛋白质沉淀。脱蛋白的常用有机溶剂有甲醇、乙腈和 2-丙醇；无机酸有硫酸和钨酸钠、酸化乙腈（pH 为 4.0 ~ 4.4）。也可使用超滤法等。

通常，得到的水提取液或有机提取液，需要对目标分析物进行净化与浓缩。常用的净化和浓缩方法有离子交换（IE）、固相萃取（SPE）和免疫亲和色谱法（IAC）等。

残留组分的分离方式包括正相、反相和离子交换等几种分离手段。近几年来常用反相色谱法，最常用的分析柱填料为 ODS-C_{18}。反相 HPLC 具有高效、短时，并在含水系统中完成分析等特点。某些含有立体异构体的药物，如氨苄青霉素、苯氧乙基青霉素以及羧苄青霉素等，也可用离子对反相（RP）HPLC 来改善其分离效果。但对强极性的青霉素类药物，如头孢三嗪，分离效果不甚理想。可在流动相中加入离子对试剂，以改善其分离的选择性。青霉素药物被分离后，最常用的检测方式为浓度型的紫外检测器和荧光检测器。

用高效液相色谱法（HPLC）检测牛奶中氯霉素的残留量，采用乙酸乙酯提取牛奶中残留的氯霉素，用正烷-氯仿（1∶1，体积比）溶解残渣，以乙腈－0.005 mol/L 磷酸氢二铵（1∶82，体积比）作为流动相，用高效液相色谱仪紫外检测器在 278 nm 检测。该法样品前处理简单、回收率高、实用性强、检疫灵敏度高、重视性好、检测数据准确可靠，可作为牛奶中氯霉素残留检测的确证方法。

目前，随着接口技术的显著改进，质谱作为一种质量流速型检测器，正广泛应用于残留分析的检测中。电化学检测器也已用于检测邻氯青霉素、头孢菌素和青霉素。

由于其固有的高灵敏度，荧光检测法在多数 LC 分析中要优于紫外检测法。

② 联用法。该法实现了高效色谱分离和检测联机，可用微电脑控制色谱条件、程序和数据处理，其特异性、灵敏度和重复性均好，并可一次同时完成同一样本中多种药物及其代谢物检测。对牛奶中青霉素类抗生素的分析，质谱作为一种专一检测器已获得广泛应用。其分析方式有直接探头分析法、直接液体导入法、GC-MS、LC-MS 联用法等。

利用热喷质谱技术鉴别牛奶中的青霉素 G，使用苯氧甲基青霉素作内标，牛奶样品用钨酸钠沉淀蛋白后，上层清液用 Bond Elut C_{18}SPE 固相柱净化，用乙腈－0.012 5 mol/L 醋酸铵（60∶40）洗脱青霉素。洗脱液直接用 TSP-MS 测定。测定低限为 0.005 mg/kg。也可使用连接紫外检测器的 LC-TSP-MS 确证牛奶中的青霉素 G。

随着电喷雾接口技术的成熟，LC-ESI-MS 技术已广泛用于测定牛奶中的青霉素类抗生素。由于采用选择离子检测方式，故不仅提高了该测定方法的灵敏度，同时也使得方法的选择性得到很大改善。目前，使用电喷雾离子化串联离子阱质谱技术可以测定牛奶中低至 5 μg/L（苄青霉素）与 10 μg/L（头孢噻呋、头孢匹林、头孢唑啉、氨苄青霉素、羟氯青霉素和邻氯青霉素）水平的 7 种青霉素类抗生素残留。

③ 其他理化检测方法。除以上方法外，测定牛奶中的抗生素残留还可以采用气相色谱法、高效薄层色谱法、超临界流体色谱法、毛细管区域电泳法等。这些方法各有各的特性，如气相色谱法中可以使用多种高灵敏、高选择性、通用性强的检测器；高效薄层色谱法简便、快速、样品容量大、分辨率高（几乎可与高效液相色谱法相当）；超临界流体色谱法可以弥补气相色谱和液相色谱的不足，方便地连接各种检测器；毛细管电泳法具有高速、高分辨、灵活、高效等优点。以上这些方法尽管在残留检测上并不常用，但能弥补各种常用方法的不足。

（3）免疫法。

抗生素残留监测中的免疫测定法只能作为筛选方法，其定量效果还有待进一步研究。目前药物残留免疫分析技术主要分为两大类：一为相对独立的分析方法，即免疫测定法，如 RIA、ELISA、固相免疫传感器等；二是将免疫分析技术与常规理化分析技术联用，如利用免疫分析的高选择性作为理化测定技术中的净化手段，典型的方式为免疫亲和色谱。

牛奶中氯霉素的免疫亲和色谱（IAC）净化法是将样品经离心、过滤和稀释（固体样品首先用水提取）后，用 IAC 柱净化，HPLC-UVD 测定，回收率 70%～99%。牛奶样品的检测限最低可达 20 ng/L。在线亲和色谱-HPLC-UVD 测定法，能直接分析液体样品或提取液。

荧光免疫法可测定牛奶中的 6 种 β-内酰胺类抗生素。检测分析系统组成为：一个内含 4 个毛细管的测定管、一个带有 4 个用来干燥试剂的凹面试剂盘和一个毛细管反应器。反应在毛细管反应器内进行，并通过毛细管反应器识别荧光显示结果，然后输出测定结果。牛奶中 β-内酰胺类抗生素的最低检测限为：青霉素 G 3.2 μg/kg，氨苄青霉素 2.9 μg/kg，羟氨苄青霉素 3.6 μg/kg，邻氯青霉素 7.4 μg/kg，头孢匹林 16.3 μg/kg，头孢噻呋 33.7 μg/kg。

综上所述，鉴于牛奶中抗生素残留是涉及人类健康的公共卫生问题，应重视和加强检测工作，并且努力研究一些简便、快速、敏感、准确的检测方法，保证消费者的健康。

三、其他药物残留量的测定

1. 磺胺类药物残留量的测定——高效液相色谱法

本法用于检测可食性动物组织中七种常见的磺胺（SAs）类药物残留。可食性组织样品经乙腈提取，正己烷分配，再经碱性氧化铝 SPE 柱净化，用反相高效液相色谱-紫外检测器在 270 nm 检测。检测下限为 0.05 mg/kg，样品处理过程简单，快速，灵敏，易于掌握。具体操作方法如下：

（1）操作。

① 提取。准确称取 5.00 g 组织样品匀浆物，置于 50 mL 聚丙烯离心管中，加无水硫酸钠 4.0 g 和乙腈 25 mL，匀浆后，以 3 000 r/min 的速度离心 5 min。分离后的残渣再加入 25 mL 乙腈，振荡 10 min 后，以 3 000 r/min 的速度离心 5 min。合并 2 次得到的上层清液，加入 30 mL 正己烷，振荡 10 min 后，以 3 000 r/min 的速度离心 5 min。取下层液体置于鸡心瓶中，加入 10 mL 正丙醇，混合后于 50 °C 下减压干燥，用 3 mL 乙腈-水（95：5，体积比）溶解残留物。

② 净化。上述样品通过碱性氧化铝 SPE 柱，不收集，用 5 mL 乙腈-水（95：5，体积比）洗涤鸡心瓶，经过 SPE 柱，吹去柱内滞留的液体。用 10 mL 乙腈-水（70：30，体积比）洗脱后，洗脱液中加入 5 mL 正丙醇，在 50 °C 下减压干燥后，残留物用 2.0 mL 流动相溶解，以备高效液相色谱仪进行检测。

③ 样品测定。分别取适量的标准溶液和试样溶液，做单点或多点校准，以色谱峰面积定量。标准溶液和试样溶液中磺胺类药物的响应值均应在仪器检测的线性范围之内，以便准确定量。

高效液相色谱检测条件如下。

色谱柱：C_{18} 柱，250 mm × 4.6 mm（内径）。

流动相：乙腈-甲醇-水-乙酸（2∶2∶9∶0.2）。

流速：1.0 mL/min。

检测波长：270 nm。

进样量：20 mL。

④ 空白实验。除不加试样外，均按上述测定步骤进行。

（2）结果计算。

按下式计算试样中 SAs 类药物残留量：

$$X = \frac{cV}{m}$$

式中 X——试样中 SAs 残留量，mg/g；

c——试样液中对应的 SAs 浓度，mg/mL；

V——试样总体积，mL；

m——组织样品质量，g。

2. 硝基呋喃类药物残留量的测定

硝基呋喃类药物主要包括呋喃唑酮、呋喃他酮、呋喃苯烯酸钠及制剂等几种。下面简要介绍鸡肉组织中和鱼肉中呋喃唑酮残留量的高效液相色谱测定方法。

该法是将被测样品加 C_{18} 混匀后装柱，用正己烷冲洗，真空抽干后，用乙酸乙酯洗脱，洗脱液减压浓缩至干后的残渣用流动相溶解，过氧化铝柱后供高效液相色谱仪（配紫外检测器）检测。本方法在动物可食性组织中的检测限为 0.01 μg/g。

（1）操作。

① 提取和纯化。称取组织 2 g，加 G_{18} 约 3 g，置玻璃研钵中，用研杵混匀，混匀时应保持轻微压力沿同一方面划圆，直至组织与 C_{18} 成一均匀物质。将其装入玻璃色谱柱中，色谱柱置于抽气瓶上，用 20 mL 正己烷冲洗色谱柱，洗液弃去，用真空泵抽气至干，再用 30 mL 乙酸乙酯洗脱（用真空泵抽气，使流速约为 2 mL/min）。收集洗脱液置 50 mL 蒸馏瓶中，用旋转蒸发器减压浓缩至干，温度在 55 ~ 60 °C。残渣加流动相 0.5 ~ 1.0 mL 涡流振荡溶解，过氧化铝小柱，所制样液供反相高效液相色谱仪测定。

② 测定。取 20 mL 注入高效液相色谱仪，色谱条件如下。

色谱柱：RP-Cis 柱，300 mm × 3.9 mm（内径）。

流动相：乙腈-磷酸溶液（2∶8）。

流动相流速：0.7 mL/min。

检测波长：367 nm。

（2）结果计算。

$$X = \frac{Ac_s}{A_s c}$$

式中 X——试样中呋喃唑酮残留量，mg/g；

A——试样液中呋喃唑酮的峰面积，mm^2；

A_s——标准工作液中呋喃唑酮的峰面积，mm^2；

c_s——标准工作液中呋喃唑酮的浓度，μg/mL；

c——最终试样液所代表的试样的浓度，g/mL。

任务实施

工作任务2　畜禽肉中氟喹诺酮类兽药残留的检测

一、任务依据

依据《动物性食品中氟喹诺酮类药物残留检测　高效液相色谱法》（农业部 1025 号公告-14-2008）制定检验流程。

二、任务准备

（1）仪器。

① 高效液相色谱仪（配荧光检测器）。

② 天平：感量 0.01 g。

③ 分析天平：感量 0.000 1 g。

④ 振荡器。

⑤ 组织匀浆机。

⑥ 离心机。

⑦ 匀浆杯：30 mL。

⑧ 离心管：50 mL。.

⑨ 固相萃取柱：Varian Bond ElutB C_{18} 柱（100 mg/mL）。

⑩ 微孔滤膜（0.45 μm）。

（2）试剂。

① 5.0 mol/L 氢氧化钠溶液：取氢氧化钠饱和液 28 mL，加水稀释至 100 mL。

② 0.03 mol/L 氢氧化钠溶液：取 5.0 mol/L 氢氧化钠液 0.6 mL，加水稀释至 100 mL。

③ 0.05 mol/L 磷酸-三乙胺溶液：取浓磷酸 3.4 mL，用水稀释至 1 000 mL。用三乙胺调 pH 至 2.4。

④ 磷酸盐缓冲溶液（用于肌肉、脂肪组织）：取磷酸二氢钾 6.8 g，加水使溶解并稀释至 500 mL，用 5.0 mol/L 氢氧化钠溶液调节 pH 至 7.0。

⑤ 磷酸盐溶液（用于肝脏、肾脏组织）：取磷酸二氢钾 6.8 g，加水溶解并稀释至 500 mL，pH 为 4.0 ~ 5.0。

⑥ 达氟沙星、恩诺沙星、环丙沙星和沙拉沙星标准储备液：分别取达氟沙星对照品约 10 mg，恩诺沙星、环丙沙星和沙拉沙星对照品各约 50 mg，精密称定，用 0.03 mol/L 氢氧化钠溶液溶解并稀释成浓度为 0.2 mg/mL（达氟沙星）和 1 mg/mL（恩诺沙星、环丙沙星、沙拉沙星）的标准储备液。置 2 ~ 8 °C 冰箱中保存，有效期为 3 个月。

达氟沙星、恩诺沙星、环丙沙星和沙拉沙星标准工作液：准确量取适量标准储备液用乙腈稀释成适宜浓度的达氟沙星、恩诺沙星、环丙沙星和沙拉沙星标准工作液。置 2 ~ 8 °C 冰箱中保存，有效期为 1 周。

三、任务流程

1.采　样

准确称取 3 份牛肉样品（2 ± 0.05）g 于 50 mL 具塞离心管中，记录数据。

2. 提　取

（1）准确移取 20.0 mL 磷酸盐缓冲液在每份已称量好的牛肉样品中，用玻璃棒搅匀后。

（2）将离心管置于漩涡振荡器上，中速振荡 5 min。

（3）用空离心管和纯化水在托盘天平上进行配平，然后高速离心（10 000 r/min，5 min）。

（4）将上清液倒入 50 mL 烧杯中，以备过柱用。

3. 净　化

（1）将固相萃取柱在特定装置上安装好，分别先用 2.0 mL 甲醇、再用 2.0 mL 水活化。

（2）将活化好的固相萃取柱安装在固相萃取仪上，取离心所得上清液 5.0 mL 过柱。

（3）用水 2.0 mL 清洗，挤干。

（4）用流动相 2.0 mL 洗脱；并用 5 mL 试管收集洗脱液。

（5）用 2 mL 的一次性注射器吸取洗脱液，并将收集的洗脱液过 0.22 μm 有机系膜，直接装在样品瓶中，做好标记，供色谱测定。

4. 标准曲线的制备

准确量取适量达氟沙星、恩诺沙星、环内沙星和沙拉沙星标准工作液，用流动相稀释成浓度分别为 0.005 μg/mL、0.01 μg/mL、0.05 μg/mL、0.1 μg/mL、0.3 μg/mL、0.5 μg/mL 的对照溶液，供高效液相色谱分析。

5. 测　定

（1）色谱条件。

色谱柱：C_{18} 250 mm × 4.6 mm（i.d），粒径 5 μm，或相当者。

流动相：0.05 mol/L 磷酸溶液-三乙胺乙腈溶液（82 + 18，V/V）；使用前经微孔滤膜过滤。

流速：0.8 mL/min。

检测波长：激发波长 280 nm；发射波长 450 nm。

柱温：室温。

进样量：20 μL。

（2）测定法。

取试样溶液和相应的对照溶液，按外标法以峰面积计算。

（3）结果计算和表述。

计算试料中达氟沙星、恩诺沙星、环丙沙星或沙拉沙星的残留量：

$$X=\frac{AC_sV_1V_3}{A_sV_2M}$$

式中 X——试料中达氟沙星、恩诺沙星、环丙沙星或沙拉沙星的残留量，ng/g；

A——试样溶液中相应药物的峰面积；.

A_s——对照溶液中相应药物的峰面积；

C_s——对照溶液中相应药物的浓度，ng/mL；

V_1——提取用磷酸盐缓冲液的总体积，mL；

V_2——过 C_{18} 固相萃取柱所用备用液体积，mL；

V_3——洗脱用流动相体积，mL；

M——供试试料的质量，g。

注：计算结果需扣除空白值，测定结果用平行测定的算术平均值表示，保留三位有效数字。

四、数据记录及处理

表 7-3 畜禽中氟喹诺酮类兽药残留的数据记录

基本信息	样品名称		检测依据	
	检测项目		检测方法	
检测数据	检测编号	1	2	空白
	对照溶液中相应药物的浓度 C_s/（ng/mL）			
	提取用磷酸盐缓冲液的总体积 V_1/mL			
	过柱所用备用液体积 V_2/mL			
	洗脱用流动相体积 V_3/mL			
	试料的质量 M/g			
	对照溶液中相应药物的峰面积 A_s			
	试样溶液中相应药物的峰面积 A/（ng/g）			
	试料中药物的残留量			
结果讨论				

五、注意事项

（1）采用 pH = 7.0 的磷酸二氢钠缓冲溶液作为提取剂。

（2）处理完的对照溶液和试样溶液应及时上机。

六、任务评价

表 7-4　任务评价

序号	任务步骤	任务内容	技能操作要点
1	准备工作	着装，旋光仪校正	着工作服，整洁，洗净旋光管，用蒸馏水进行校正
2	制样，称样	绞碎样品，称量	取样量合理
3	提取	用磷酸盐缓冲液提取	正确使用旋涡振荡器，正确配平离心管，放平离心管
4	净化	固相萃取柱净化	正确活化，正确上样，正确收集过滤样品
5	上机检测	液相色谱仪测定	正确设置色谱条件，正确进样
6	结束工作	整理	废液处理，清洗、整理实验用仪器和台面
		文明操作	无器皿破损、仪器损坏
		实验室安全	安全操作
7	实验结果	数据记录、处理	能代入公式正确计算，能正确保留有效数字

思考练习

一、选择题

1. 畜禽肉中氟喹诺酮类兽药残留检测用到的样品净化技术是（　　）。

A. 凝结沉淀技术　　B. 液液萃取技术

C. 固相萃取技术　　D. 超临界流体萃取

2. 牛肉中氟喹诺酮兽药提取时，用到的提取溶剂是（　　）。

A. 盐酸　　B. 氯化钠　　C. 磷酸盐缓冲液　　D. 硫酸钠

3. 以下不属于瘦肉精的是（　　）。

A. 克伦特罗　　B. 普恭洛尔　　C. 莱克多巴胺　　D. 沙丁胺醇

4. 与气相色谱相比:液相色谱时样品挥发度和热稳定性的限制较小.它非常适合以下哪些化合物的分离检测（　　）。

A. 分子量较小，难气化、不易挥发或对热敏感的物质

B. 分子量较大、难气化、不易挥发或对热敏感的物质

C. 分子量较小、易气化、易挥发或对热敏感的物质

D. 分子量较大、易气化、易挥发或对热敏感的物质

5. 兽药残留检测方法的主要评价指标包括（　　）。

A. 精密度　　B. 准确度　　C. 灵敏度　　D. 以上三项都是

二、简答题

1. 什么是兽药，什么是兽药残留？

2. 如何测定畜禽肉中氟喹诺酮类兽药残留？

项目八 食品微生物检测

食品微生物检验就是应用微生物学的理论与方法，研究外界环境和食品中微生物的种类、数量、性质、活动规律及其对人和动物健康的影响。

食品微生物检验方法是食品检测必不可少的重要组成部分。首先，它是衡量食品卫生质量的重要指标之一，也是判定被检食品能否食用的科学依据之一。其次，通过食品微生物检验，可以判断食品加工环境及食品卫生情况，能够对食品被细菌污染的程度作出正确的评价，为各项卫生管理工作提供科学依据，提供传染病和人类、动物的食物中毒的防治措施。再次，食品微生物检验是以贯彻“预防为主”的卫生方针，可以有效地防止或者减少食物中毒和人畜共患病的发生，保障人民的身体健康；同时，它在提高产品质量、避免经济损失、保证出口等方面具有政治上和经济上的重大意义。

任务一 菌落总数的测定

学习目标

（1）了解食品卫生微生物检验的意义。
（2）了解食品卫生微生物检验的种类和一般程序。
（3）了解检样的处理及培养基的制备方法。
（4）熟悉食品菌落总数的检验方法。

背景知识

一、食品微生物检验的范围

食品不论在产地或加工前后，均可能遭受微生物的污染。污染的机会和原因很多，一般有食品生产环境的污染、食品原料的污染、食品加工过程的污染等。根据食品被细菌污染的原因和途径可知，食品微生物检验的范围包括以下几点：

（1）生产环境的检验，包括车间用水、空气、地面、墙壁等。

（2）原辅料检验，包括食用动物、谷物、添加剂等一切原辅材料。

（3）食品加工、贮藏、销售诸环节的检验，包括食品从业人员的卫生状况检验、加工工具、运输车辆、包装材料的检验等。

（4）食品的检验，重要的是对出厂食品、可疑食品及食物中毒食品的检验。

二、食品微生物检验的一般程序

食品微生物检验的一般步骤，可按图 8-1 的程序进行，此图对各类食品各项微生物指标的检验具有一定的指导性。

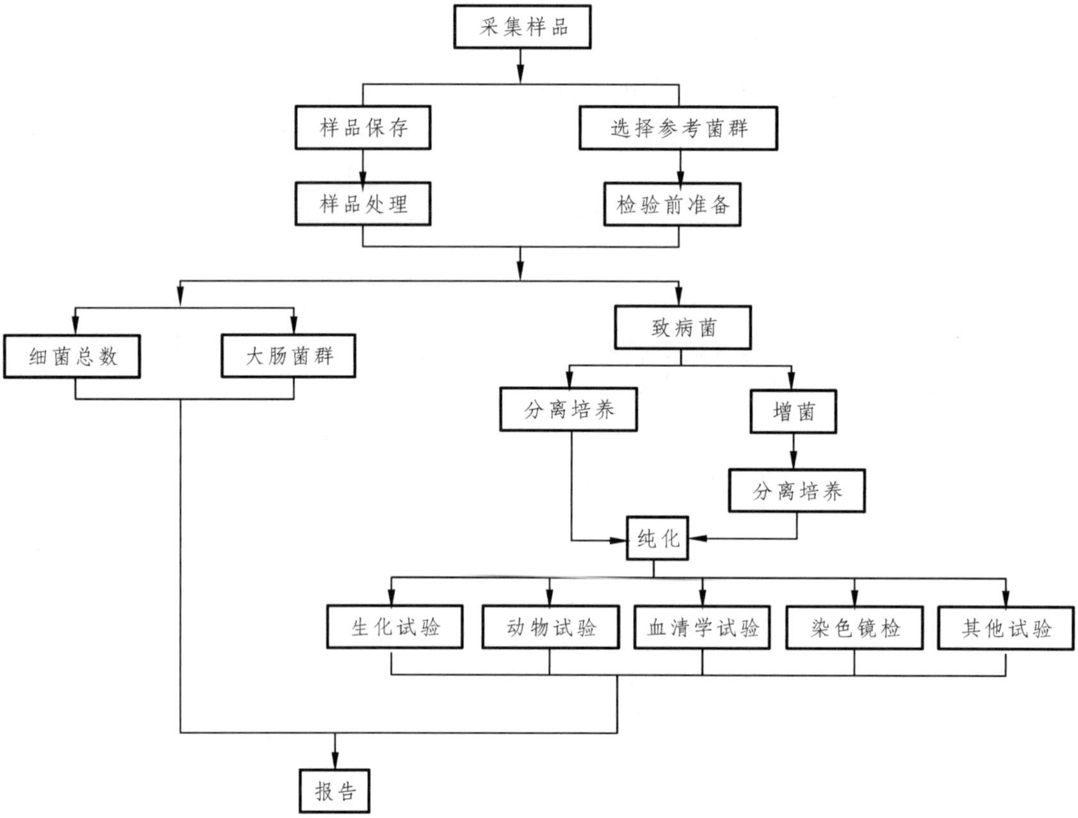

图 8-1　微生物检验一般程序

三、食品卫生微生物检验中样品的采集

与理化指标的检验一样，微生物学检验的第一步是样品的采集。采样前要了解所采样品的来源、加工、储藏、包装、运输等情况。采样时必须做到：使用的器械和容器须经灭菌，严格进行无菌操作；不得加防腐剂；液体样品应搅拌均匀后采取，固体样品应在不同部位采取以使样品具代表性；取样后及时送检，最多不得超过 4 h，特殊情况可冷藏。常见样品的采集方法如下：

1. 固体样品

（1）肉及肉制品。

① 生肉及脏器。如系屠宰后的畜肉，可在开腔后用无菌刀割去两腿内侧肌肉 50 g；如系冷藏或市售肉，可用无菌刀割去腿肉或其他部位肉 50 g；如系内脏，可用无菌刀根据需要割取适宜检验的脏器。所采样品应及时放入灭菌容器内。

② 熟肉及灌肠类肉制品。用无菌刀割取不同部位的样品，放入灭菌容器内。

（2）乳和乳制品。

如是散装或大包装，用无菌刀、勺取样，采取不同部位具有代表性的样品；如是小包装则取原包装品。

（3）蛋制品。

① 鲜蛋。用无菌方法取完整的鲜蛋。

② 鸡全蛋粉、巴氏消毒鸡全蛋粉、鸡蛋黄粉、鸡蛋白片。在包装铁箱开口处用 75%酒精消毒，然后用灭菌的取样探子斜角插入箱底，使样品填满取样器后提出箱外，再用灭菌小匙自上、中、下部采样 100 ~ 200 g，装入灭菌广口瓶中。

③ 冰全蛋、巴氏消毒的冰全蛋、冰蛋黄、冰蛋白。先将铁听开口处的外部用 75%酒精消毒，而后开盖，用灭菌的电钻由顶到底斜角插入，取出电钻后由电钻中取样，放入灭菌瓶中。

2. 液体样品

原包装瓶样品取整瓶，散装样品可用无菌吸管或匙采取。如是冷冻液食品，采取原包装放入隔热容器内。

3. 罐　头

根据厂别、商标、品种来源、生产时间分类进行采取，视具体情况确定数量。采取原包装放入隔热容器内。

五、食品卫生微生物检验的样品处理

1. 固体样品

用灭菌刀、剪或镊子称取不同部位的样品 10 g，剪碎放入灭菌容器内，加一定量的水（不易剪碎的可加海沙研磨）混匀，制成 1∶10 混悬液，进行检验。在处理蛋制品时，加入约 30 个玻璃球，以便振荡均匀。生肉及内脏，先进行表面消毒，再剪去表面样品采集深层样品。

2. 液体样品

（1）原包装样品。用点燃的酒精棉球消毒瓶口，再用经石炭酸或来苏尔消毒液消毒过的纱布将瓶口盖上，用经火焰消毒的开罐器开启。摇匀后用无菌吸管吸取。

（2）含有二氧化碳的液体样品按上述方法开启瓶盖后，将样品倒入无菌磨口瓶中，盖上消毒纱布，将盖开一缝，轻轻摇动，使气体逸出后进行检验。

（3）冷冻食品。将冷冻食品放入无菌容器内，溶化后检验。

3. 罐　头

（1）密闭试验将被检验罐头置于 85 °C 以上的水浴中，使罐头沉入水面以下 5 cm，观察 5 min，如有小气泡连续上升，表明漏气。

（2）膨胀试验。将罐头放在 37 °C 环境下 7 天，如是水果、蔬菜罐头放在 20 ~ 25 °C 环境下 7 天，观察其盖和底有无膨胀现象。

（3）检验先用酒精棉球擦去罐上油污，然后用点燃的酒精棉球消毒开口的一端。用来苏尔消毒液纱布盖上，再用灭菌的开罐器打开罐头，除去表层，用灭菌匙或吸管取出中间部分的样品进行检验。

六、食品微生物检验的指标

食品微生物检验的指标就是根据食品卫生的要求，从微生物学的角度，对不同食品所提出的与食品有关的具体指标要求。食品微生物指标有菌落总数、大肠菌群和致病菌等。

1. 菌落总数

菌落总数是指食品检样经过处理，在一定条件下培养后所得 1 g 或 1 mL 检样所含细菌菌落的总数。它可以反映食品的新鲜度、被细菌污染的程度、生产过程中食品是否变质和食品生产的一般卫生状况等。因此它是判断食品卫生质量的重要依据之一。

2. 大肠菌群

大肠菌群包括大肠杆菌和产气杆菌的一些中间类型的细菌。这些细菌是寄居于人及温血动物肠道内的常居菌，它随着大便排出体外。食品中如果大肠菌群数越多，说明食品受粪便污染的程度越大。故以大肠菌群作为粪便污染食品的卫生指标来评价食品的质量，具有广泛的意义。

3. 致病菌

致病菌即能够引起人们发病的细菌。对不同的食品和不同的场合，应选择一定的参考菌群进行检验。例如：海产品以副溶血性弧菌作为参考菌群，蛋与蛋制品以沙门菌、金黄色葡萄球菌、变形杆菌等作为参考菌群，米、面类食品以蜡状芽孢杆菌、变形杆菌、霉菌等作为参考菌群，罐头食品以耐热性芽孢菌作为参考菌群等。

4. 霉菌及其毒素

我国还没有制定出霉菌的具体指标，鉴于有很多霉菌能够产生毒素，引起疾病，故应该对产毒霉菌进行检验。例如：曲霉属的黄曲霉、寄生曲霉等，青霉属的橘青霉、岛青霉等，镰刀霉属的串珠镰刀霉、禾谷镰刀霉等。

5. 其他指标

微生物指标还应包括病毒，如肝炎病毒、猪瘟病毒、鸡新城疫病毒、马立克病毒、口蹄疫病毒等；另外，从食品检验的角度考虑，寄生虫也被很多学者列为微生物检验的指标，如旋毛虫、囊尾蚴、蛔虫、肺吸虫、蟠、姜片吸虫、中华分支睾吸虫等。

任务实施

工作任务 1　饮料中菌落总数的检验

一、任务依据

依据《食品安全国家标准　食品微生物菌落总数的测定》（GB 4789.2—2016）制订检验流程。

二、任务准备

1. 设备和材料

恒温箱（36 ± 1 °C）；冰箱（– 4 °C）；恒温水浴（46 ± 1 °C）；天平；电炉（可调式）；吸管（容量为 1 mL 和 10 mL，标有 0.1 mL 单位的刻度）；广口瓶或锥形瓶（容量为 500 mL）；钵；试管架；灭菌刀或剪刀；酒精棉球；登记簿；记号笔。

2. 培养基和试剂

（1）营养琼脂培养基。

蛋白胨 10 g；琼脂 15 ~ 20 g；牛肉膏 3 g；蒸馏水 1 000 mL。将除琼脂外的各成分溶解于蒸馏水中，加入 15%氢氧化钠溶液约 2 mL，校正 pH 至 7.2 ~ 7.4。加入琼脂，加热煮沸，使琼脂溶化。分装烧瓶，121 °C 高压灭菌 15 min。倾注平板。

（2）75%乙醇溶液。

（3）生理盐水或其他稀释液：定量分装于玻璃瓶和试管内，灭菌。

三、任务流程

（1）以无菌操作，将检样 25 g（25 mL）剪碎放于含有 225 mL 灭菌生理盐水或其他稀释液的灭菌玻璃瓶（瓶内放有适当的玻璃珠）或灭菌钵内，经充分振荡或研磨调成 1∶10 的均匀稀释液。

（2）用 1 mL 灭菌吸管吸取 1∶10 稀释液 1 mL，沿管壁徐徐注入含有 9 mL 灭菌生理盐水或其他稀释液的试管内（注意吸管尖端不要触及管内稀释液），振荡试管混合均匀，调成 1∶100 的稀释液。

（3）另取 1 mL 灭菌吸管，按上述操作顺序，作 10 倍递增稀释液，如此每递增稀释一次，即换用一支 1 mL 灭菌吸管。

（4）根据食品卫生标准要求或对标本污染情况的估计，选择 2 ~ 3 个适宜稀释度，分别在作 10 倍递增稀释的同时，即以吸取该稀释度的吸管移 1 mL 稀释液于灭菌平皿内，每个稀释度做两个平皿。

（5）稀释液移入平皿后，应及时将晾至 46 °C 营养琼脂培养基注入平皿约 15 mL，并转动平皿使之混合均匀。同时将营养琼脂培养基倾入加有 1 mL 稀释液（不含样品）的灭菌平皿内做空白对照。

（6）待琼脂凝固后，翻转平板，置（36 ± 1）°C 温箱内培养（48 ± 2）h。

（7）菌落计数方法。作平板菌落计数时，可用肉眼观察，必要时用放大镜检查，以防遗漏。在记下各平板的菌落数后，求出同稀释度的各平板平均菌落数。

（8）菌落计数的报告。

① 平板菌落数的选择。选取菌落数 30 ~ 300 的平板作为菌落总数测定标准。一个稀释度使用两个平板，应采用两个平板平均数，其中一个平板有较大片状菌落生长时，则不宜采用，而应以无片状菌落生长的平板作为该稀释度的菌落数。若片状菌落不到平板的一半，而其余一半中菌落分布又很均匀，即可计算半个平板后乘 2 以代表全皿菌落数。平皿内如有链状菌落生长时（菌落之间无明显界限），若仅有一条链，可视为一个菌落；如果有不同来源的几条链，则应将每条链作为一个菌落计。

② 稀释度的选择。

应选择平均菌落数在 30 ~ 300 的稀释度，乘以稀释倍数报告。

若有两个稀释度，其生长的菌落数均在 30 ~ 300，应视二者之比决定报告数：若比值小于 2，则报告其平均数；若大于 2 则报告其中较小的数字。

若所有稀释度的平均菌落数均大于 300，则应按稀释度最高的平均菌落数乘以稀释倍数报告。

若所有稀释度的平均菌落数均小于 30，则应按稀释度最低的平均菌落数乘以稀释倍数报告。

若所有稀释度均无菌落生长，则以小于 1 乘以最低稀释倍数报告。

若所有稀释度的平均菌落数均不在 30 ~ 300，其中一部分大于 300 或小于 30 时，则以最接近 30 或 300 的平均菌落数乘以稀释倍数报告。

③ 菌落数的报告。菌落数在 100 以内时，按其实际数据报告；大于 100 时以四舍五入取两位有效数字。数字较大时可用 10 的指数来表示。

思考练习

1. 食品微生物检验的概念是什么？其检验范围和指标有哪些？
2. 怎样进行微生物检验样品的采集？
3. 什么是菌落总数？其测定方法有哪些？测定食品中的菌落总数有什么重要意义？
4. 标准平板培养计数法测定菌落总数分哪几步？如何操作？

任务二　大肠菌群的测定

学习目标

（1）掌握大肠菌群测定的意义。

（2）了解检样的处理及培养基的制备方法。

（3）学会菌落总数、大肠菌群及常见致病菌和真菌的检验方法。

背景知识

一、大肠菌群

大肠菌群是指一群好氧及兼性厌氧，在 37 °C、24 h 能分解乳糖产酸产气的革兰氏阴性无芽孢杆菌。主要包括埃希菌属，称为典型大肠杆菌；其次还有柠檬细菌属、肠杆菌属、克雷伯菌属等，习惯上称为非典型大肠杆菌。

大肠菌群能在很多培养基和食品上繁殖，在 – 2 ~ 50 °C 范围内，均能生长。适应 pH 范围也较广，为 4.4 ~ 9.0。大肠菌群能在只有一种有机碳（如葡萄糖）和一种氮源（如硫酸铵）以及一些无机盐类组成的培养基上生长。在肉汤培养基上，37 °C 培养 24 h，就出现可见菌落。它们能够在含有胆盐的培养基上生长（胆盐能抑制革兰阳性杆菌）。大肠菌群的一个最显著特点是能分解乳糖而产酸产气。利用这一点能够把大肠菌群与其他细菌区别开来。

二、大肠菌群测定的意义

检测大肠菌群一则作为食品被粪便污染的指标（一般认为大肠菌群是直接或间接来自人与温血动物的粪便），另外，该指标还可作为肠道致病菌污染食品的指标菌。

大肠菌群检验结果，中国和其他许多国家均采用每 100 mL（g）样品中大肠菌群最近似数来表示，简称为大肠菌群 MPN。它是按一定方案检验结果的统计数值。这种检验方案，在我国统一采用样品两个稀释度各三管的乳糖发酵三步法。根据各种可能的检验结果，编制相应的 MPN 检索表供实际查阅用。

三、大肠菌群测定的方法

1. 乳糖发酵法

食品中大肠菌群数是以每 100 mL（g）检样内大肠菌群最可能数（MPN）表示。

（1）设备和材料。

温箱（36 ± 1 °C）；水浴（44 ± 0.5 °C）；天平；显微镜；均质器或乳钵；温度计；平皿；试管；载玻片。

（2）培养基和试剂。

① 乳糖胆盐发酵管。

a. 成分。蛋白胨 20 g；蒸馏水 1 000 mL；0.04%溴甲酚紫水溶液 25 mL；乳糖 10 g；猪胆盐（牛、羊胆盐）5 g；pH = 7.4。

b. 制法。将蛋白胨、胆盐及乳糖溶于水中，校正 pH，加入指示剂，分装每管 10 mL，并放入一个小导管 115 °C 高压灭菌 15 min。双料乳糖胆盐发酵管除蒸馏水外，其他成分加倍。

② 伊红美蓝琼脂（EMB）。

a. 成分。蛋白胨 10 g；磷酸氢二钾 2 g；2%伊红溶液 20 mL；蒸馏水 1 000 mL；乳糖 10 g；琼脂 17 g；0.65%美蓝溶液 10 mL；pH = 7.1。

b. 制法。将蛋白胨、磷酸盐和琼脂溶解于蒸馏水中，校正 pH，分装于烧瓶内，121 °C 高压灭菌 15 min 备用。临用时加入乳糖并加热溶化琼脂，冷至 50 ~ 55 °C，加入伊红和美蓝溶液，摇匀，倾注平板。

③ 乳糖发酵管。

a. 成分。蛋白胨 20 g；0.04%溴甲酚紫水溶液 25 mL；乳糖 10 g；蒸馏水 1 000 mL；pH = 7.4。

b. 制法。将蛋白胨及乳糖溶于水中，校正 pH，加入指示剂，按检验要求分装 30 mL、10 mL 或 3 mL，并放入一个小倒管 115 °C 高压灭菌 15 min。双料乳糖发酵管除蒸馏水外，其他成分加倍。30 mL 和 10 mL 乳糖发酵管专供酱油及酱类检验用，3 mL 乳糖发酵管供大肠菌群证实试验用。

④ 革兰染色液。

（3）操作步骤。

① 检样稀释。以无菌操作将检样 25 mL（或 25 g）放入含有 225 mL 灭菌生理盐水或其他稀释液的灭菌玻璃瓶内（瓶内预置适当数量的玻璃珠）或灭菌乳钵内，经充分振摇或研磨制成 1∶10 的均匀稀释液。固体检样最好用均质器，以 8 000 ~ 10 000 r/min 处理 1 min，制成 1∶10 的均匀稀释液。

用 1 mL 灭菌吸管吸取 1∶10 稀释液 1 mL，注入含有 9 mL 灭菌生理盐水或其他稀释液的试管内，振荡混匀，制成 1∶100 的稀释液。

另取 1 mL 灭菌吸管，按上项操作依次作 10 倍递增稀释液，每递增稀释一次，换用一支 1 mL 灭菌吸管。

根据食品卫生标准要求或对检样污染情况的估计，选择 3 个稀释度，每个稀释度接种 3 管。

② 乳糖发酵试验。将待检样品接种于乳糖胆盐发酵管内，接种量在 1 mL 以上者，用双料乳糖胆盐发酵管；1 mL 及 1 mL 以下者，用单料乳糖胆盐发酵管。每一稀释度接种 3 管，置（36 ± 1）°C 温箱内，培养（24 ± 2）h。如所有乳糖胆盐发酵管都不产气，则可报告为大肠菌群阴性；如有产气者，则按下列程序进行。

③ 分离培养。将产气的发酵管分别接种在伊红美蓝琼脂板上，置（36 ± 1）°C 笆温箱内，培养 18 ~ 24 h，然后取出，观察菌落形态，并做革兰染色和证实试验。（注国标 2016 版本进行了改动。）

④ 证实试验。在上述平板上挑取可疑大肠菌群菌落 1 ~ 2 个进行革兰染色，同时接种乳糖发酵管，置（36 ± 1）°C 温箱内培养（24 ± 2）h，观察产气情况，凡乳糖管产气、革兰染色为阴性的无芽孢杆菌，即可报告为大肠菌群阳性。

（4）报告根据证实为大肠菌群阳性的管数，查 MPN 检索表（见表 8-1），报告每 100 mL（g）大肠菌群的 MPN 值。

表 8-1　大肠菌群最可能数（MPN）检索表

阳性管数			MPN 100 mL（g）	95%可信限	
1 mL（g）×3	0.1 mL（g）×3	0.01 mL（g）×3		下限	上限
0	0	0	<30		
0	0	1	30	<5	90
0	0	2	60		
0	0	3	90		
0	1	0	30	<5	130
0	1	1	60		
0	1	2	90		
0	1	3	120		
0	2	0	60		
0	2	1	90		
0	2	2	120		
0	2	3	160		
0	3	0	90		
0	3	1	130		
0	3	2	160		
0	3	3	190		
1	0	0	40	<5	200
1	0	1	70	10	210
1	0	2	110		
1	0	3	150		
1	1	0	70	10	230
1	1	1	110	30	360
1	1	2	150		
1	1	3	190		
1	2	0	110	30	360
1	2	1	150		
1	2	2	200		
1	2	3	240		
1	3	0	160		
1	3	1	200		
1	3	2	240		
1	3	3	290		

续表

阳性管数			MPN 100 mL（g）	95%可信限	
1 mL（g）×3	0.1 mL（g）×3	0.01 mL（g）×3		下限	上限
2	0	0	90	10	360
2	0	1	140	30	370
2	0	2	200		
2	0	3	260		
2	1	0	150	30	440
2	1	1	200	70	890
2	1	2	270		
2	1	3	340		
2	2	0	210	40	470
2	2	1	280	100	1500
2	2	2	350		
2	2	3	420		
2	3	0	290		
2	3	1	360		
2	3	2	440		
2	3	3	530		
3	0	0	230	40	1200
3	0	1	390	70	1300
3	0	2	640	150	3800
3	0	3	950		
3	1	0	430	70	2100
3	1	1	750	140	2300
3	1	2	1200	300	3800
3	1	3	1600		
3	2	0	930	150	3800
3	2	1	1500	300	4400
3	2	2	2100	350	4700
3	2	3	2900		
3	3	0	2400	360	13000
3	3	1	4600	710	24000
3	3	2	11000	1500	48000
3	3	3	>24000		

注：1. 本表采用 3 个稀释度[1 mL（g）、0.1 mL（g）、0.01 mL（g）]，每稀释度 3 管。
2. 表内所列检样量如改用 10 mL（g）、1 mL（g）和 0.1 mL（g）时，表内数字相应降低 10 倍；如改用。1 mL（g），0.01 mL（g）和 0.001 mL（g）时，则表内数字相应增加 10 倍。其余可类推。

2. LTSE 快速检验法

因乳糖发酵法费时，为了快速检验的需要，卫生部于 1999 年颁布了 LTSE 快速检验法，该法与国标法符合率很高，达 99%以上。

原理不同的细菌以不同途径分解糖类，在其代谢过程中均能产生丙酮酸及转变为各种酸类，大肠菌群能分解乳糖，由于具有甲酸解氢酶作用于甲酸，产生氢气和二氧化碳气体，因此气体的产生是在产酸的同时进一步分解酸而形成的。据此将样品接种到 LTSE 培养基肉汤内 15 h，观察有无产气现象，然后加氧化酶试验和涂片革兰染色镜检结果综合判断是否有大肠菌群的存在。

（2）操作步骤。

① 检样稀释。

以无菌操作将检样 25 mL（或 25 g）放于含有 225 mL 灭菌生理盐水的无菌瓶内，经研磨或充分振摇溶解成为 1∶1 的均匀稀释液。固体检样最好用均质器，以 8 000 ~ 10 000 r/min 的速度处理 1 min 做成 1∶10 的均匀稀释液。

用 1 mL 灭菌吸管吸取 1∶10 稀释液 1 mL，注入含有 9 mL 灭菌生理盐水或其他稀释液的试管内，振摇试管混匀，做成 1∶100 的稀释液。

另取 1 mL 灭菌吸管，按上述操作依次 10 倍递增稀释液，每递增稀释一次，换用 1 支 1 mL 灭菌吸管。

根据食品卫生标准要求或对检样污染情况的估计，选择 3 个稀释度，每个稀释度接种 3 管。

② 预测试验。将待检样品接种于 LTSE 发酵管内，接种在 10 mL 或 10 mL 以上者，用双料 LTSE 发酵管，1 mL 及 1 mL 以下者，用单料 LTSE 发酵管。预测试验采用 9 管法，每一稀释度接种 3 管，置（37 ± 1）°C 温管内，培养（15 ± 1）h 观察结果，如有混浊并产气者，即表示为阳性管。

以上阳性管继续按下列程序做证实试验。

③ 证实试验。

菌液涂片。用直径 3 ~ 4 mm 的接种环挑取菌液 2 ~ 3 环进行革兰染色，镜检。有革兰阴性无芽泡杆菌，而杂菌无或少。

氧化酶试验。产气管取约 0.5 ~ 1 mL 培养物，滴加氧化酶试剂 2 ~ 3 滴摇匀，呈粉红色或深红色示为氧化酶阳性，不变色或呈试剂的本色为阴性反应。

（3）结果判断和报告.

如有产气，氧化酶阴性并从形态上见到革兰阴性的无芽孢杆菌，表示有大肠菌群存在，然后查 MPN 检查表，计算 MPN 值。

3. 其他大肠菌群快速检验法

（1）TTC（氯化三苯四氮唑）显色快速法。

① 培养基 TTC 乳糖培养基；三料 TTC 乳糖培养基。

② 检验方法。

a. 接种。每份样品以无菌操作接种 1 mL、0.1 mL 及 0.01 mL。各 3 管于 TTC 乳糖培养基中，如接种量为 10 mL，则用三料 TTC 乳糖培养基。

b. 培养。接种后置 35 ~ 37 °C 温箱培养 18 ~ 24 h。

③ 结果判断观察 TTC 乳糖培养液有无产红色及产气，结果判定如表 8-2 所示。

表 8-2 显色法大肠菌群结果判定

显 色	产气	大肠菌群判定
紫红色、深红色、红色、浅红色、局部红色	+	阳性
紫红色、深红色、红色、浅红色、局部红色	–	阴性
小红点或局部浅红色	+	阳性
无色透明或有小红点、局部浅红色	–	阴性
不变红色	+	阴性

④ 报告结果根据阳性管数，查对大肠菌群 MPN 检索表。

（2）DC（去氧胆酸钠）半固体试管快速法。

① 培养基 DC（去氧胆酸钠）培养基。

② 检验方法。

a. 样品处理。各类样品的处理与接种量均按国标方法要求进行。

b. 接种。

A. 流体样品。吸取原液 3 个 1 mL，分别注入 3 个灭菌中试管内；再吸取 1∶10 和 1∶100 稀释样品各 3 个 1 mL 分别加入灭菌中试管内，每管 1 mL。

B. 固体样品。吸取 1∶10 混悬液 3 个 1 mL（1 g 样品），分别注入 3 个灭菌中试管内；再吸取 1∶10 和 1∶100 稀释样品各 3 个 10 mL 分别加入灭菌中试管内，每管 1 mL。

C. 加入培养基与培养。接种 1 mL 样品的试管，注入已熔化并冷却至 50 °C 左右 DC 半固体培养基 3 mL。接种 10 mL 样品的试管加入 3 倍 DC 培养基 5 mL，立即将样品与培养基充分混合，待凝固后，置 37 °C 温箱内培养 18 ~ 24 h，取出观察结果。

③ 结果判定。

a. 培养基为橘红色，有气泡产生或琼脂崩裂，记录为“+ +”。

b. 培养基为橘红色，或有橘红色菌落无气泡和琼脂崩裂现象，记录为“+ ”。

c. 培养基为绿色，有黄色菌落无气泡和琼脂崩裂现象，记录为“±”。

d. 培养基为绿色，记录为“–”。

④ 报告结果。

根据结果判定为 a、d 反应结果，记录阳性管数，直接查对 MPN 检索表，报告之。

如遇 b、c 反应结果，可挑 2 ~ 3 个可疑大肠菌群菌落接种乳糖复发酵管，置 37 °C 温箱培养 18 ~ 24 h，根据产酸产气管数查对 MPN 检索表，报告之。

（3）纸片快速法。

① 制备。

a. 培养基：蛋白胨（优质胨）1 g；3 号胆盐 0.1 g；乳糖 1.5 g；$K_2HPO_4 \cdot 3H_2O$ 0.4 g；1.6%溴甲酚紫溶液 0.5 mL；琼脂糖 0.1 g；蒸馏水 100 mL；4%TTC 溶液 2.5 mL；氯化钠 0.5 g。

上述成分除溴甲酚紫和 TTC 外，其他成分加热溶解，冷后调 pH = 7.0 ~ 7.2，再按量加入溴甲酚紫溶液，混匀，116 °C 灭菌 15 min，冷至 60 °C 左右按量加入 TTC 溶液，混匀，即可浸渍纸片。然后用无菌镊子将纸片排放于消毒的大搪瓷盘内，放 40 °C 左右恒温室或 37 °C

温箱烘干。无菌操作装入消毒的塑料袋内，包装好放冰箱保存备用。

b. 纸片制备。为新华中速定性滤纸，切成 10 cm × 12 cm，叠成 5 cm × 6 cm 大小的双层纸片，经干烤或高压灭菌（高压后于 37 °C 温箱烘干）后备用。

c. 塑料袋。为耐高温的聚丙塑料薄膜袋，可按实验要求压合成一定规格的袋，116 °C 15 min 灭菌后备用。

② 检验方法。

a. 样品处理。液体样品按国标方法进行；固体样品，取 25 g 样品，研碎加入 25 mL 灭菌盐水混匀。

b. 接种。液体样品吸取 3 个 1 mL 分别涂布于 3 张纸片，再吸取 1∶10 和 1∶100 稀释液各 3 个 1 mL，分别涂布于 3 张纸片；固体样品，吸取 1∶1 混悬液 3 个 1 mL（1 g）分别涂布于 3 张纸片，再吸取 1∶10、1∶100 稀释液各 3 个 1 mL，分别涂布于 3 张纸片。而后用手轻轻压平，置（36 ± 1）°C 恒温箱，培养 15 h 观察结果。

③ 结果判定。

a. 纸片上出现紫红色菌落，其周围有黄圈者为阳性。

b. 纸片为一种颜色，无菌落生长者为阴性。

c. 纸片呈紫色，有紫红色菌落，其周围无黄圈者为阴性。

d. 酸性食品接种后，纸片变黄，经培养后无紫红色菌落为阴性。

e. 纸片变色呈现不典型菌落，结果可疑者应做复发酵进行验证。

④ 结果报告。

根据纸片的阳性片数，查对大肠菌群 MPN 检索表，报告之。

任务实施

工作任务 2　肉制品中大肠菌群的检验

一、任务依据

依据《食品安全国家标准　食品微生物学检验大肠菌群计数》（GB 4789.3—2016）制定检验流程。

此任务用国标中第一法进行检验。平板计数法相对于 MPN 法来说，检验结果更精确。适合用于污染比较严重的样品，但对于污染菌量太少的样品，还是 MPN 法更有优势。

二、任务准备

微生物实验室常规灭菌及培养设备外，其他设备和材料如下：

（1）恒温培养箱：（36 ± 1）°C。

（2）冰箱：2 ~ 5 °C。

（3）水浴箱。

（4）天平：感量 0.1 g。

（5）振荡器。

（6）无菌吸管：1 mL、10 mL（具 0.1 mL 刻度）及吸头。

（7）培养基和试剂。

月桂基硫酸盐胰蛋白胨肉汤（LST）、煌绿乳糖胆盐肉汤（BGLB）、乳糖胆盐发酵培养基、伊红美蓝琼脂、乳糖发酵培养基、1 mol/L NaOH、1 mol/L HCl。

三、任务流程

1. 样品的采集及处理

（1）一般检验。

① 屠宰后的畜肉，可于开膛后，用无菌刀采取两腿内侧肌肉 100 g（或采取背最长肌）。

② 冷藏或售卖的生肉，可用无菌刀采取腿肉或其他肌肉 100 g，也可采取可疑的淋巴结或病变组织。

检样采取后放入无菌容器，立即送检。最好不超过 4 h。送样时应注意冷藏。

先将样品放入沸水中，烫 3 ~ 5 min，进行表面灭菌，以无菌手续从各样品中间部取 25 g，再用无菌剪刀剪碎后，加入灭菌砂少许，进行研磨，加入灭菌生理盐水，混匀后制成 1∶10 稀释液。

（2）表面检查法。

取 50 cm^2 消毒滤纸以无菌刀将滤纸贴于被检肉的表面，持续 1 min，取下后投入装有 100 mL 无菌生理盐水和带有玻璃珠的 250 mL 三角瓶内，或将取下的滤纸投入放有一定量生理盐水的试管内，送至实验室后，再按 1 cm^2 滤纸加盐水 5 mL 的比例补足，强力振荡，直至滤纸成细纤维状备用。

2. 检验步骤

依据 GB 4789.3—2016 检验大肠菌群。MPN 计数的检验程序如图 8-2 所示。

（1）样品的稀释。

① 固体和半固体样品：称取 25 g 样品，放入盛有 225 mL 磷酸盐缓冲液或生理盐水的无菌均质杯内，8 000 ~ 10 000 r/min 均质 1 ~ 2 min，或放入盛有 25 mL 磷酸盐缓冲液或生理盐水的无菌均质袋中，用拍击式均质器拍打 1 ~ 2 min，制成 1∶10 的样品匀液。

② 液体样品：以无菌吸管吸取 25 mL 样品置盛有 225 mL 磷酸盐缓冲液或生理盐水的无菌锥形瓶（瓶内预置适当数量的无菌玻璃珠）或其他无菌容器中充分振摇或置于机械振荡器中振摇，充分混匀，制成 1∶10 的样品匀液。

③ 样品匀液的 pH 应在 6.5 ~ 7.5，必要时分别用 1 mol/L NaOH 溶液或 1 mol/L HCl 溶液调节。

④ 用 1 mL 无菌吸管或微量移液器吸取 1∶10 样品匀液 1 mL，沿管壁缓缓注入 9 mL 磷酸盐缓冲液或生理盐水的无菌试管中（注意吸管或吸头尖端不要触及稀释液面），振摇试管或换用 1 支 1 mL 无菌吸管反复吹打，使其混合均匀，制成 1∶100 的样品匀液。

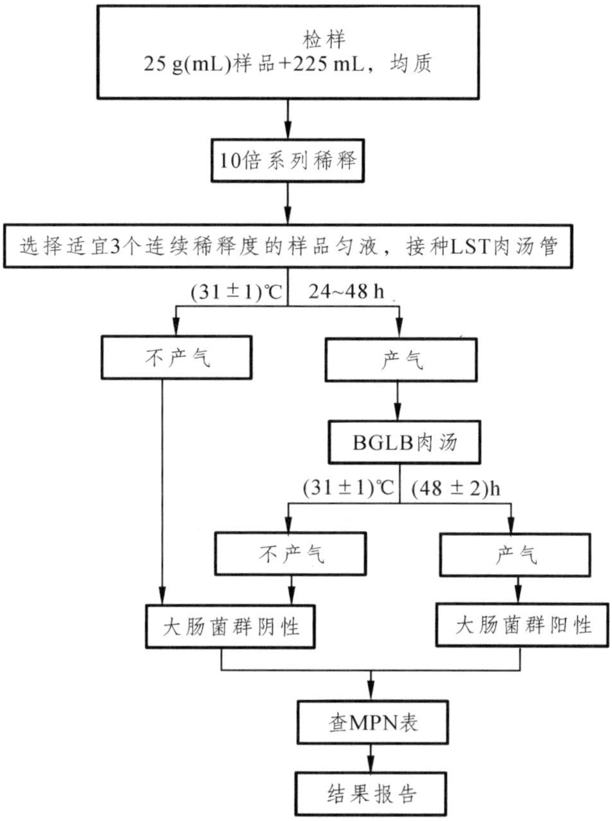

图 8-2　MPN 法检验程序

⑤ 根据对样品污染状况的估计，按上述操作，依次制成十倍递增系列稀释样品匀液。每递增稀释 1 次，换用 1 支 1 mL 无菌吸管或吸头。从制备样品匀液至样品接种完毕，全过程不得超过 15 min。

（2）初发酵试验。

每个样品，选择 3 个适宜的连续稀释度的样品匀液（液体样品可以选择原液），每个稀释度接种 3 管月桂基硫酸盐胰蛋白胨（LST）肉汤，每管接种 1 mL（如接种量超过 1 mL，则用双料 LST 肉汤），（36 ± 1）°C 培养（24 ± 2）h，观察倒管内是否有气泡产生，（24 ± 2）h 产气者进行复发酵试验（证实试验），如未产气则继续培养至（48 ± 2）h，产气者进行复发酵试验。未产气者为大肠菌群阴性。如图 8-3 所示。

（3）复发酵试验（证实试验）。

用接种环从产气的 LST 肉汤管中分别取培养物 1 环，移种于煌绿乳糖胆盐肉汤（BGLB）管中，（36 ± 1）°C 培养（48 ± 2）h，观察产气情况。产气者，计为大肠菌群阳性管。如图 8-3 所示。

（4）大肠菌群最可能数（MPN）的报告。

按（3）确证的大肠菌群 BGLB 阳性管数，检索 MPN 表（见表 8-3），报告每 g（mL）样品中大肠菌群的 MPN 值。如图 8-4 所示。

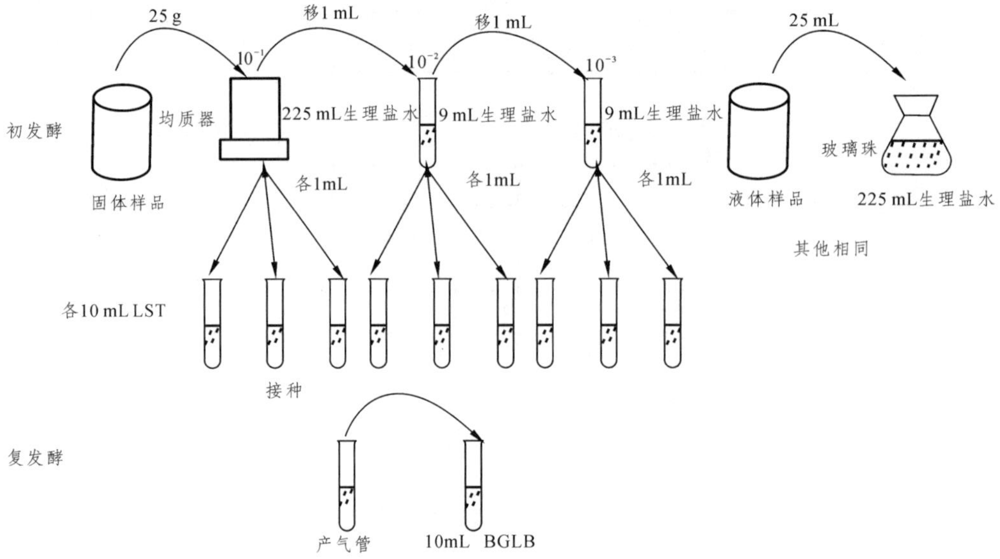

图 8-3 初发酵与复发酵检验程序

表 8-3 MPN 检索

阳性管数			MPN	95%可信限		阳性管数			MPN	95%可信限	
0.10	0.01	0.001		下限	上限	0.10	0.01	0.001		下限	上限
0	0	0	<3.0	—	9.5	2	2	0	21	4.5	42
0	0	1	3.0	0.15	9.6	2	2	1	28	8.7	94
0	1	0	3.0	0.15	11	2	2	2	35	8.7	94
0	1	1	6.1	1.2	18	2	3	0	29	8.7	94
0	2	0	6.2	1.2	18	2	3	1	36	8.7	94
0	3	0	9.4	3.6	38	3	0	0	23	4.6	94
1	0	0	3.6	0.17	18	3	0	1	38	8.7	110
1	0	1	7.2	1.3	18	3	0	2	64	17	180
1	0	2	11	3.6	38	3	1	0	43	g	180
1	1	0	7.4	1.3	20	3	1	1	75	17	200
1	1	1	11	3.6	38	3	1	2	120	37	420
1	2	0	11	3.6	42	3	1	3	160	40	420
1	2	1	15	4.5	42	3	2	0	93	18	420
1	3	0	16	4.5	42	3	2	1	150	37	420
2	0	0	9.2	1.4	38	3	2	2	210	40	430
2	0	1	14	3.6	42	3	2	3	290	90	1 000
2	0	2	20	4.5	42	3	3	0	240	42	1 000
2	1	0	15	3.7	42	3	3	1	460	90	2 000
2	1	1	20	4.5	42	3	3	2	1 100	180	4 100
2	1	2	27	8.7	94	3	3	3	>1100	420	

注：1. 本表采用 3 个稀释度[0.1 g（mL），0.01 g（mL），0.001 g（mL）]，每个稀释度接种 3 管。

2. 表内所列检样量如改用 1 g（mL），0.1 g（mL）和 0.01 g（mL）时，表内数字应相应降低到 $\frac{1}{10}$；如改用 0.01 g（mL），0.001 g（mL）和 0.000 1 g（mL）时，则表内数字应相应增高 10 倍，其余类推。

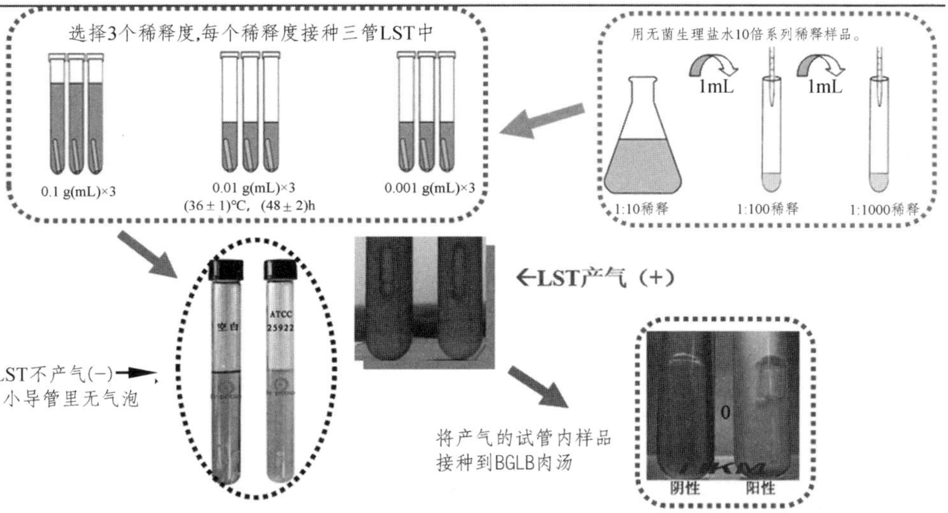

图 8-4　MPN 法检验方法展示

四、数据记录及处理

根据证实为大肠菌群阳性的管数，查 MPN 检索表，报告每 100 mL（g）大肠菌群的 MPN 值。

注意：MPN（最可能数）是表示样品中活菌密度的估测。因此 MPN 值只是活菌密度的估算值，并不是样品中活菌数的真值。

五、注意事项

（1）本法依据 GB 4789.3—2016 检验大肠菌群 MPN 计数的检验程序进行实验，但是不同的食品样本所需检验标准可能不同。

（2）采样应有无菌操作的概念，在无菌操作进行下，尽快送到检验室进行检验。

（3）注意国标 2003 版本与 2016 版本的区别。特别是结果的单位表示。

（4）消毒灭菌的过程中注意高压锅等仪器的使用安全。

六、任务评价

表 8-4　任务评价

序号	任务步骤	任务内容	技能操作要点
1	准备工作	着装，实验器皿的洗涤和灭菌	着工作服，整洁，器皿的洗涤和灭菌
2	采样和预处理	按照无菌操作将样品进行处理	样品的处理方法
3	无菌操作技术	整个实验中按照无菌操作要求进行	能正确采用无菌操作的方法进行整个实验
4	样品的检验	按照检验步骤进行	能够按照检验步骤完成实验
5	结束工作	整理	废弃物处理，清洗、整理实验用仪器和台面
		文明操作	无器皿破损、仪器损坏
		实验室安全	安全操作
6	实验结果	MPN 表的正确使用	能利用结果和查表得到实验结果

思考练习

为什么要对食品进行大肠菌群的检验？

参考文献

[1] 姜黎. 食品理化检验与分析[M]. 天津：天津大学出出版社，2010.

[2] 钱志伟，袁贵英. 食品分析检验技术[M]. 北京：中国农业大学出版社，2013.

[3] 王晓英，顾宗珠，史先振. 食品分析技术[M]. 武汉：华中科技大学出版社. 2010.

[4] 林继元，边亚娟. 食品理化检验技术[M]. 武汉：武汉理工大大学出版社，2011.

[5] 陆叙元，张俐勤. 食品分析检测[M]. 杭州：浙江大学出版社，2012.

[6] 王朝臣. 吴君艳食品理化检验项目化教程[M]. 北京：化学工业出版社，2013.

[7] 穆华荣. 食品分析[M]. 北京：化学工业出版社，2004.

[8] 王燕. 食品检验技术（理化部分）[M]. 北京：中国轻工业出版社，2008.

[9] 李东风. 食品分析综合实训[M]. 北京：化学工业出版社，2008.

[10] 程云燕，李双石. 食品分析与检验[M]. 北京：化学工业出版社，2007.

[11] 王一凡. 食品检验综合技能实训[M]. 北京：化学工业出版社，2009.

[12] 李凤玉，梁文珍. 食品分析与检验[M]. 北京：中国农业大学出版社，2008.

[13] 尹凯丹，张奇志. 食品理化分析[M]. 北京：化学工业出版社，2008.

[14] 张银良. 食品检验教程[M]. 北京：化学工业出版社，2006.

[15] 周光理. 食品分析与检验技术[M]. 北京：化学工业出版，2006.

[16] 孙平. 食品分析[M]. 北京：化学工业出版社，2005.

[17] 黄文. 食品添加剂检验[M]. 北京：中国计量出版社，2008.

[18] 陈坚平，黄广民. 食品现化检验[M]. 北京，中国计量出版社，2008.

[19] 刘丹赤. 食品理化检验技术[M]. 大连，大连理工大学出版社，2010.

[20] 黄伟坤，等. 食品检验与分析[M]. 北京：中国轻工业出版社，1989.

附 录

附件 1 酒精计温度浓度对照表（20 °C）

溶液温度 /°C	酒精计示值									
	70.0	69.0	68.0	67.0	66.0	65.0	64.0	63.0	62.0	61.0
	20 °C 时用容积百分数表示的酒精浓度									
30	66.7	65.7	64.6	63.6	62.6	61.6	60.6	59.5	58.5	57.5
29	67.0	66.0	65.0	64.0	62.9	61.9	60.9	59.9	58.8	57.8
28	67.4	66.3	65.3	64.3	63.3	62.3	61.2	60.2	59.2	58.2
27	67.7	66.7	65.7	64.6	63.6	62.9	61.6	60.6	59.6	58.5
26	68.0	67.0	66.0	65.0	64.0	63.0	61.9	60.9	59.9	58.9
25	68.4	67.3	66.3	65.3	64.3	63.3	62.3	61.3	60.3	59.2
24	68.7	67.7	66.7	65.6	64.6	63.6	62.6	61.6	60.6	59.6
23	69.0	68.0	67.0	66.0	65.0	64.0	63.0	62.0	61.0	60.0
22	69.3	68.3	67.3	66.3	65.3	64.3	63.3	62.3	61.3	60.3
21	69.7	68.7	67.7	66.7	65.7	64.6	63.6	62.6	61.6	60.6
20	70.0	69.0	68.0	67.0	66.0	65.0	64.0	63.0	62.0	61.0
19	70.3	69.3	68.3	67.3	66.3	64.3	64.3	63.3	62.3	61.3
18	70.6	69.6	68.7	67.7	66.7	64.7	64.7	63.7	62.7	61.7
17	71.0	70.0	69.0	68.0	67.0	65.0	65.0	64.0	63.0	62.0
16	71.3	70.3	69.3	68.3	67.3	65.4	65.4	64.4	63.4	62.4
15	71.6	70.6	69.6	68.7	67.7	66.7	65.7	64.7	63.7	62.7
14	72.0	71.0	70.0	69.0	68.0	67.0	66.0	65.0	64.1	63.1
13	72.3	71.3	70.3	69.3	68.3	67.4	66.4	65.4	64.4	63.4
12	72.6	71.6	70.6	69.7	68.7	67.7	66.7	65.7	64.7	63.7
11	72.9	71.9	71.0	70.0	69.0	68.0	67.0	66.0	65.1	64.1
10	73.2	72.2	71.3	70.3	69.3	68.3	67.4	66.4	65.4	64.4
9	73.5	72.5	71.6	70.6	69.6	68.7	67.7	66.7	65.7	64.8
8	73.8	72.9	71.9	70.9	70.0	69.0	68.0	67.0	66.1	65.1
7	74.2	73.2	72.2	71.3	70.3	69.3	68.4	67.4	66.4	65.4

溶液温度/°C	酒精计示值									
	70.0	69.0	68.0	67.0	66.0	65.0	64.0	63.0	62.0	61.0
6	74.5	73.5	72.5	71.6	70.6	69.6	68.7	67.7	66.7	65.8
5	74.8	73.8	72.9	71.9	70.9	70.0	69.0	68.0	67.1	66.1
4	75.1	74.1	73.2	72.2	71.2	70.3	69.3	68.4	67.4	66.4
3	75.4	74.4	73.5	72.5	71.6	70.6	69.6	68.7	67.7	66.8
2	75.7	74.7	73.8	72.8	71.9	70.9	70.0	69.0	68.0	67.1
1	76.0	75.0	74.1	73.1	72.2	71.2	70.3	69.3	68.4	67.4
0	76.3	75.4	74.4	73.4	72.5	71.5	70.6	69.6	68.7	67.7

溶液温度/°C	酒精计示值									
	60.0	59.0	58.0	57.0	56.0	55.0	54.0	53.0	52.0	51.0
30	56.4	55.4	54.4	53.4	52.3	51.3	50.3	49.3	48.2	47.2
29	56.8	55.8	54.8	53.7	52.7	51.7	50.7	49.6	48.6	47.6
28	57.2	56.1	55.1	54.1	53.1	52.1	51.0	50.0	49.0	48.0
27	57.5	56.5	55.5	54.5	53.4	52.4	51.4	50.4	49.4	48.3
26	57.9	56.9	55.8	54.8	53.8	52.8	51.8	50.8	49.7	48.7
25	58.2	57.2	56.2	55.2	54.2	53.2	52.2	51.1	50.1	49.1
24	58.6	57.6	56.6	55.6	54.5	53.5	52.5	51.5	50.5	49.5
23	58.9	57.9	56.9	55.9	54.9	53.9	52.9	51.9	50.9	49.9
22	59.3	58.3	57.3	56.3	55.3	54.3	53.3	52.2	51.2	50.2
21	59.6	58.6	57.6	56.6	55.6	54.6	53.6	52.6	51.6	50.6
20	60.0	59.0	58.0	57.0	56.0	55.0	54.0	53.0	52.0	51.0
19	60.4	59.4	58.4	57.4	56.4	55.4	54.4	53.4	52.4	51.4
18	60.7	59.7	58.7	57.7	56.7	55.7	54.7	53.7	52.7	51.7
17	61.0	60.0	59.1	58.1	57.1	56.1	55.1	54.1	53.1	52.1
16	61.4	60.4	59.4	58.4	57.4	56.4	55.5	54.5	53.5	52.5
15	61.7	60.8	59.8	58.8	57.8	56.8	55.8	54.8	53.9	52.9
14	62.1	61.1	60.1	59.1	58.2	57.2	56.2	55.2	54.2	53.2
13	62.4	61.4	60.5	59.5	58.5	57.5	56.5	55.6	54.6	53.6
12	62.8	61.8	60.8	59.8	58.9	57.9	56.9	55.9	55.0	54.0
11	63.1	62.1	61.2	60.2	59.2	58.2	57.2	56.3	55.3	54.3
10	63.5	62.5	61.5	60.5	59.5	58.6	57.6	56.6	55.7	54.7
9	63.8	62.8	61.9	60.9	59.9	58.9	58.0	57.0	56.0	55.1
8	64.1	63.2	62.2	61.2	60.3	59.3	58.3	57.4	56.4	55.4

溶液温度/°C	酒精计示值									
	60.0	59.0	58.0	57.0	56.0	55.0	54.0	53.0	52.0	51.0
7	64.5	63.5	62.5	61.6	60.6	59.6	58.7	57.7	56.8	55.8
6	64.8	63.8	62.9	61.9	61.0	60.0	59.0	58.1	57.1	56.1
5	65.1	64.2	63.2	62.3	61.3	60.3	59.4	58.4	57.4	56.5
4	65.5	64.5	63.6	62.6	61.6	60.7	59.7	58.8	57.8	56.8
3	65.8	64.8	63.9	62.9	62.0	61.0	60.1	59.1	58.2	57.2
2	66.1	65.2	64.2	63.3	62.3	61.4	60.4	59.4	58.5	57.5
1	66.4	65.5	64.6	63.6	62.6	61.7	60.7	59.8	58.8	57.9
0	66.8	65.8	64.9	63.9	63.0	62.0	61.1	60.1	59.2	58.2

溶液温度/°C	酒精计示值									
	50.0	49.0	48.0	47.0	46.0	45.0	44.0	43.0	42.0	41.0
30	46.2	45.2	44.2	43.1	42.1	41.1	40.1	39.0	38.0	37.0
29	46.6	45.6	44.5	43.5	42.5	41.5	40.4	39.4	38.4	37.4
28	47.0	45.9	44.9	43.9	42.9	41.9	40.8	39.8	38.8	37.8
27	47.3	46.3	45.3	44.3	43.3	42.3	41.2	40.2	39.2	38.2
26	47.7	46.7	45.7	44.7	43.7	42.7	41.6	40.6	36.6	38.6
25	48.1	47.1	46.1	45.1	44.1	43.0	42.0	41.0	40.0	39.0
24	48.5	47.5	46.4	45.4	44.4	43.4	42.4	41.4	40.4	39.4
23	48.9	47.8	46.8	45.8	44.8	43.8	42.8	41.8	40.8	39.8
22	49.2	48.2	47.2	46.2	45.2	44.2	43.2	42.6	41.2	40.2
21	49.6	48.6	47.6	46.6	45.6	44.6	43.6	42.6	41.6	40.6
20	50.0	49.0	48.0	47.0	46.0	45.0	44.0	43.0	42.0	41.0
19	50.4	49.4	47.4	47.4	46.4	45.4	44.4	43.4	42.4	41.4
18	50.7	49.8	47.8	47.8	46.8	45.8	44.8	43.8	42.8	41.8
17	51.1	50.1	48.2	48.2	47.2	46.2	45.2	44.2	43.2	42.2
16	51.5	50.5	48.6	48.6	47.6	46.6	45.6	44.6	43.6	42.6
15	51.9	50.9	49.9	48.9	47.9	47.0	46.0	45.0	44.0	43.0
14	52.2	51.3	50.3	49.3	48.3	47.3	46.4	45.4	44.4	43.4
13	52.6	51.6	50.7	49.7	48.7	47.7	46.7	45.8	44.8	43.8
12	53.0	52.0	51.0	50.1	49.1	48.1	47.1	46.1	45.2	44.2
11	53.4	52.4	51.4	50.4	49.5	48.5	47.5	46.5	45.6	44.6
10	53.7	52.8	51.8	50.8	49.8	48.9	47.9	46.9	46.0	45.0
9	54.1	53.1	52.2	51.2	50.2	49.2	48.3	47.3	46.3	45.4

溶液温度/°C	酒精计示值									
	50.0	49.0	48.0	47.0	46.0	45.0	44.0	43.0	42.0	41.0
8	54.5	53.5	52.5	51.6	50.6	49.6	48.6	47.7	46.7	45.8
7	54.8	53.9	52.9	51.9	51.0	50.0	49.0	48.1	47.1	46.2
6	55.2	54.2	53.2	52.3	51.3	50.4	49.4	48.4	47.5	46.5
5	55.5	54.6	53.6	52.7	51.7	50.8	49.8	48.8	47.9	46.9
4	55.9	54.9	54.0	53.0	52.1	51.1	50.2	49.2	48.2	47.3
3	56.2	55.3	54.3	53.4	52.4	51.5	50.5	49.6	48.6	47.7
2	56.6	55.6	54.7	53.8	52.8	51.8	50.9	49.9	49.0	48.0
1	57.0	56.0	55.0	54.1	53.2	52.2	51.3	50.3	49.4	48.4
0	57.3	56.4	55.4	54.5	53.5	52.6	51.6	50.7	49.7	48.8

溶液温度/°C	酒精计示值									
	40.0	39.0	38.0	37.0	36.0	35.0	34.0	33.0	32.0	31.0
30	36.0	35.0	34.0	33.0	32.0	30.9	29.9	28.9	28.0	27.0
29	36.4	35.4	34.4	33.4	32.4	31.3	30.3	29.4	28.4	27.4
28	36.8	35.8	34.8	33.8	32.8	31.7	30.7	29.7	28.8	27.8
27	37.2	36.2	35.2	34.2	33.2	32.2	31.2	30.2	29.2	28.2
26	37.6	36.6	35.6	34.6	33.6	32.6	31.6	30.6	29.6	28.6
25	38.0	37.0	36.0	35.0	34.0	33.0	32.0	31.0	30.0	29.0
24	38.4	37.4	36.4	35.4	34.4	33.4	32.4	31.4	30.4	29.4
23	38.8	37.8	36.8	35.8	34.8	33.8	32.8	31.8	30.8	29.8
22	39.2	38.2	37.2	36.2	35.2	34.2	33.2	32.2	31.2	30.2
21	39.9	38.6	37.6	36.6	35.6	34.6	33.6	32.6	31.6	30.6
20	40.0	39.0	38.0	37.0	36.0	35.0	34.0	33.0	32.0	31.0
19	40.4	39.4	38.4	37.4	36.4	35.4	34.4	33.4	32.4	31.4
18	40.8	39.8	38.8	37.8	36.8	35.8	34.8	33.8	32.8	31.8
17	41.2	40.2	39.2	38.2	37.2	36.2	35.2	34.2	33.2	32.2
16	41.6	40.6	39.6	38.6	37.6	36.6	35.6	34.6	33.6	32.6
15	42.0	41.0	40.0	39.0	38.0	37.0	36.0	35.0	34.0	33.0
14	42.4	41.4	40.4	39.4	38.4	37.4	36.4	35.4	34.4	33.5
13	42.8	41.8	40.8	39.8	38.8	37.8	36.8	35.9	34.9	33.9
12	43.2	42.2	41.2	40.2	39.2	38.2	37.3	38.3	35.3	34.3
11	43.6	42.6	41.6	40.6	39.6	38.7	37.7	36.7	35.7	34.7

续附件

溶液温度 /°C	酒精计示值									
	40.0	39.0	38.0	37.0	36.0	35.0	34.0	33.0	32.0	31.0
10	44.0	43.0	42.0	41.0	40.1	39.1	38.1	37.1	36.1	35.1
9	44.4	43.4	42.4	41.5	40.5	39.5	38.5	37.5	36.5	35.5
8	44.8	43.8	42.8	41.9	40.9	39.9	38.9	37.9	36.9	36.0
7	45.2	44.2	43.2	42.3	41.3	40.3	39.3	38.3	37.3	36.4
6	45.6	44.6	43.6	42.7	41.7	40.7	39.7	38.8	37.8	36.8
5	46.0	45.0	44.0	43.1	42.1	41.1	40.1	39.2	38.2	37.2
4	46.3	45.4	44.4	43.4	42.5	41.5	40.5	39.6	38.6	37.6
3	46.7	45.8	44.8	43.8	42.9	41.9	40.9	40.0	39.0	38.0
2	47.1	46.1	45.2	44.2	43.3	42.3	41.3	40.4	39.4	38.4
1	47.5	46.5	45.6	44.6	43.7	42.7	41.7	40.8	39.8	38.9
0	47.8	46.9	46.0	45.0	44.0	43.1	42.1	41.2	40.2	39.3

附件 2　国家职业标准对食品检验员的工作要求

1. 职业概况

1.1　职业名称

农产品食品检验员

1.2　职业编码

4-08-05-01

1.3　职业定义

从事农产品、粮油、食品及相关产品、食品添加剂等质量安全检验检测工作的人员。

1.4　职业技能等级

本职业共设五个等级，分别为五级/初级工、四级/中级工、三级/高级工、二级/技师、一级/高级技师。

15　职业环境条件

室内、常温，部分工作场所含有毒有害物或有粉尘。

16　职业能力特征

具有学习、分析、推理、判断、表达和计算能力；具有空间感、形体知觉、嗅觉、色觉、听觉；手指、手臂灵活，动作协调。

17　普通受教育程度

初中毕业（或相当文化程度）。

18　职业技能鉴定要求

1.81　申报条件

具备以下条件之一者，可申报五级/初级工：

（1）累计从事本职业或相关职业工作 1 年（含）以上。

（2）本职业或相关职业学徒期满。

具备以下条件之一者，可申报四级/中级工：

（1）取得本职业或相关职业五级/初级工职业资格证书（技能等级证书）后，累计从事本专业或相关职业工作 4 年（含）以上。

（2）累计从事本职业或相关职业工作 6 年（含）以上。

（3)取得技工学校本专业或相关专业毕业证书(含尚未取得毕业证书的在校应届毕业生)；或取得经评估论证、以中级技能为培养目标的中等及以上职业学校本专业或相关专业毕业证书（含尚未取得毕业证书的在校应届毕业生)。

具备以下条件之一者，可申报三级/高级工：

（1）取得本职业或相关职业四级/中级工职业资格证书（技能等级证书)，累计从事本职业或相关职业工作 5 年（含）以上。

（2）取得本职业或相关职业四级/中级工职业资格证书（技能等级证书)，并具有高级技工学校、技师学院毕业证书(含尚未取得毕业证书的在校应届毕业生)；或取得本职业或相关职业四级/中级工职业资格证书（技能等级证书)，并具有经评估论证、以高级技能为培养目标的高等职业学校本专业或相关专业毕业证书（含尚未取得毕业证书的在校应届毕业生）。

（3）具有大专及以上本专业或相关专业毕业证书，并取得本职业或相关职业四级/中级工职业资格证书（技能等级证书）后，累计从事本职业或相关职业工作2年（含）以上。

具备以下条件之一者，可申报二级/技师：

（1）取得本职业或相关职业三级/高级工职业资格证书（技能等级证书）后，累计从事本职业或相关职业工作4年（含）以上。

（2）取得本职业或相关职业三级/高级工职业资格证书（技能等级证书）的高级技工学校、技师学院毕业生，累计从事本职业或相关职业工作3年（含）以上；或取得本职业或相关职业预备技师证书的技师学院毕业生，累计从事本职业或相关职业工作2年（含）以上。

具备以下条件者，可申报一级/高级技师：

取得本职业或相关职业二级/技师职业资格证书（技能等级证书）后，累计从事本职业或相关职业工作4年（含）以上。

1.82 鉴定方式

分为理论知识考试、技能考核以及综合评审。理论知识考试以笔试、机考等方式为主，主要考核从业人员从事本职业应掌握的基本要求和相关知识要求；技能考核主要采用现场操作、模拟操作等方式进行，主要考核从业人员从事本职业应具备的技能水平；综合评审主要针对技师和高级技师，通常采取审阅审报材料、答辩等方式进行全面评议和审查。

理论知识考试、技能考核和综合评审均实行百分制，成绩皆达60分（含）以上者为合格。职业标准中标注“★”的为涉及安全生产或操作的关键技能，如考生在技能考核中违反操作规程或未达到该技能要求的，则技能考核成绩为不合格。

1.83 监考人员、考评人员与考生配比

理论知识考试中的监考人员与考生配比不低于1：15，且每个考场不少于2名监考人员；技能考核中的考评人员与考生配比不低于1：5，且考评人员为3人以上单数；综合评审委员为3人以上单数。

1.84 鉴定时间

理论知识考试时间不少于90 min；技能考核时间不少于 120 min；综合评审时间不少于30 min

1.85 鉴定场所设备

理论知识考试在标准教室进行；技能考核在具备相关检测器材的实验场所进行；综合评审在配备必要的多媒体设备的室内进行。

2. 基本要求

21 职业道德

2.11 职业道德基本知识

2.12 职业守则

（1）诚信守法，清正廉洁。

（2）客观公正，科学准确。

（3）爱岗敬业，团结协作。

（4）执行标准，规范操作。

（5）恪尽职守，保守秘密。

22 基础知识

2.21 专业基础知识

（1）计量、标准化基础知识。

（2）农产品、粮油、食品质量安全基础知识。

（3）农产品、粮油、食品检测基础知识。

2.22 安全基础知识

（1）实验室安全操作知识。

（2）实验室安全防护及救助知识。

（3）环境保护相关知识。

2.23 相关法律、法规知识

（1）《中华人民共和国劳动法》的相关知识。

（2）《中华人民共和国食品安全法》的相关知识。

（3）《中华人民共和国农产品质量安全法》的相关知识。

（4）《中华人民共和国产品质量法》的相关知识。

（5）《中华人民共和国标准化法》的相关知识。

（6）《中华人民共和国计量法》的相关知识。

（7）国家有关部门发布的其他相关规定。

3. 工作要求

本标准对五级/初级工、四级/中级工、三级/高级工、二级/技师、一级/高级技师的技能要求和相关知识要求依次递进，高级别涵盖低级别的要求。

技能要求有备注的，按备注的技能要求考核；无备注的技能要求均需考核。

3.1 五级/初级工

职业功能	工作内容	技能要求	相关知识要求
1. 样品准备及处理	1.1 抽（扦）样	1.1.1 能按照标准、方案进行抽（扦）样 1.1.2 能填写样品标准签和记录样品信息 1.1.3 能根据样品特性运输样品	1.1.1 抽（扦）样的基本原则 1.1.2 抽（扦）样方法和样品信息 1.1.3 抽（扦）样器具的分类及使用方法 1.1.4 样品运输方法
	1.2 样品制备	1.2.1 能按照标准、方案制备试样 1.2.2 能按照标准、技术规范留存样品	1.2.1 样品制备方法 1.2.2 样品的基本知识
2. 样品检测	2.1 溶液配制	2.1.1 能识别、选用药品和试剂 2.1.2 能按照标准选用量器和容器 2.1.3 能选用天平进行称量 2.1.4 能配制及保存溶液	2.11 常用化学试剂的种类、分级、安全使用方法 2.1.2 实验室用水要求 2.1.3 常用器皿的使用和洗涤方法 2.1.4 天平的使用方法 2.15 溶液配制及保存方法

续表

职业功能	工作内容	技能要求	相关知识要求
2. 样品检测	2.2 检测	2.2.1 能按照标准进行感官鉴定 2.2.2 能按照标准进行净含量测定 2.2.3 能按照标准、法规进行标签判定 2.2.4 能按照标准进行水分、灰分的测定 2.2.5 能按照标准、规范进行农药残留的快速检测 2.2.6 能按照标准、规范进行兽药残留的快速检测 2.2.7 能按照标准进行粮食、油料及其制品的容重、杂质、不完善粒、加工精度、磁性金属物等质量指标检测 2.2.8 能按照标准进行食品中酸度、浊度、色度、二氧化碳、酒精度、水不溶性物等项目检测	2.21 感官鉴定方法 2.2.2 净含量的测定方法 2.2.3 标签标识的相关知识 2.2.4 水分、灰分的测定方法和相关仪器设备的使用常识及注意事项 2.2.5 农药残留快速检测方法和相关仪器设备的使用常识及注意事项 2.2.6 兽药残留快速检测方法和相关仪器设备的使用常识及注意事项 2.2.7 粮食、油料及其制品质量指标的检测方法和相关仪器设备的使用常识及注意事项 2.2.8 食品中酸度、浊度、色度、二氧化碳、酒精度、水不溶性物等项目检测方法和相关仪器设备的使用常识及注意事项
		检测技能要求备注： 农产品质量安全检测员适用 2.2.1、2.2.2、2.2.3、2.2.4、2.2.5 或 2.2.6 粮油质量检验员适用 2.2.1、2.2.2、2.2.3、2.2.4、2.2.7 食品检验员适用 2.2.1、2.2.2、2.2.3、2.2.4、2.2.8	
3. 结果记录及数据处理	3.1 结果记录	3.11 能记录测定的原始数据 3.1.2 能根据规定填写原始记录表	3.1.1 原始记录表格的编制要求 3.1.2 检验原始记录的填写要求和规定
	3.2 数据处理	3.2.1 能根据有效数字运算规则计算检测结果 3.2.2 能根据检测结果做出判断	3.2.1 有效数字的运算规则 3.2.2 数值修约规则 3.2.3 检测结果判定依据
4. 实验室安全管理及仪器设备维护	4.1 实验室安全管理	4.1.1 能对废弃物进行安全处理 4.1.2 能对实验场所进行整理 4.1.3★能正确使用个人防护用具、安全防护设施及消防器材 4.1.4 能安全使用水、电、气	4.1.1 废弃物安全处理方法 4.1.2 个人防护用具、安全防护设施及消防器材使用方法 4.1.3 水、电、气安全使用方法
	4.2 仪器设备维护	4.2.1 能对天平、烘箱、容重器等仪器设备进行日常维护 4.2.2 能填写天平、烘箱、容重器等仪器使用及维护记录	4.2.1 天平、烘箱、容重器等仪器设备的日常维护方法 4.2.2 天平、烘箱、容重器等仪器设备使用及维护记录填写规则

32　四级/中级工

职业功能	工作内容	技能要求	相关知识要求
1. 样品准备及处理	1.1 制订抽（扦）样方案	1.1.1 能按照标准选择抽（扦）样方法 1.1.2 能按照标准或技术规范制定抽（扦）样方案	1.1.1 随机抽（扦）样相关知识 1.1.2 选择性抽（扦）样相关知识 1.1.3 特殊目的性抽（扦）样相关知识 1.1.4 抽（扦）样方案制定相关知识
	1.2 样品接收	1.2.1 能对检测样品是否能满足检测要求进行判定 1.2.2 能根据样品特性储存样品	1.2.1 样品检验过程的一般规则 1.2.2 样品储存方法
2. 样品检测	2.1 标准溶液配制	2.1.1 能按照标准标定标准滴定溶液 2.1.2 能对标准溶液的标签进行标识 2.1.3 能对标准溶液进行保存	2.11 标准滴定溶液的配制方法 2.1.2 标准滴定溶液的标定方法 2.1.3 标准溶液的标签标识要求 2.1.4 标准溶液的保存要求
	2.2 检测	2.2.1 能按照标准用容量法进行蛋白质、总糖、酸值、过氧化值等指标的检测 2.2.2 能按照标准用重量法进行脂肪、粗纤维等指标的检测 2.2.3 能按标准用比色法进行硝酸盐、亚硝酸盐等的检测 2.2.4 能按标准进行面筋含量、胶稠度、降落数值等的检测 2.2.5 能按标准进行粮油储存品质指标检测 2.2.6 能按标准进行大肠菌群和菌落总数的检测	2.21 容量分析基础知识、仪器使用知识及注意事项 2.2.2 重量分析基础知识、仪器使用知识及注意事项 2.2.3 比色法的基础知识、仪器使用知识及注意事项 2.2.4 微生物基础知识、仪器使用知识及注意事项 2.2.5 粮油储存品质指标检测方法、仪器使用知识及注意事项 2.2.6 大肠菌群和菌落总数的检测方法、仪器使用知识及注意事项
		检测技能要求备注： 农产品质量安全检测员和食品检验员适用 2.2.1、2.2.2、2.2.3 或 2.2.6 粮油质量检验员适用 2.2.1、2.2.2、2.2.4、2.2.5	
3. 结果记录及数据处理	3.1 结果计算	3.11 能进行可疑数值的取舍 3.2.2 能按标准计算检测结果的精密度	3.1.1 可疑数值的判定方法 3.1.2 精密度的计算方法
	3.2 数据处理	3.2.1 能按标准要求出具检测结果 3.2.2 能按标准进行极限数值的判定	3.2.1 有效数位的知识 3.2.2 极限数值判定标准

续表

职业功能	工作内容	技能要求	相关知识要求
4. 实验室安全管理及仪器设备维护	4.1 实验室安全管理	4.1.1★能按要求分类存放化学试剂药品 4.1.2★能按要求处置微生物检测废弃物 4.1.3★能按要求使用压力容器 4.1.4 能按要求使用通风柜	4.1.1 危险化学品的使用和储存方法 4.1.2 易制毒试剂的使用和储存方法 4.1.3 微生物检测废弃物的处理要求 4.1.4 压力容器安全使用方法 4.1.5 安全事故处理方法 4.1.6 超净工作台的使用要求
		实验室安全管理技能要求备注： 农产品质量检测安全检测和食品检验员适用 4.1.1、4.1.2、4.1.3、4.1.4、4.1.5 粮油质量检验员适用于 4.1.1、4.1.4	
	4.2 仪器设备维护	4.2.1 能对紫外/可见分光光度计进行日常维护 4.2.2 能对蛋白质测定仪等专用仪器设备进行日常维护	4.2.1 紫外/可见分光光度计的日常使用及维护方法 4.2.2 蛋白质测定仪等专用仪器设备的使用及日常维护方法

33　三级/高级工

职业功能	工作内容	技能要求	相关知识要求
1. 样品准备及处理	1.1 样品前处理	1.1.1 能按照标准进行样品提取、浓缩、净化和衍生操作 1.1.2 能按照标准进行干灰化法、湿消解法、微波消解法和高压罐法操作	1.1.1 均质器、旋转蒸发仪、固相萃取仪、氮吹仪、离心机等前处理设备的使用方法 1.1.2 马弗炉、电热板、微波消解仪、消解炉等样品前处理设备的使用方法
	1.2 检测后样品处理	1.2.1 能对检测后植物源样品进行处理 1.2.2 能对检测后动物源样品进行处理	1.2.1 植物源样品处理要求和方法 1.2.2 动物源样品处理要求和方法
2. 样品检测	2.1 标准溶液配制	2.1.1 能按照标准配制元素标准溶液 2.1.2 能按照标准配制农药混合标准溶液 2.1.3 能按照标准配制兽药混合标准溶液 2.1.4 能按照标准配制脂肪酸、溶剂残留混合标准溶液 2.1.5 能按照标准配制食品添加剂标准溶液	2.11 元素标准溶液配制相关知识 2.1.2 农药标准溶液配制相关知识 2.1.3 兽药标准溶液配制相关知识 2.1.4 脂肪酸、溶剂残留标准溶液配制相关知识 2.1.5 食品添加剂标准溶液配制相关知识
		标准溶液配制技能要求备注： 农产品质量安全检测员适用 2.1.1、2.1.2、2.1.3 粮油质量检验员适用 2.1.1、2.1.2、2.1.4、2.1.5 食品检验员适用 2.1.1、2.1.2、2.1.3、2.1.4、2.1.5	

续表

<table>
<tr><th>职业功能</th><th>工作内容</th><th>技能要求</th><th>相关知识要求</th></tr>
<tr><td rowspan="2">2. 样品检测</td><td rowspan="2">2.2 检测</td><td>2.2.1 能按照标准用气相色谱仪进行农药残留的检测
2.2.2 能按标准用气相色谱仪进行脂肪酸组成、食品添加剂或溶剂残留的检测
2.2.3 能按标准用液相色谱仪进行兽药残留、农药残留的检测
2.2.4 能按标准用液相色谱仪进行食品添加剂的检测
2.2.5 能按标准用原子吸收分光光度计进行元素的测定
2.2.6 能按照标准进行小麦及小麦粉吸水率和面团揉和性能的测定
2.2.7 能按照标准对粮油及其制品中黄曲霉素 B1 进行测定
2.2.8 能按照标准进行霉菌、酵母菌、乳酸菌的检测</td><td>2.21 气相色谱仪的基本原理、使用知识和注意事项
2.2.2 液相色谱仪的基本原理、使用知识和注意事项
2.2.3 原子吸收分光光度计的基本原理、使用知识和注意事项
2.2.4 小麦及小麦粉粉质实验相关知识和注意事项
2.2.5 薄层层析的原理、操作要求及注意事项
2.2.6 ELISA 的原理、操作要求及注意事项
2.2.7 霉菌、酵母菌、乳酸菌检验技术要求、仪器使用知识及注意事项</td></tr>
<tr><td colspan="2">检测技能要求备注：
农产品质量安全检测员适用 2.2.1 或 2.2.3、2.2.5
粮油质量检验员适用 2.2.1、2.2.2、2.2.5、2.2.6、2.2.7
食品检验员适用 2.2.1 或 2.2.2、2.2.3 或 2.2.4、2.2.5、2.2.8</td></tr>
<tr><td rowspan="2">3. 结果记录及数据处理</td><td>3.1 结果计算</td><td>3.11 能根据仪器的图谱记录数据
3.1.2 能正确绘制工作曲线、计算检测结果</td><td>3.1.1 图谱分析的基本知识
3.1.2 标准曲线的相关知识</td></tr>
<tr><td>3.2 数据处理</td><td>3.2.1 能进行方法检出限和定量限的试验和计算
3.2.2 能对检测结果进行分析判断</td><td>3.2.1 方法检出限和定量限的知识和测定方法
3.2.2 数据处理的基础知识</td></tr>
<tr><td rowspan="4">4. 实验室安全管理及仪器设备维护</td><td rowspan="2">4.1 实验室安全管理</td><td>4.1.1 能正确操作高压气瓶
4.1.2 能正确操作高压消解罐和微波消解仪
4.1.3 能正确使用生物安全柜</td><td>4.1.1 高压气瓶的使用知识
4.1.2 氢气、氧气、乙炔气等高压气瓶的安全使用方法
4.1.3 高压消解罐和微波消解仪的安全操作方法
4.1.4 生物安全柜的使用方法</td></tr>
<tr><td colspan="2">实验室安全管理技能要求备注：
农产品质量安全检测员和食品检验员适用 4.1.1、4.1.2、4.1.3
粮油质量检验员适用 4.1.1、4.1.2</td></tr>
<tr><td rowspan="2">4.2 仪器设备维护</td><td>4.2.1 能对气相色谱仪进行日常维护
4.2.2 能对液相色谱仪进行日常维护
4.2.3 能对原子吸收分光光度计进行日常维护</td><td>4.2.1 气相色谱仪的使用及维护方法
4.2.2 液相色谱仪的使用及维护方法
4.2.3 原子吸收分光光度计的使用及维护方法</td></tr>
<tr><td colspan="2">仪器设备维护技能要求备注：
农产品质量安全检测员和食品检验员适用 4.2.1、4.2.2、4.2.3
粮油质量检验员适用 4.2.1、4.2.3</td></tr>
</table>

4. 权重表

4.1 理论知识权重表

项目 \ 技能等级		五级/初级工/%	四级/中级工/%	三级/高级工/%
基本要求	样品准备及处理	25	20	15
	样品检测	50	45	40
技能要求	结果记录及数据处理	15	20	25
	实验室安全管理及仪器设备维护	10	15	20
合计		100	100	100

附件 3　蔬菜中有机磷农药残留检测操作规程

1. 制样。

黄瓜两根去皮，切小块，放入搅拌机中，打浆。

2. 样品提取。

准确称取（10.00 ± 0.10）g（需举手示意裁判）黄瓜匀浆于 50 mL 离心管中，用移液枪加入标液 100 μL（需举手示意裁判），用 20 mL 移液管准确移入 20.00 mL 乙腈（需举手示意裁判），于旋涡振荡器上混匀 2 min 后用滤纸过滤，滤液收集到装有 2 ~ 3 g 氯化钠的 50 mL 具塞量筒中，收集滤液 20 mL 左右，盖上塞子，剧烈震荡 1 min，在室温下静置 30 min 左右，使乙腈相和水相完全分层。

3. 净化。

用 5 mL 吸量管从具塞量筒中准确移取 4.00 mL 乙腈相溶液（需举手示意裁判）于 10 mL 刻度试管中，将其置于氮吹仪中，温度设为 75 °C，缓缓通入氮气，蒸发近干，用 2 mL 吸量管准确移入 2.00 mL 丙酮（需举手示意裁判），在旋涡混合器上混匀，用 0.22 μm 滤膜过滤后，分别移入至自动进样器进样瓶中，做好标记，供色谱测定。样品瓶编号为：NC 赛位号-1、NC 赛位号-2、NC 赛位号-3。如赛位号为 03，则样品瓶编号为：NC03-1、NC03-2、NC03-3。

4. 测定（由裁判收齐样品后统一上机检测）。

（1）色谱柱 DB- 1701 30 m × 0.25 mm × 0.1 μm

（2）温度进样口：240 °C 检测器：250 °C

柱温：60 °C（保持 1 min），25 °C/min 升温到 160 °C，保持 2 min，然后以 20 °C/min 升温到 240 °C，保持 13 min。

（3）气体及流量。

载气：氮气，流速为 10 mL/min；

燃气：氢气，流速为 75 mL/min；

助燃器：空气，流速 100 mL/min。

（4）进样方式：不分流进样。

5. 色谱分析。

由自动进样器吸取 1.0 μL 标准混合溶液和净化后的样品溶液注入色谱仪中，以保留时间定性，以获得的样品溶液峰面积与标准溶液峰面积比较定量。

6. 定性分析。

将样品溶液中未知组分的保留时间与标准溶液在同一色谱柱上的保留时间相比较，如果样品溶液中某组分的保留时间与标准溶液中某一农药的保留时间相差在 ± 0.05 min 内的可认定为该农药。

7. 定量结果计算。

试样中被测农药质量以质量分数以 ω 计，单位以毫克每千克（mg/kg）表示，按下式计算：

$$\omega = \frac{V_1 \times A \times V_3}{V_2 \times A_s \times m} \times \rho$$

式中　ρ——标准溶液中农药的质量浓度，mg/L；

A——样品溶液中被测农药的峰面积；

A_S——农药标准溶液中被测农药的峰面积；

V_1——提取溶剂总体积，mL；

V_2——吸取出用于检测的提取溶液的体积，mL；

V_3——样品溶液定容体积，mL；

m——试样的质量，g。

8. 回收率计算。

9. 加标样 RSD 计算。

附件 4 蔬菜中有机磷类农药残留的检测气相仿真软件操作规程

1. 实验室安全排查及规范操作。

（1）实验员个人防护用品穿戴。

（2）实验室隐患查找。

2. 农残上机检测仿真操作。

（1）配制标样：配制适宜浓度的 3 个标准样品。

备注：未知样中某农药的浓度在 1.0 μg/mL 左右。

（2）开机测试。

① 仪器配置。

② 依次打开氮气、空气和氢气管路。

③ 仪器开机。

④ 打开仪器工作站。

⑤ 工作站中点击方法——编辑完整测量方法，对测量方法进行编辑。

方法信息如下：

进样口温度：220 °C；检测器温度：250 °C。

柱温：150 °C（保持 2 min），以 8 °C/min 的升温速率升温至 250 °C（保持 12 min）。

载气：氮气，纯度≥99.999%，流速 10 mL/min。

燃气：氢气，纯度纯度≥99.999%，流速 75 mL/min。

助燃气：空气，流速为 100 mL/min。

（3）数据分析。

（4）仪器关机。

附件 5　茶叶中重金属含量的检测数据处理操作规程

数据处理时间为 45 min，到时立刻停止，不得作弊，否则成绩以零分处理。

检测报告统一提供，在茶叶中重金属含量检测记录单中进行数据记录和处理。

1. 样品称量。

2. 试样准备。

（1）消解液和试剂空白由组委会提前制备提供，每个选手 3 份样品消解液和 1 份试剂空白液，原始记录单上由组委会填好相应样品质量，供后续计算。

（2）1 号样品消解液、2 号样品消解液、3 号样品消解液作为考核样。

3. 萃取分离

（1）分别吸取样品 1 号样品消解液、2 号样品消解液、3 号样品消解液 10.00 mL 及试剂空白液 10.00 mL，分别置于 125 mL 分液漏斗中，补加水至 60 mL。

（2）加 2.00 mL 柠檬酸铵溶液，溴百里酚蓝水溶液 3 ~ 5 滴，用氨水调 pH 至溶液由黄变蓝，加硫酸铵溶液 10.00 mL，DDTC 溶液 10.00 mL，摇匀。

（3）放置 5 min 左右，加入 10.00 mL MIBK，剧烈震摇提取 1 min，静置分层后，弃去水层，将 MIBK 层放入 10 mL 带塞刻度管中，备用。

（4）将铅标准储备液（100 μg/mL）稀释到 10 μg/mL。

（5）分别吸取铅标准使用液（10 μg/mL）0.00 mL，1.00 mL，2.00 mL，3.00 mL，4.00 mL，5.00 mL（相当于 0.0 μg，10.0 μg，20.0 μg，30.0 μg，40.0 μg，50.0 μg 铅）于 125 mL 分液漏斗中。与试样相同方法萃取。

4. 上机测定。

（1）参数设定。

① 根据组委会提供的灯管座位表选择检测使用灯（灯已经预热）。

② 进行样品检测参数和样品设置。

（2）测量。

5. 结果计算。

$$x_i = \frac{m_1 - m_0}{m_2}$$

式中　x_i——试样中铅的含量，mg/kg 或 mg/L；

m_1——测定样液中铅的含量，μg；

m_0——空白溶液中铅的含量，μg；

m_2——试样质量或体积，g 或 mL。

6. 消化样的相对标准偏差 RSD 计算。

7. 消化样平均绝对误差计算。

8. 计算结果保留到小数点后两位；RSD 和 MAE 保留 3 位有效数字。